研究者が本当に伝えたかった

サカナと水辺と森と希望

浦壮一郎 著

つり人社

目次

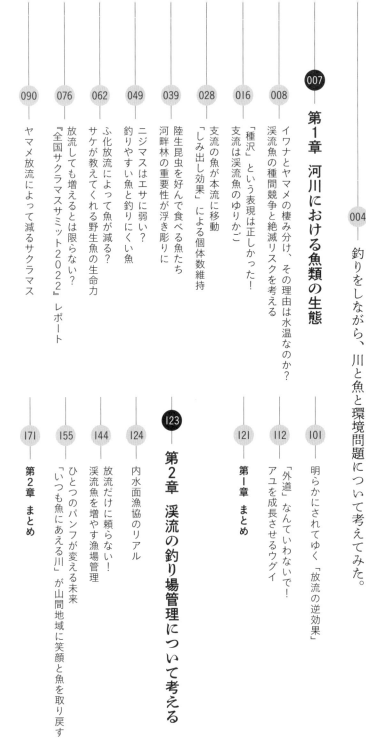

写　真　浦壮一郎
デザイン　松山千穂
イラスト　石井正弥／石井まり子
編　集　真野秋綱

釣りをしながら、川と魚と環境問題について考えてみた。

日本には3万5000本以上の川が流れているといわれている。そのうち、本来の姿を今に残している川は何本あるだろうか。私は取材そして自身のプライベートな釣りも含めて全国の川を歩いてきたが、残念なことに本来あるべき日本の川の姿にはまだ出会ったことがない。

私が考える日本の川の姿とは、最上流部から海までサケ科魚類をはじめさまざまな生きものが森と海を行き来できる川。日本海沿岸部の小河川なら一応そうした川もあるにはあるが、それなりの規模の川となるとなかなか見つからない。

完全な姿とはいえないかもしれないが、長良川河口堰の建設が始まった当時、サツキマスやアマゴ、アユ、ウグイ、カマツカ、ヨシノボリ等々、多くの魚たちが生息するその豊かさに驚かされたことがある。長良川沿いの車道を上流へと車を走らせると談笑する釣り人たち、道路を横切るウエットスーツを着用したおじさん、海パン一丁のまま裸足で川へと駆け下りる子どもたち……。皆それぞれが楽しげで活気溢れる光景が目に飛び込んできた。川が豊かだとそこに暮らす人々も精神的に豊かになれるのかもしれない、そう感じたことを今でも憶えている。

その後、河口堰は完成。1995年に運用が開始されてからおよそ30年が経過しようとしている。長良川の生きものは数を減らすとともに、かつて感じた活況は見られない。

他方、原生的自然という視点で日本の川に注目するとどうだろう。最源流まで足を延ばせば原生林のなかを流れる川はまだ無数にある。「これこそが本来の、本物の川の姿だ」と主張する釣り人もいるのだが、はたしてそうなのか。

　その地域の古老などに話を聞くと、滝や淵のかつての呼び名を教えてくれることがある。それらは「鱒止めの滝」、「鱒淵」などと呼ばれていたという。現在ではイワナしか生息していない源流部だが、古くはサクラマスが遡上していたことを古老たちの言葉は示している。原生的自然であるはずの源流部ですら、今我々が見ている流れとは違う風景だった可能性すらあるわけだ。

　ある時、ニュージーランドでフライフィッシングを楽しむ動画をYouTubeで見た。それはバックパッキングで歩いて源流部を目指す内容。豊かな森のなかを流れるその川で70㎝はあろうかという鱒をドライフライで釣っているのだが、ランディングの際に足もとまで寄せてくると、その鱒に1mはあろうかというウナギが襲いかかろうとする。つまり、その源流はウナギが海から遡上できることを物語っている。そんな川が日本にあるかと聞かれても、おそらくは返答に窮するほかないだろう。

　ずいぶんと前になるが、一度だけロシアの川を訪れたことがある。そこには上流から海まで遮るものがなにもない原生的な流れがあり、日本と同種のイトウ、サクラマス、アメマスなどが生息していた。ふとウエーディングする足もとに目をやると、自分の足と同サイズかひと回り大きいカジカが左足の真横に鎮座していた。潜って水中を確認したくなったものだが（装備を持参していなかった）、その豊かさには脱帽するほかなかったのである。おそらくはその川の姿こそ、原始の北海道に近いのではないか。本来あるべき川の姿、その面影を他国に求めなければならない、それが日本の現実なのである。

アラスカやカナダにも、いつ行っても変わらない川がある。10年ぶり、20年ぶりに訪れても、変わらないことに驚かされるのだ。先進国と呼ばれる国にはそうした川がいくつも流れている。ヨーロッパではあるいは環境破壊後に復元した川がそれに相当するのかもしれないが（行ったことがないため想像の域を出ない）、いずれにせよ先進国すなわち先進的な意識を持つ国民がいる国においては、森も川も海も、すべてではないにせよそのいくつかは保全対象になっていると思われる。

日本はどうか。経済大国であることに異論はないものの、本当に先進国だといえるのだろうか。利権のために開発を繰り返す国の姿は発展途上国のそれであり、実際には先進国のフリをしているにすぎないといえそうである。経済大国としての地位すら危ぶまれているエセ先進国、そんなところだろう。我が国において川の自然はいまだ壊す対象にすぎず、真剣に保全や復元を考えるのはまだしばらく先の時代になりそうだ。

そんな日本にも希望はある。本書で取材した関係者の方々は日本の川の生態、現状を研究してきた人々であり、彼らが知見を積み重ね、それらを次世代に受け継ぐことができればいずれ展望は拓けるはず。今の若い人たち、あるいはその子ども、孫たちがいつの日か「本来あるべき日本の川」に出会えるよう、引き続きご尽力いただきたいと願う。

第1章

河川における魚類の生態

魚を釣るためには、ただ魚のことを知っていればいいわけではない。どんな場所を好むのか。何を食べているのか。いつ活発に食事をするのか……。それらを知るためには、水辺の生態系に関する知識が不可欠。だからこそ、釣り人は博物学者のように自然をじっくり観察しなければならない。ここでは主に川に生息するサケ科魚類の生態と、それを取り巻く環境について考えたい。

イワナとヤマメの棲み分け、その理由は水温なのか？ 渓流魚の種間競争と絶滅リスクを考える

イワナは最源流に生息することから、ヤマメ以上に〝低水温を好む魚〟だと考えられ、そのわずかな違いによって棲み分けが成り立つというのが定説だった。ところが近年の研究によると、水温に関してイワナとヤマメ（アマゴ）に大きな差が見られないことが分かってきている。では、彼らの共存関係は何をもって決まるのか。坪井潤一さんに話を聞いた。

月刊『つり人』2019年4月号掲載

棲み分けは水温ではなく流速で決まる

イワナとヤマメ（アマゴ）がひとつの河川においてどのように棲み分けているのか。一般に上流域にイワナ、その少し下流に混生域、さらに下はヤマメ域となることから、夏期の平均水温の違いで分布域が変わるというのが定説である。ところが「水温ではなく、流速によっても分布域が決まります」と話すのは、水産研究・教育機構の主任研究員、坪井潤一さんだ。

まずは渓流魚本来の生態を理解するため、ダム等の河川横断物が存在しない自然河川、河川生態系が分断化されていない河川を前

提に話を進める。

モデルとなったのは、北海道は道南地方の小中規模河川。現場における主な調査は国立研究開発法人水産研究・教育機構・北海道区水産研究所（当時）の森田健太郎さんらが実施した。

単純に種間関係のみでの考察は明らかにヤマメが強いというのが専門家の間では常識である。それでも共存関係が成り立つのは生息環境に対する適性に差異があり、そのひとつが水温だと考えられてきたわけだ。

最上流部にイワナ、次に混生域（共存域）、その下にヤマメという順は調査河川でもほぼ変わらない。ただし最下流部でもイワナが確認されたのが興味深いところ（**P11資料1**）。考えてみれば、新潟県の魚野《うおの》川や群馬県の利根《とね》川のように本流域でイワナが釣れている河川も珍しくはないし、夏期水温が比較的高そうな中部地方の河川でも同様である。そうなると水温のみで共存関係を説明することは難しくなる。

もうひとつ、河川勾配は上流がきつく、下流に向かうにしたがい緩やかになるが、そんな河川の常識を当てはめて最上流まで生息するイワナは急流に強い、と考える人もいる。特に渓流釣りをしない一般の人々ならそう考えるに違いない。が、坪井さんは「イワナはむしろ緩い流れを好む魚です」と言う。

釣り人ならばこの意見に対し素直に共感することだろう。ヤマメは流心近く、イワナは流心から離れた緩い場所や巻き返しなどがポイントになるからである。

急流の魚というイメージをもたれるのは、最上流＝急流とする勘違いが起因している。実際に源流遡行の経験がある釣り人なら分かると思うが、最上流部だからといって流れが速いわけではない。川としてはたしかに急傾斜ながら、大岩が点在することから緩い流れの連続といえるからだ。

「流速はむしろ上流部のほうが遅く、中流部が最も速くなります。イワナが最下流部で再び遅くなる。そして最下流部でも確認されたのは中流部よりも流速が遅いからだと考えられます。イワナ、ヤマメともに生息場所の水温に大きな差はありませんでした」

水温で問題になるのは夏期の平均水温だが、イワナ、ヤマメともに14～16℃の場所で確認されている（**資料2**）。よって、かつていわれたような「水温が低い上流にイワナが棲む」という論理だけが棲み分けの根拠とはいえないのである。

種間競争で優位に立つヤマメ

調査では自然河川内にアクリル製のパイプを設置し、流速65㎝／秒での遊泳持続時間を計測している（森田健太郎／国立研究開発法人水産研究・教育機構・北海道区水産研究所／当時）。速い流れのパイプの中で何秒定位していられるかという実験である。結果、イワナは約15秒、ヤマメは約30秒とダブルスコアの差がつき、ヤマメ（アマゴも同様）のほうが速い流れに強いことが分かったという。

この結果からヤマメは速い流速に強いことが分かるが、緩い流れでも生息は可能であるためイワナより流速に対する適応範囲が広いと考えるべきだろう。となると、速い流速の中流域だけでなく、緩い流れの上流域にまで生息域を拡大していても不思議

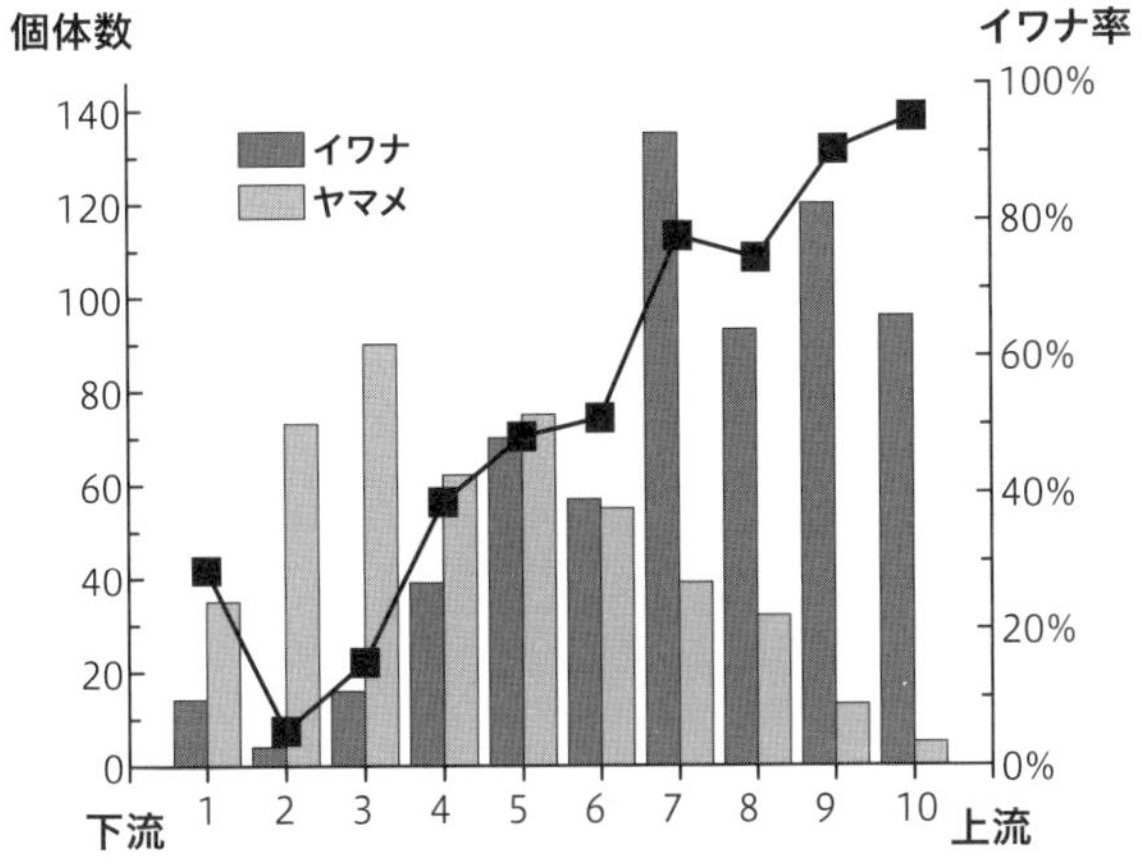

•資料1• イワナとヤマメの流域分布

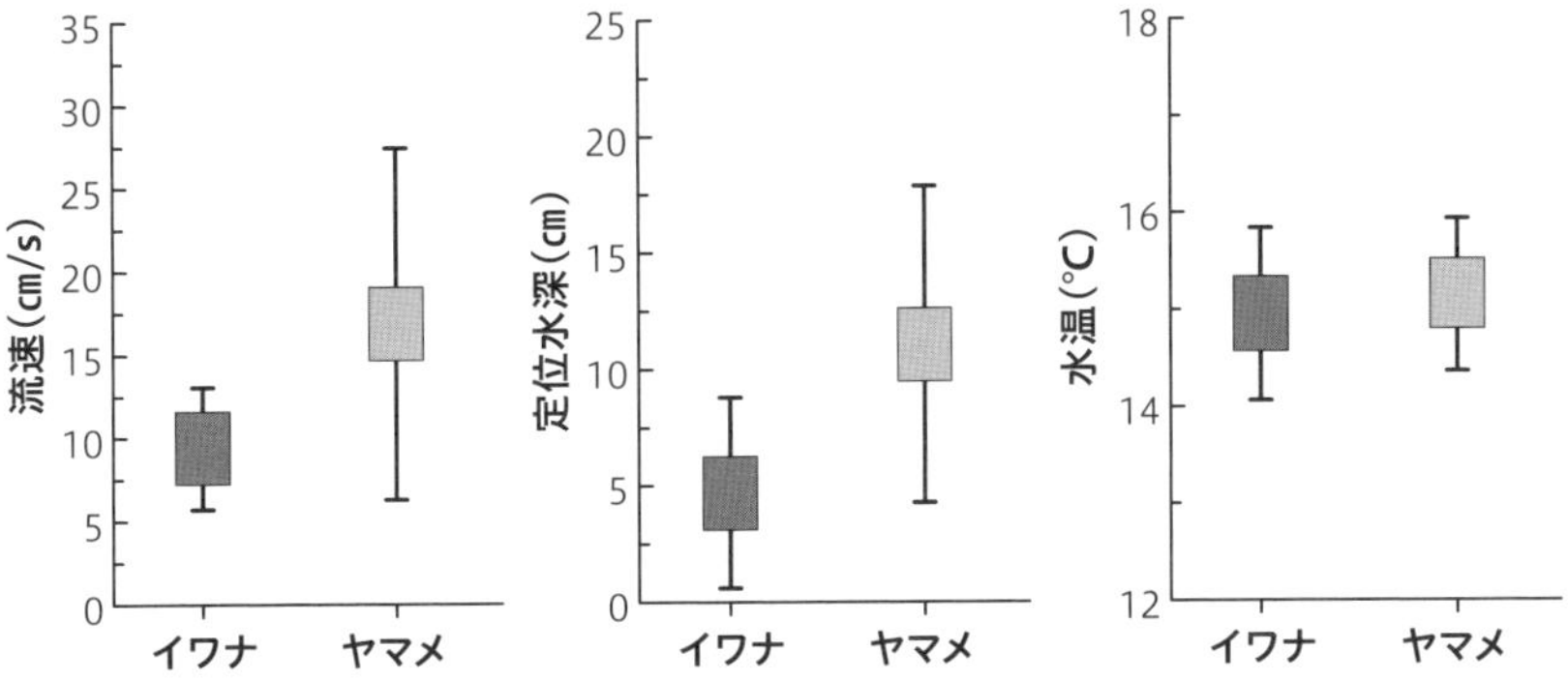

•資料2• イワナとヤマメの微生息環境

ではなく、イワナの生息域を脅かす存在であるともいえる。

ところが現実には混生域を境に上流域をイワナに譲り渡している。その理由について坪井さんは次のように分析する。

「この研究は災害などの自然現象を抜きにして純粋に種間関係を調べていますが、特に上流部は台風などによって土砂が出ればその影響も小さくないはずです。そんな場所で生息しているわけですから、イワナのほうが攪乱に強いといえるかもしれません」

このように自然河川では基本的にヤマメが優位な立場にあるものの、流速と攪乱によって共存関係が成り立っているといえる。

もうひとつは水深である。ヤマメは川底から約10㎝以上の中層から上、イワナは川底から約5㎝ほどの底層に定位していることが多かったという（**資料2**）。

「中層から表層、そして水面のほうが流下するエサは多いはずですから、ヤマメのほうが有利な位置を独占していることになる。ただしヤマメがいないイワナ単独域ではイワナも底層から表層までいて、普通に水面のエサを食べています。ヤマメがいると川底近くに隠れてしまうということです。種間競争でどちらが強いかは明らかですし、流速や水深によって共存関係を維持しているとも言えます」

そんな共存関係を破壊してしまうものがある。砂防ダムや治山ダムなどいわゆる堰堤である。堰堤が連なる渓流ではヤマメ（アマゴ）の生息域が減少、下流に追いやられているというのだ。調査はアマゴが生息する渓流で実施された。

「源流にとどまって耐え忍ぶイワナに対し、大きな淵を求めるアマゴは下流に移動しやすい。本来強いはずのアマゴがイワナに負けてしまうのは、下流に移動する性質と堰堤が関係していると考えられます」

イワナ域が上流から下流に広がり、アマゴ域がより下流に下がる原因は堰堤にある。いったん堰堤の下に降りてしまうと上流に戻れないのだから、至極当然だ。

砂防ダムや治山ダムは主に渓流の上流域に設置される。よって大きく影響を受けるのはイワナだと考えられがちだ。ところが……。

「コンクリートの壁によって被害を被っているのはむしろアマゴです。本来はアマゴのほうが種間競争で強いわけですが、堰堤によって逆転してしまいます」

ではイワナは安泰かというと、必ずしもそうではない。調査河川では支流の存在が大きなカギを握っていたというのだ。

堰堤群が共存関係を破壊、種間関係を逆転させる

調査は堰堤で区切られた区間ごとに実施され、最上流の調査区間には左岸から1本の支流が入る。支流合流点の少し上流に治山ダムが設置されており、その下流域が調査区間となる（上流から下流に向けてA～Gと続く）。支流合流点の上流で調査を行なっていないのは、治山ダムより上流ですでに絶滅状態になっているからだ（上流にも堰堤群が続く）。なぜ絶滅してしまったのか。

「渓流の魚はイワナ、アマゴ（ヤマメ）ともにほとんど動かないことが分かってきていますが（生まれた場所で生活する）、繁殖期のオスは割とよく動きます。たくさんのメスと繁殖したほうが自分の子孫を残せるか

らです。しかし堰堤下に落ちてしまうと戻れない。最終的に残るのはメスとなりますが、オスがいなくなるとメスも下流に落ちてしまうと考えられます。結果、魚止がどんどん下流に下がっているわけです（上流部で絶滅）」

調査河川では1本の支流（枝沢）が辛うじて絶滅を阻止していた。その小さな流れに生息するイワナが産卵することで、稚魚が下流に供給されているからである。また、近年の調査ではほとんどの個体が生まれた場所にとどまることが分かっており、となれば産卵のため枝沢に遡上する個体数はたかが知れている。

このように考察すると、頼みの綱は枝沢に現存する個体であり、彼らによって本流の資源が維持されていることになる。仮にこうした枝沢に釣り人が入り、持ち帰る行為を繰り返すとどうなるか。改めて説明するまでもないだろう。

まとめると次のようになる。自然河川における種間競争ではヤマメ&アマゴが強く、イワナは流速が緩い場所と川底付近に定位することで共存関係が成り立っている。一方で堰堤群のある河川では本来種間競争で優位なはずのヤマメ&アマゴがイワナに押されるように生息域を縮小（下流に移動）。イワナ生息域はいったん拡大するものの、枝沢で細々と生きる親魚の動向にその将来は左右される。釣獲および土石流の発生等により枝沢のイワナが枯渇すれば、たちまち本流のイワナも絶滅することが予想されるというわけだ。

とりわけ堰堤群によって渓流魚の共存関係が破壊されるというのは驚きであり、きわめて深刻である。全国の砂防および治山ダムにおいて、可及的速やかにスリット化を実施する必要があるといえる。

イワナとヤマメは水温の違いによって棲み分けていると考えられていたが、近年の研究では流速によって分布域が決まることが分かっている。速い流速にも耐性のあるヤマメは種間関係でも優位性がある

共存域では流下するエサが豊富な中層から表層にかけてヤマメが定位し、イワナは隠れるように底層に定位する傾向がある。ただしイワナ単独の区間ではイワナも表層で遊泳し、水面を流下するエサをねらってライズを繰り返す

砂防ダムや治山ダムなど、いわゆる堰堤がイワナとヤマメの共存関係を破壊し、それぞれの絶滅リスクを高めていることが分かってきている

治山ダムなどのいわゆる堰堤が数多く設置されている渓流では、生息域が限定されることで絶滅リスクが高まるという。ただし成魚生残率を20%から24%に上げる（2〜4尾のメスの成魚をリリースする）ことに加え、堰堤を1基スリット化するだけで絶滅確率はほぼゼロになるという。裏を返せば、産卵前の成魚（親魚）をキープする釣り人の行為が、渓流魚の存続に深刻な影響を及ぼしていることになる（写真はスリット化された治山ダムの事例／坪井さんの調査とは無関係の河川）

「種沢」という表現は正しかった！
支流は渓流魚のゆりかご

渓流釣りにおいて、昔から種沢の大切さが語られることがよくあった。小さな支流は渓流魚の供給源であり、それら小さな流れがあるからこそ、渓流全域の魚が守られるとの考え方である。そんな支流の重要性を、科学的根拠をもとに証明した論文が発表された。筆頭筆者の坪井潤一さんに話を聞いた。

月刊『つり人』2022年9月号掲載

種沢の価値を科学的に証明した論文

渓流魚を保全しつつ釣りを楽しむうえで、昔からいわれていることは種沢の重要性である。小さな支流は渓流魚の産卵場でもあり稚魚の生息場所にもなっている。そこに棲む渓流魚を守ることにより、その流れが合流する本流筋にも恩恵がもたらされるからである。

そんな種沢の重要性だが、これまでは釣り人たちが感じる漠然とした事象のひとつにすぎなかったといえる。生態学の研究者らも種沢が個体数の供給源であることはつかんでいたものの、科学的根拠を提示するまでにはいたっていなかった。

ところがこのたび、種沢の重要性を証明

する論文『支流は小さな巨人～渓流魚の「種沢」は本当だった～』が応用生態学の学会誌『Journal of Applied Ecology』に掲載され、研究者の間で話題となっている。我々釣り人が感じてきたこと、古人らによって言い伝えられてきた事象が科学的に証明されたともいえる。

論文の著者は坪井潤一さん（水産研究・教育機構）のほか、森田健太郎さん、小関右介さん、遠藤辰典さん、佐橋玄記さん、岸大弼さん、亀甲武志さん、石崎大介さん、布川雅典さん、菅野陽一郎さん。

山梨県内において奇跡的にイワナおよびアマゴの原種が生息する渓流にて、9年間の標存再捕データ（イワナ1372尾、アマゴ1335尾を対象に標識、再捕獲を繰り返した）を用いいつつ空間的個体群推移行列モデルの構築と分析を行なったという。

ひと言で種沢の重要性といっても（釣り人らが種沢の保全が大切だと実感していたとしても）、どのようなかたちで種沢が本流など他の区間に貢献しているのか、その詳細は想像の域を出なかった。そうした想像はおそらく以下のようなものだっただろう。

ひとつは種沢となる小さな支流に常に生息している居着きの個体、それらが産卵によって産み落とした卵、ふ化した稚魚が下流域や本流に移動してゆくという考察。もうひとつは秋になると本流などから種沢に遡上してきた親魚が産卵することで、種沢から全域にふ化した稚魚が広がってゆく、といった考察である。

おそらく釣り人の多くは後者に重きを置き、本流にいるイワナ、ヤマメ、アマゴたちの多くが産卵のため支流に遡上し、それらが流域に広く寄与すると考えているに違いない。

ところが研究結果は少し違っていた。ほとんどの個体は大きく移動しておらず、それは支流でも同様だった。想像するほど移動していないとはいえ、支流から下流域へと移動する個体は少なからずあり、支流からもたらされる一部の個体群が下流にとって不可欠であることが分かったというのである。

渓流魚は意外と移動していない?

調査河川は堰堤が乱立する一般的な渓流であり、もともと渓流魚の移動は制限されている。基本的には上流から下流への一方通行となるが、奇跡的に2本の支流が入っている。

上流の支流はイワナ、下流に流入する支流はアマゴの生息域となっており、それら支流が合流する区間の本流はそれぞれイワナとアマゴが上下流に移動が可能となっている(**P20資料1**)。よっておのずと注目の区間は資料1にあるT1とAの区間、およびT2とF&Gの区間となる(FとGの間にある堰堤は落差が低く増水時には移動可能のため)。

「当初、この渓流での調査は堰堤群によって個体群の割合がどのように変わるのかに注目していました。本来(堰堤がなければ)種間競争で考えるとイワナよりアマゴが強いわけですが、堰堤群によって魚類の移動が上流から下流に限定されることで、強いはずのアマゴが生息域を減らしていました。アマゴはイワナよりも移動を繰り返す傾向が強いため、こうした堰堤だらけの川ではいったん下流に下ると戻ることができません。そのためイワナ域が拡大するわけです。それは予想できたことなんですが、調査河川にはイワナ域の支流、アマゴ域の支流が入っていることから、また別の現象が見えてきました」

新たに見えてきた現象、それが種沢としての、しみ出し効果であるという。支流で生まれ育ったイワナ、アマゴが、少しずつ下流に移動して資源を維持する。調査河川は、その効果を確かめるうえで最適な河川でもあったわけだ。

となると、支流から本流にどの程度移動するのか注目する必要がある。が、その前に支流の生息環境が他の区間と比較して優れているのか、その点も確認しておく必要がある。

そこで研究グループは「支流」および「支流とつながっている本流」、さらに「支流とつながっていない本流」の3区間において、それぞれの個体群成長率の算定を行なった。たとえば支流において個体群成長率が低い（死亡確率が高い）のであれば、種沢としての価値が高いとはいえない。反対に支流の個体群成長率が高いのであれば、安定して下流部に個体数を供給することになり、まさに種沢であることを証明するかたちになる。

P20資料2はイワナ、アマゴのそれぞれの個体群成長率を示している。個体群成長率（λ）が1.00であれば個体数の増減はなく、個体群が安定していることを示すことになる。黒が移動せずにその場にとどまっている状況となり、グレーが別の区間に移動した後の状況を示す。

結果は一目瞭然。イワナ、アマゴともに支流から移動しなかった個体群が突出して

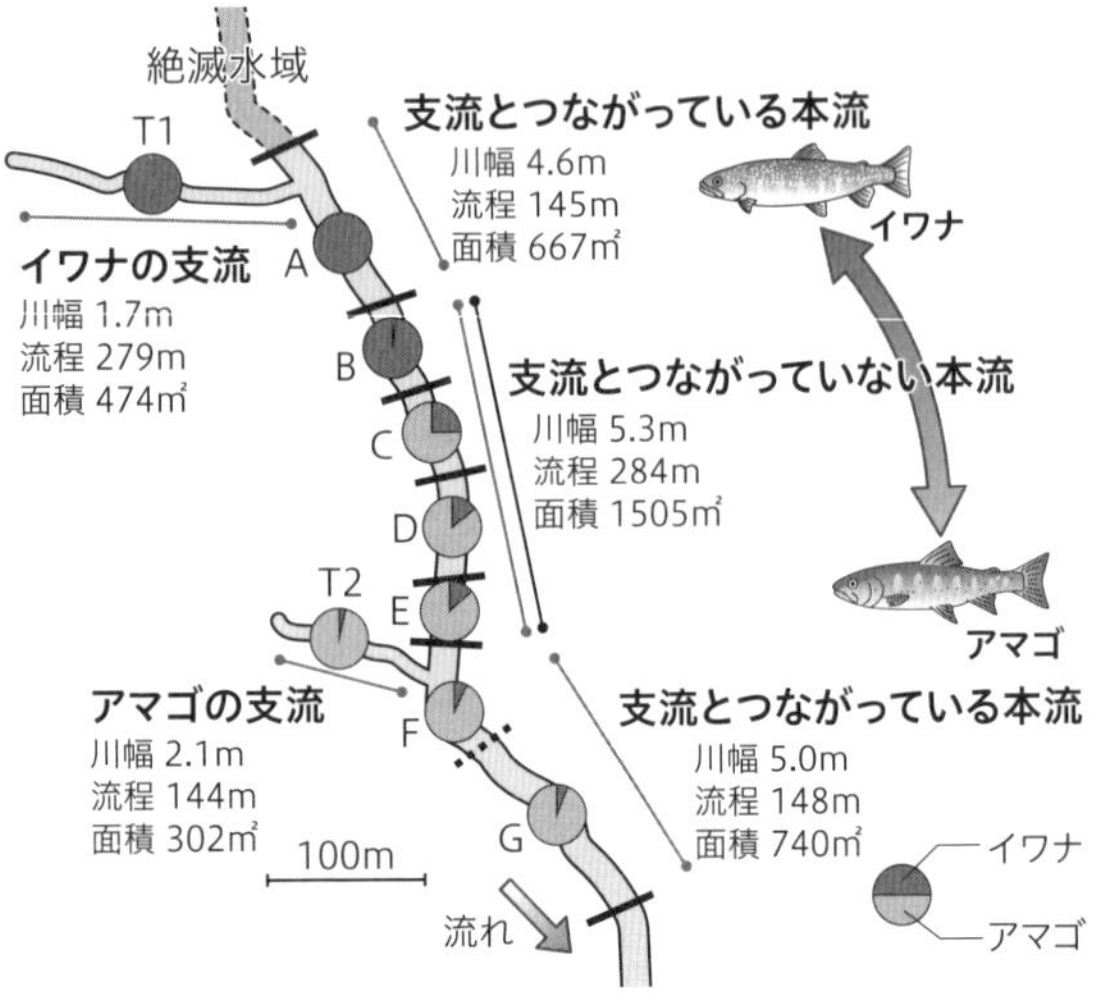

•資料1• 調査河川におけるイワナおよびアマゴの分布図

堰堤に魚道が整備されていないため、移動する傾向が強いアマゴはいったん下流に下ると上流に戻れない。そのため徐々に上流から下流に向けてイワナ域が拡大しつつある

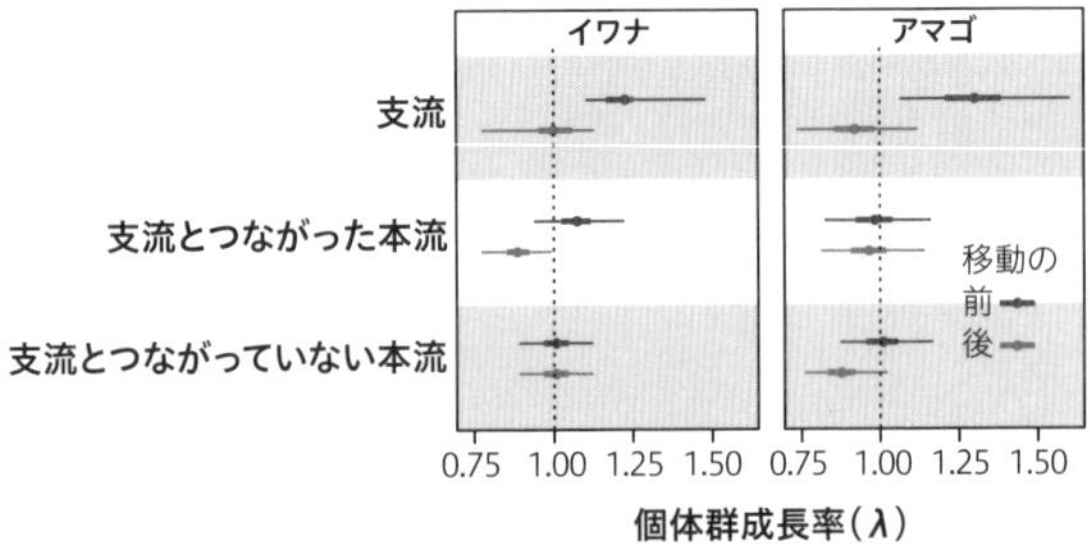

λ＝1で個体数の増減なく個体群安定
ちなみに本流、支流を合わせた個体群全体のλは、イワナで1.05、アマゴで1.03

•資料2• 各エリアごとの個体群成長率

個体群成長率（λ）が1.00であれば個体数の増減はなく個体群が安定していることを示す。イワナ、アマゴともに支流に限って個体群成長率が突出して高いことが分かる

安定しているのが分かる。これはつまり支流における生存率の高さを示しているともいえる。

対して、支流とつながった本流にいる個体や支流とつながっていない本流にいる個体はどうか。個体群成長率は1・00を切る場合すらあり、これらの個体のみでは絶滅の可能性すらあることになる。つまり支流に生息する個体群がいることで（そこから少しずつ下流にしみ出すことで）、調査区間全体の個体数が維持されていることになるわけだ。

では実際にどの程度が支流から下流へと移動しているのか。

「イワナの稚魚は支流とつながっている本流に6%、さらに下流に2%（計8%）が移動していました（イワナ稚魚の92%が支流にとどまる）。わずか6%ですが、生存率の高い支流はそれなりに個体数も多いので、されど6%ともいえます。成魚にいたっては97%が支流に居続けることが分かります」**（P24資料3）**

アマゴはどうか。やはりイワナよりも移動の割合が高いという結果が出ている**（P24資料4）**。

「アマゴの稚魚が下流に移動する割合は19%、成魚で16%でした。しかも大きくなると戻ってくるのかというと6%しか母川回帰していない。要するにアマゴは大きな流れを求めて下流へと移動する。だから（堰堤ができると）上流から絶滅してゆくのだと思います。ただ、定住性が高いイワナと比較すればアマゴの移動割合は高いわけですが、それでも約8割が支流に居続ける。想像しているよりは移動していないといえますね」

繰り返しになるが、調査河川は堰堤が乱立する渓流である。本来の川の姿とは乖離しているわけだが、皮肉なことに日本のどの地域にも見られる普通の渓流だともいえる。調査区間の「支流とつながっている本流」とは支流合流点下流の堰堤までの区間であり、その堰堤下流へと下った個体は戻ろうにも戻れない状況。つまり、種間競争で強いはずのアマゴがイワナに生息域を奪われる要因は、下りやすい性質が裏目に出た結果だといえる。が、もちろん堰堤さえなければ何の問題もなかったわけだ。

それはさておき、今回の論文内容で注目すべきは種間競争ではないため支流の価値について話を戻す。まずは支流に定住する個体に注目しておきたい。

支流は隠れ場所が多く生存率が高い

イワナよりも移動しやすいとされるアマゴですら、生まれ育った支流に約8割が居続けることが分かった。釣り人のなかには「もっと移動していると思っていた」という人も多いことだろう。堰堤がない（あるいは少ない）渓流であれば違う結果になったかもしれないが、イワナのみの源流域ならまだしも、イワナとアマゴ（またはヤマメ）の混生域で堰堤がない渓流を探すのは至難の業。まして漁協による放流がない渓でそうした場所を探すことはほぼ不可能といえる。

つまり現在の日本の渓流域、そのほとんどで調査河川と同様の現象が見られると考えるべきである。

「堰堤だらけの渓流では下流に下ってし

まったら戻ることができません。つまり下る魚の遺伝子は残らないわけです。ですから現在の渓流環境では定住性の強い魚しか残れないのだと思います」

定住性の強いイワナ、アマゴのみが残るその現象は本来の川の姿ではないのかもしれない。しかしイワナ、アマゴともに生存率が高いのは支流であり **(資料3・資料4**／φが生存率)、そこに生息する魚たちの一部が本流の個体数維持に貢献していることは間違いない。

ただ、支流に定住する理由はほかにもありそうだ。支流は複雑で豊かな流れを維持しており、隠れ場所が多いことも理由のひとつに考えられるからだ。

「ごくごく小さな支流にはさすがにダム(堰堤)はありません。そうした場所が最後のサンクチュアリになっている可能性もあります。支流のほうが河床勾配は急ですが、大岩や倒木などがあるため巻き返しも多いので流れはむしろ緩い。そのため魚にとっては隠れ場所が多いというメリットがあります。たとえば支流T1 **(資料1)** ですが、全河床に占める隠れ場所の割合は8・9%、対して本流Aは5・2%しかない。T2は9・4%に対してFとGは3・8%。圧倒的に支流のほうが隠れ場所が多い。そうした点も支流の価値の高さを示しているといえます」

先に述べたように、定住性の高い遺伝子を持つ魚が残りやすい面もあるのだろうが、良好な自然環境が維持されている支流は本流に対して隠れ場所が多く、そうした地形的利点によって定住しやすいこともその場所にとどまる要因のひとつだといえるだろう。

イワナは稚魚の92%、成魚の97%が支流

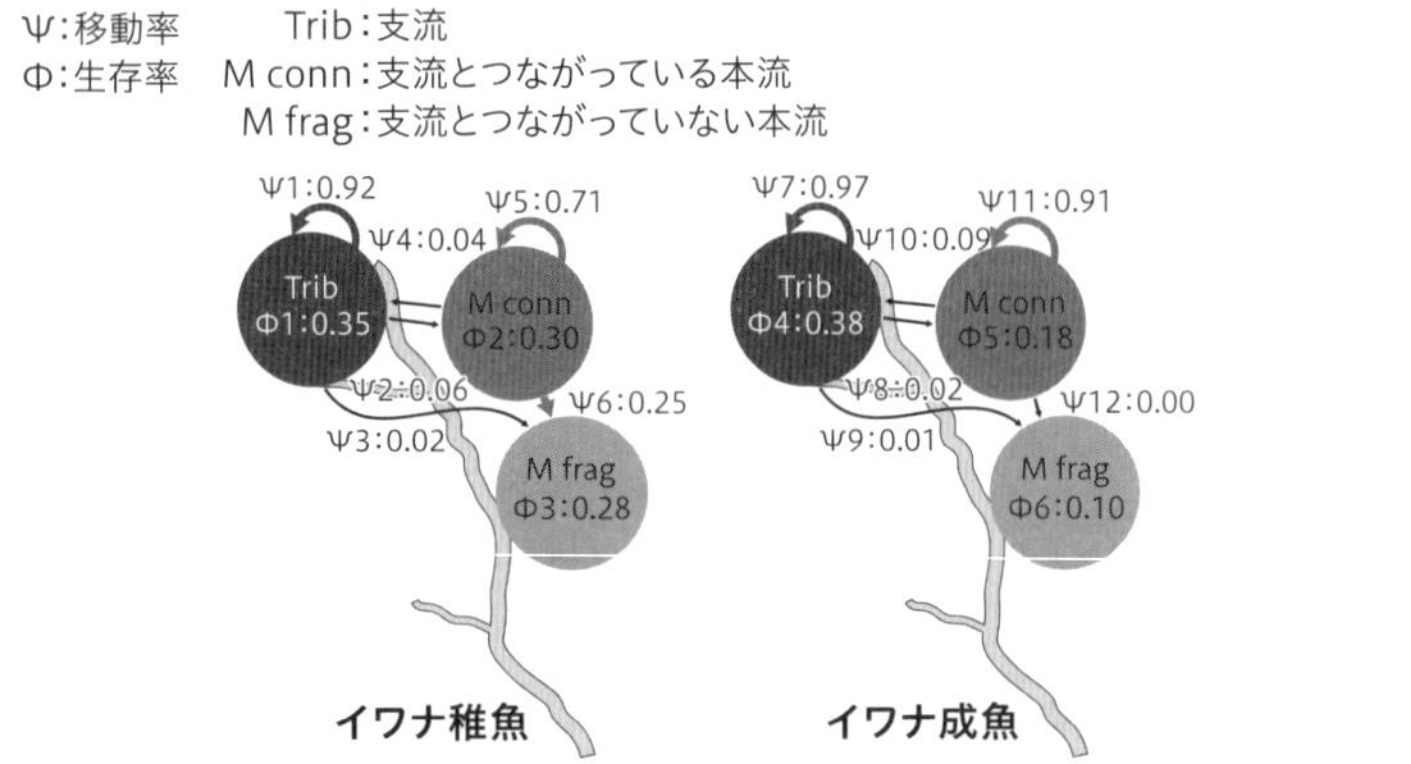

各生息場所の移動率(Ψ:プサイ)を合計すると1になる(例:支流のイワナ稚魚では92%が支流にとどまり(Ψ1)、支流とつながっている本流に6%(Ψ2)、さらに下流に2%しみ出していた(Ψ3)。成魚では本流から支流に遡上してくる個体のほうが多く見られた(Ψ10)。生存率は支流のほうが高く、その傾向は成魚でより強かった

•資料3• イワナにおける各生息場所の移動率と生存率

イワナの稚魚は8%が、成魚は3%が下流へと下っている。数値的にはわずかながら、それらがしみ出し効果として下流の個体数維持に寄与している

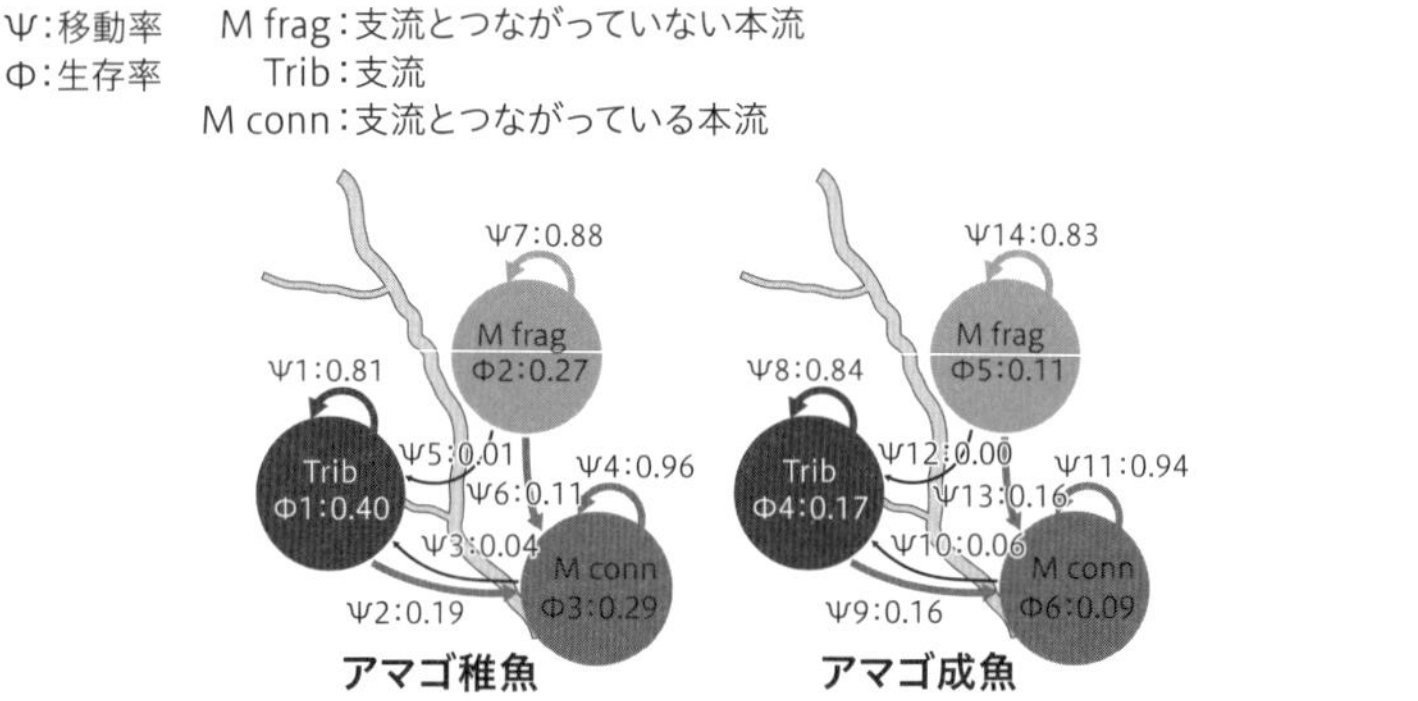

しみ出しはイワナよりも多く見られ、成魚になってもその傾向は強かった(支流→本流への、ほぼ一方通行の移動)。ただしモデルでは、卵から稚魚までの間のしみ出しは考慮されていないので、実際にはさらに多くの仔魚、稚魚が支流から本流へしみ出していると考えられる。生存率は、イワナと同様、支流のほうが高い。生息場所としての価値の高さがうかがえる。成長率に関しては本流のほうが高いが、死んでしまっては意味がない

•資料4• アマゴにおける各生息場所の移動率と生存率

アマゴの稚魚は19%が、成魚は16%が下流へと下っている。しみ出し効果はきわめて高く、種沢としての価値は想像以上に大きいといえる

に残り、アマゴは稚魚の81％、成魚の84％が支流に残ることが分かったわけだが、定住率が高ければ、そこで育った魚たちはいずれ下流へと生息場所を拡大することになる。結果、イワナは稚魚8％、成魚3％が下流に下り、アマゴは稚魚19％、成魚16％が下流へ下る。それらが、しみ出し効果として本流の個体群を形成していることになる。割合だけで見ると大きくはないものの、支流があればこそ本流の個体数が維持されると考えられる。

支流を守ることで本流の生息密度も安定する

種沢と呼ばれる小さな支流に対する釣り人の認識はこれまで、秋になると成魚が遡上して来て産卵する場所だと考えていたに違いない。そしてふ化した稚魚が成長すると次第に下流へと移動してゆく。それが支流の、しみ出し効果だと認識していた人は多いはず。

ところがこの研究論文によれば支流は単なる産卵場所ではなく、稚魚も成魚も定住し、個体数が増える過程で、しみ出した魚たちが下流を目指すことが明らかになった。つまり支流は種沢ではあると同時に立派な生息場所でもあり、下流に対し渓流魚を供給する生命の源のような存在だといえる。

例えは的確でないかもしれないが、以下のような状況をイメージさせる。水道の蛇口の下にグラスを置き、蛇口からはほんの少しだけ水を出す。グラスに水がいっぱいになると少しずつ水がこぼれ始める。このこぼれる水が支流からしみ出す渓流魚だと考えれば分かりやすいのではないか。こぼれた分が下流部の個体群を安定させ、しみ出し効果をもたらすわけだ。しかしグラスの水が空になってしまうとどうなるか。容易に想像できるに違いない。

支流に生息する個体数そのものが減少してしまった場合、下流へのしみ出し効果も期待できないことになる。いずれは本流の生息数も激減し、絶滅することを意味するからだ。

釣り人の中には小さな支流を選んで釣行する人たちもいるはずだが、彼らがもし釣りあげた渓流魚を持ち帰っているとすれば、それは下流の広い区間に影響してしまうということ。本流と比較して支流は生存率が高いと述べたが、それは釣獲圧を考慮していないだけのこと。仮に釣り人が入ることによって生存率が本流と同レベルに下がってしまった場合、しみ出し効果も小さくなり本支流ともに個体数は激減することが危惧される。

逆に、支流の大半を禁漁区に設定したことで、本流での生息密度が安定したのが長野県の雑魚《ざこ》川である。支流のイワナを守ることによるしみ出し効果が成功の要因だと考えられている。こうした事例を参考に、今後は全国の漁協で支流における禁漁区の設定を検討する必要があるといえるだろう。

もちろん問題なのは釣り人の影響だけではない。近年、トンネル工事を伴う事業において残土置き場として河川上流域の支流が選ばれる傾向がある。たとえばリニア中央新幹線の工事ではトンネル工事から出る大量の土砂、その置き場に苦慮しており、南アルプス等でいくつかの沢が埋められる予定となっている。同じく鉄道事業として北海道新幹線のトンネル工事でも、サクラマスの産卵場所となっている支流が埋立対象になっているという。

釣り人による釣獲圧、そしてさまざまな公共工事によって、その存在が危ぶまれる種沢。その重要性を科学的に証明したこの論文の意味はきわめて大きいといえる。

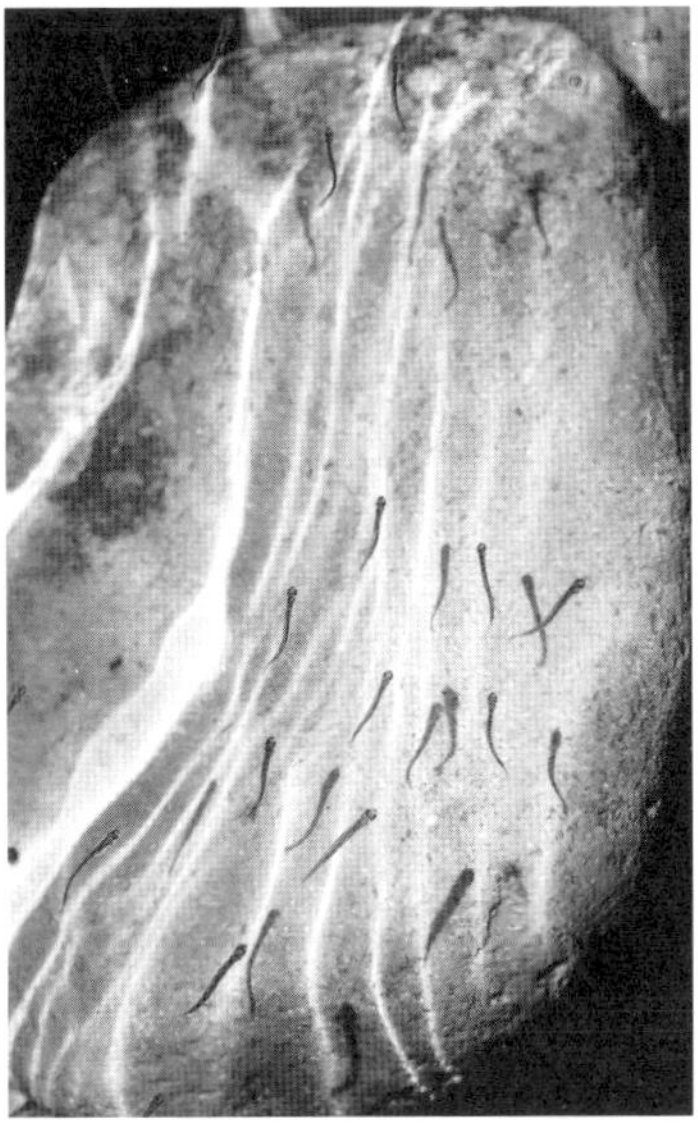

支流はヤマメ（アマゴ）やイワナの産卵場所であり、生まれたばかりの稚魚が育つ場でもある

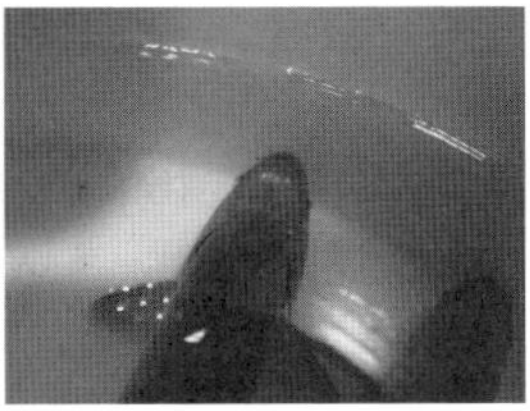

•資料5• 調査手法と調査風景

当歳魚を標識し、その後の生存、成長、成熟、移動について調べた。2009～2017年の9年間でイワナ1372尾、アマゴ1335尾を対象に標識、再捕獲を繰り返した
その年に生まれた稚魚を標識、6色を使い分け、4本の色素を皮下に微量注入（入れ墨）。色の組み合わせで個体識別した。当歳魚が多い年は、早朝から21時まで作業を続けたこともあった
毎年10月に調査することで、成長や移動だけでなく、成熟年齢も分かる。ちなみに写真は白黒だが、この個体は黄・オレンジ・黄・黄のYOYY。ブラックライトで照らして確認する

支流の魚が本流に移動「しみ出し効果」による個体数維持

渓流釣りを持続可能なものとして維持するうえで、重要視すべきは野生魚の存在である。歩留まりの悪い成魚や稚魚の放流は内水面漁協の経営を圧迫するだけでなく、災害に弱い（回復が遅い）という弱点を無視することはできない。対して常に安定した個体数を維持しているのが支流群を禁漁区に設定した河川。種沢の、しみ出し効果によって下流部の個体数は安定し、低コストかつ高い満足度で釣り人に支持されている。その代表的事例といえる雑魚《ざこ》川で調査を実施してきた長野県水産試験場（当時）の山本聡さんに話を聞いた。

月刊『つり人』2022年12月号掲載

自然再生産による、しみ出し効果に期待

渓流釣りを楽しんでいる釣り人でその経験が長い人であれば、支流群が種沢として守るべきものであることは認識しているはずである。Ｐ16でも紹介しているように、小さな支流が種沢としてその水系を支えていることは確かな調査データをもとに解説済みである。支流で生まれた魚たちがいず

れは本流へと移動することで個体数が維持される。この現象は「しみ出し効果」とも呼ばれており、各支流を禁漁区に指定することで本流は持続可能な釣りが実現しやすくなる。

一方で、イワナなど渓流魚たちは生息域からあまり移動しないともいわれ、この説はおおむねサケ科魚類の専門家たちの共通認識になっているのだが、ここで疑問が生じる。

支流から本流に移動しないのであれば、しみ出し効果も期待できないのでは？　支流群は種沢ではなかったのか？　と。

ただ、少しだけ柔軟に考えるとその疑問は解決する。支流に生息する個体群も当然産卵を繰り返すことになるが、そこで新たに生まれた魚たちも含めてすべてが同じ場所に居続けるはずはない。小さな支流では生息できる個体数はおのずと限られることになり、そこからあぶれた個体は別の場所へ移動するほかないからである。

そうした現象を長野県の雑魚川および県内の河川で調査してきたのが長野県水産試験場の研究チームである。同試験場（当時）の山本聡さんに話をうかがった。

イワナは生まれた場所から移動しない？

これまで内水面漁協が管理する渓流では、その釣りを維持するために稚魚および成魚の放流が実施されてきた。しかし近年、放流を中心とした手法は必ずしも優れた増殖方法でないことが明らかになっており、野生魚（自然産卵によって生まれた魚）を活用した漁場管理に注目が集まっている。野生魚は放流魚よりも生き残る率が高いことから、積極的に自然繁殖させようという考え方である。

その具体的な手法のひとつとして提唱されているのが、支流を禁漁区にすることにより自然産卵を促し、そこから本流へと移動してくる個体を増やす試みである。つまり支流の個体数を保全することで、そのしみ出し効果によって持続可能な釣りを実現しようというもの。その成功例が長野県の雑魚川であるという。

長野県の志賀高原漁協が管理する雑魚川では人為的放流（稚魚放流および成魚放流など）を行なっておらず、ほとんどの支流を禁漁区に設定している。その結果、釣り場となる本流ではイワナの生息密度が長野県内の他河川よりも約3倍高いのだという。当然釣り人にとっても満足度の高い渓流として知られる。

その成功例に対し、冒頭に述べたイワナが移動しない説との整合性について山本聡さんは次のように解説する。

「我々が雑魚川で、しみ出し効果を調査する以前、イワナの移動については他の研究者らも調査を実施していました。何をやったかというと、調査河川（支流）の全個体に個体識別ができるようにしておいて、しばらくしてから同じように捕獲し、それらが前にいた場所から移動したのか、していないのかを調査するというものです。私を含め他の方も同じような調査を実施しているんですが、結果的に『イワナって移動しないね』と。前にいた場所にほぼ定着することが研究者のコンセンサスになりました」

ところが雑魚川をはじめ漁協の意見は異なっていた。移動しているからこそ下流部

（本流）の個体数が維持されると実感していたからである。

「我々としても、もしかするとイワナが移動するのは稚魚の時かもしれないと考えていました。しかし標識放流は稚魚など小さな魚には不向きなんです。そこで別の手法で稚魚の移動を調査することにしました。調査を始めるにあたって、そもそも稚魚を獲る方法を考案する必要がありました。そこで渓流の流れに耐えられるネット、昼夜問わず24時間使用できるネットを考案し、計6河川で調査を実施しました。結果、やはり下流に移動していることが分かったんです」

支流による、しみ出し効果が実証された瞬間である。ではどんなタイミングで稚魚たちは下流を目指すのか。増水時に流されると考えるのが自然だが、そうではなかったという。

自分から下流を目指すイワナたち

「川の流量とイワナの降下数とに相関はありませんでした。増水した際に下流に降りている、流されているわけではないということ。また昼と夜とで異なるのか調べてみたところ、降下しているのは昼ではなく夜でした。ただ単に流量が増えたことで流されたのなら夜にのみ下るという現象はおきません。つまりイワナは自分から降下することを選んでいることになります」

小さな稚魚はほんの少しの増水で簡単に流されてしまいそうだが、流量と降下数とに相関はないという。また夜間にのみ降下しているとなれば、たしかに流量とは無関係だろう。調査日の夜間にたまたま降雨があったのなら流された可能性もあるが、そうではない。

もうひとつ、稚魚と比較して流量変化に影響を受けにくい一歳魚以上のイワナが降下していた河川もある。調査河川6ヵ所のうち2河川が雑魚川の支流になるが、この2河川では成魚の降下も確認されたという（その他4河川は奈良井《ならい》川支流など）。

「雑魚川支流を除く他の河川では1歳魚以上の降下はあまり見られませんでしたが、雑魚川支流の大倉沢とガキ沢では1歳魚以上が降下していました。特にガキ沢は稚魚よりもむしろ大きい魚のほうが多く降下していた。であれば、到底流されたとは思えないわけです。おそらくは何かの理由で能動的に移動していると考えられます」

当初「イワナは生息場所からあまり動かない」という考え方から始まった調査だったが、手法を変えると動いている個体もかなりいることが分かってきた。この現象こそがまさにしみ出し効果である。支流群の重要性が改めて確認されたといってよい。

「雑魚川の支流でなぜ1歳魚以上が降下するのか、今のところその理由を見つけることはできていません。おそらく複雑な要因がいくつも重なり合っているのだろうと。それが分かればもっと具体的に『禁漁区にするならこういう支流がいいですよ』と提案できますが、現状（2022年10月当時）ではまだ詳細には明言できません。そこで今言えるのは『春先に稚魚がいる支流、それを禁漁にしましょう』ということですが、それにはまず稚魚を見つけなければなりません。そこで2㎝、3㎝の稚魚を見つける方法、それを紹介する動画を制作しているところです（注1）。稚魚はこうやって探せ

※注1　動画はすでに完成している。水産庁作成のパンフレット『いつも魚にあえる川づくり』P13を参照。

ますよ、というかたちでその手法を普及させたい。ここはちゃんと自然再生産しているんだな、ということを皆が認識できるようにして、じゃあここは禁漁にして守ろうじゃないか、と言えるようにしたいと考えています」

たしかに自然再生産していない支流を禁漁区に設定しても意味はない。ところが親魚が産卵を繰り返し、毎年稚魚が産まれている支流なら、保全することで、しみ出し効果が期待できる。

野生魚の川は災害からの回復も早い

支流を禁漁区に設定したことで、しみ出し効果が期待できるようになった渓流では、何らかの要因で一時的に生息数が減少した場合も回復が早いと考えられている。

たとえば局地的豪雨に見舞われた際、魚影が極端に激減してしまうことはよくあるが、回復に何年もの歳月を要するか、すぐに回復するかによって漁協の経営は左右される。実際に雑魚川では驚くほど回復が早かったという。

2019年10月の台風19号上陸時、雑魚川も記録的な豪雨によって大規模な出水に見舞われた。その影響で翌2020年の渓流釣りは不調となり、台風による増水で雑魚川本流のイワナも流されてしまったと考えられた。個体数が激減した状態であるだけに2021年あるいは2022年もその影響を引きずる可能性が危惧されたが、実際は2021年にはかなりの回復が見られたという。もちろん2022年の釣果はさらに好転したという。山本さんは言う。

「私も実際に釣りをして実感していました

が、台風19号の翌年、２０２０年のシーズンは、たしかに釣れぐあいはよくありませんでした。そこで漁期が終わった２０２０年秋に調査したところ、総数では変わらないものの20㎝以上の親魚が極端に減っていました。ところがその翌年、２０２１年にはほぼ回復していたんです。何年かかけてゆっくり回復するというよりも、あっという間に回復したという印象です」

なぜ回復が早いのか。それは、しみ出し効果によって支流から降下してくるイワナたちがカギを握っている。

「すでに述べたように雑魚川では稚魚だけでなく成魚も降下しています。彼らがどのような理由で降りてくるのか、あくまで推論にはなりますが、先住魚との争いで負けて降りてくるのだと考えています。生息場所から追い出されるかたちで降りてきた際、本流に生息適地があればそこに定着できますが、普段は（魚影が濃いため）空いていない。一度負けたイワナはしばらくの間エサを食べない傾向がありますから（エサを食べず弱った個体は）本流でも追い出されてしまう。最終的に死んでしまうんだと思います。ところが台風の翌年は（洪水で先住魚が流されたため）本流の生息場所に空きがあった。降下してきた魚たちが本流で定着できたことで比較的早く回復したのだろうと。おそらくそういう現象が起きていたんだと思います」

実は山本さんら研究グループはかつて木曽《きそ》川水系の禁漁区で似たような実験を行なったことがあるという。生息するイワナを電気ショッカーによって捕獲し、人為的に個体数が激減した区間を作り出し、回復するまでの過程を調査するというものだ。

「我々の予想は、上流の支流から稚魚が降下してきて少しずつ回復してゆくだろうと。経過を何年間か観察すれば上流からの資源添加を証明できると考えました。ところがその実験区間も雑魚川と同様、翌年にはほとんど回復していました。同様の実験を2回行ないましたが、結果は同じ。下流の個体数が増えた分、上流が減ったかといえば減っていない。当時は考察が難しかったわけですが、今なら説明できます」

木曽川の実験河川は雑魚川と同様、稚魚も成魚も降下していたと思われる。生存競争に負けて降下してきたそれらのイワナたちは、本来なら本流でも生息場所を勝ち取ることができず死んでしまうか、さらに下流へと移動するほかない。ところが……。

「動いた先の生息場所が空いている時、喧嘩相手がいない時はそこに定着する。健全な川であれば何年もかかるのではなく短期間で復活するということです」

ただし山本聡さんも言うように、健全な川であることが条件になる。木曽川水系のその川も雑魚川も、共通しているのは豊かな渓流環境が保たれていること。支流が健全であっても移動先の下流（本流）が健全でなければ効果は薄く、また支流が荒廃していたら自然再生産もままならず、しみ出し効果は期待できないことになる。

渓流環境が健全でないうえに釣獲圧が重なったらどうなるだろうか。釣り人の中には小さな支流を選んで釣行する人たちもいるわけだが、彼らがもし釣りあげた渓流魚を持ち帰っているとすれば、しみ出し効果は大幅に低下する。それに加え本流の渓流環境が健全でない場合、大雨による出水によって個体数が減少した際、支流からの補填もなく回復は極端に遅れるはずだ。

と、このように野生魚の重要性を提示した研究が数多く発表されている一方で、内水面漁協の多くは人為的放流を続けている。仮に漁協が放流主体ではなく禁漁区設定による漁場管理に乗り出そうとしても、なかなか難しいハードルがあるからである。それが内水面漁協（第五種共同漁業権）に課せられた増殖義務であり、各漁協が歩留まりの悪い稚魚放流や成魚放流に縛られているのはそのためだ（その後、２０２２年４月の水産庁長官通知により、増殖の効果が認められる場合、禁漁区やキャッチ&リリース（Ｃ&Ｒ）区の設置や管理なども増殖とみなせる可能性が出てきた。しみ出し効果について調査研究してきた研究者らの努力が実を結んだといえる）。

禁漁区設定（しみ出し効果など野生魚の活用）の弱点は人為的放流のように尾数あるいは重量を明確なかたちで提示できていないことにある。増殖計画に数値として盛り込むことができていなかったといえる。

対して、しみ出し効果による目標増殖量を数値化することは可能との意見があり（Ｐ１４４参照）、であるなら各都道府県の担当部局も評価しやすくなり、野生魚を活用した漁場管理も可能になるはず。その潮流が全国各地に広がることを期待したい。

支流群を禁漁区にしたことによるしみ出し効果で注目される雑魚川。健全な渓流環境が保たれていることも成功している理由のひとつだといえる

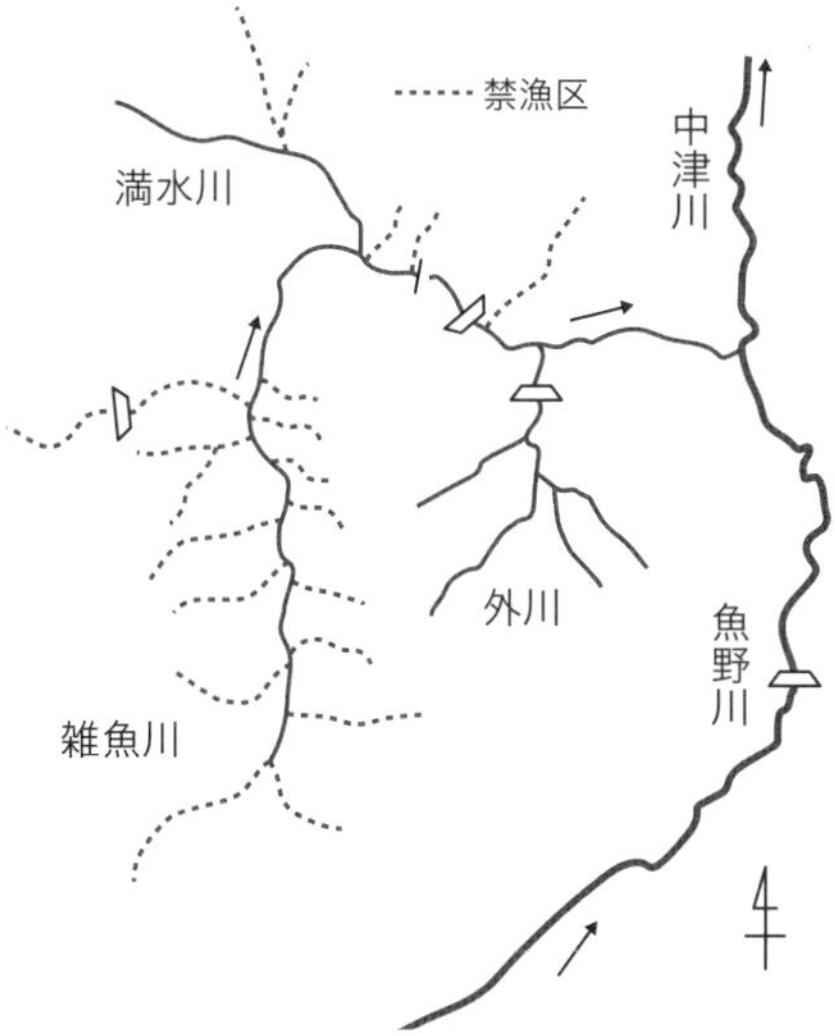

•資料1• 雑魚川の禁漁区域

雑魚川の支流はその大半が禁漁区に設定されている。その支流群で生まれたイワナたちが下流へと拡散してゆく（水産庁／天然・野生の渓流魚を増やす漁場管理より）

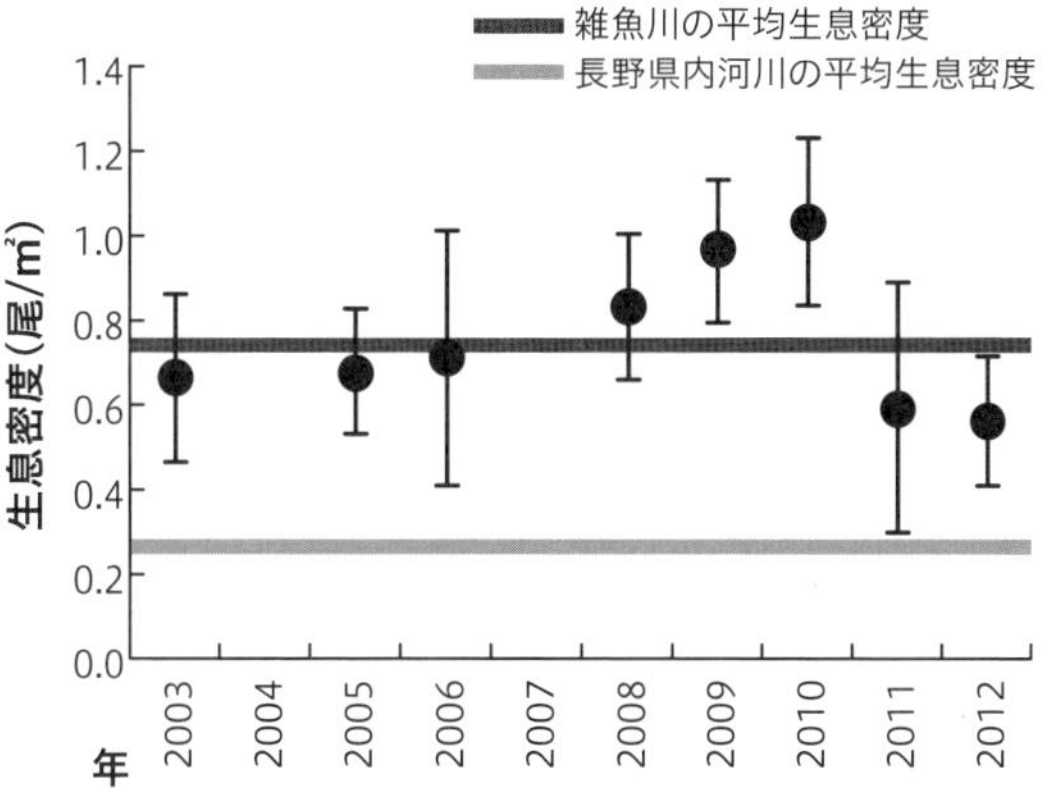

•資料2• 雑魚川のイワナ生息密度

雑魚川の本流はイワナの生息密度が長野県内の他の河川と比較して約3倍多いことが分かる（水産庁／天然・野生の渓流魚を増やす漁場管理より）

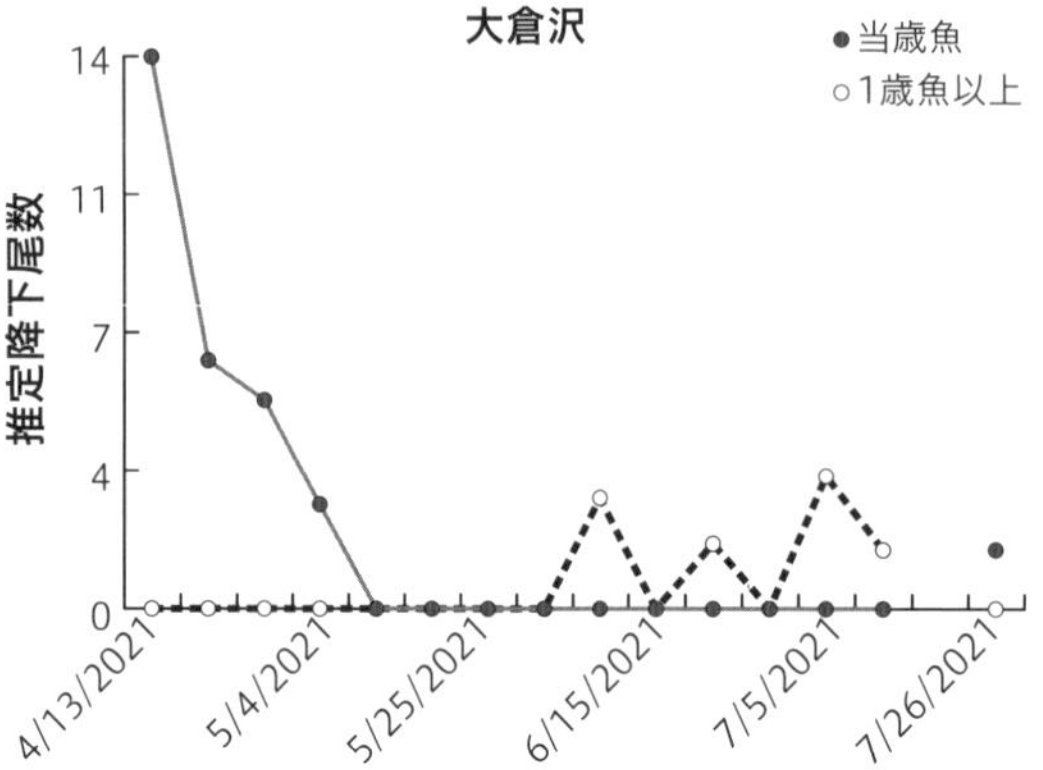

•資料3• 推定降下尾数の推移（大倉沢）

調査日間の降下量が直線的に推移すると仮定した時の調査期間中の総降下尾数は、当歳魚で162尾、1歳魚以上で70尾と推定。稚魚だけでなく比較的大きめのイワナも降下している。1歳魚以上の最大は180.9㎜だった

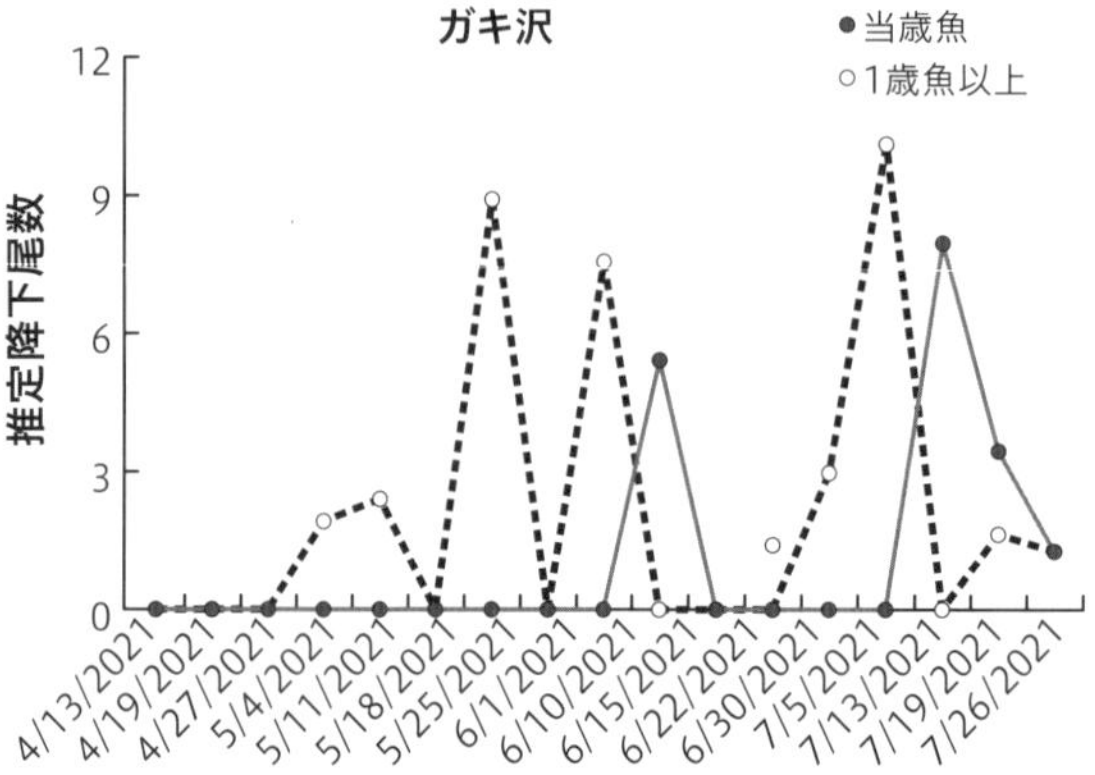

•資料4• 推定降下尾数の推移（ガキ沢）

ガキ沢における調査期間中の総降下尾数は当歳魚で122尾、1歳魚以上で257尾と推定。1歳魚以上の最大は215.0㎜だった。稚魚よりも1歳魚以上のイワナが多く降下しているのが興味深い

陸生昆虫を好んで食べる魚たち 河畔林の重要性が浮き彫りに

『森から川へ陸生動物が落ちてくる季節の長さが川の生態系を変える』と題する論文がある。タイトルのみではどんな研究なのか見当がつかないが、渓流魚のエサをめぐる競争原理や体長の個体差、さらに水生昆虫の生息数や河川内の栄養分供給など、川の生態系のあらゆる面に森の虫、陸生昆虫が関係していることが分かったというのである。森から川へ虫が集中して流れるのか、あるいは少しずつ持続的に流れるのか。その違いが渓流魚たちの行く末を左右することになる。

月刊『つり人』2021年9月号掲載

陸生昆虫と水生昆虫、エサに注目する釣り人と研究者

渓流魚が成長する過程で主に捕食しているのは水生昆虫と陸生昆虫であり、釣り人も当然それらの存在に注目してきた。

エサ釣りでは解禁から晩春にかけて川虫を使うことが多く、釣具店で購入できるブドウムシ、ミミズなどの陸生動物も一般的に使用するエサとなる。

フライフィッシングで使用するフライパターンはさらに多彩だ。早春にハッチする

メイフライ（カゲロウ）やガガンボ、ユスリカはドライフライとして欠かせないパターンであるし、盛期には大型のメイフライやカディス（トビケラ）などのパターンを多用。夏場に必須なのはアント（アリ）やビートル（甲虫）、インチワーム（シャクトリムシ）など陸生昆虫を模したテレストリアル・パターンである。

と、このように渓流での釣りは常に水生昆虫と陸生昆虫の存在を意識することが必須となるわけだが、釣り人らは主に早春から初夏に水生昆虫を、渓畔林が葉を広げて緑に覆われた頃から陸生昆虫を意識することになる。

夏を前におおかたの水生昆虫がハッチ（羽化）してしまうと、エサ釣りの人が水生昆虫を採取しようと思っても確保は難しい。フライの場合もすでに水中にいない的外れなパターンを使用したところで思うように釣れるはずもない。ゆえに双方の生態をある程度把握しておく必要があるというわけだ。

では、釣り人は水生昆虫と陸生昆虫のどちらに重きを置いているだろうか。おそらくは、どちらかといえば水生昆虫に関心を寄せているのではないだろうか。魚は水の中にいるのだから、同じ領域にいる水生昆虫が主食のはずだと考えがちだからである。

ところが研究者の認識は少し異なる。渓流魚は川の魚でありながら、周囲の森から川に落ちてくる陸生昆虫を好んで食べるというのが定石なのだ。そして陸生昆虫が多い時、川にもともと棲んでいる水生昆虫の幼虫やヨコエビなどの底生生物をあまり食べないというのである。

渓流魚は陸生昆虫を好んで食べる？

実際に渓流魚が食べるエサの割合は水生昆虫と陸生昆虫のどちらが多いのか。実は我々が想像する以上に渓流魚は陸生昆虫を捕食しているようだ。

「年間の総採餌量のうち、約5割が陸生昆虫で占められるとの報告が北海道にあります」

こう話すのは、渓流魚の食性や周辺環境との関係について研究を続ける神戸大学大学院理学研究科准教授（当時／現・京都大学生態学研究センター）の佐藤拓哉さん。年間の総摂餌量は平均的には約5割、場合によってはそれ以上になることもあるらしい。

「僕らが紀伊半島でやった調査では陸生昆虫が8割近くになりましたが、これは調査した川がたまたま突出していたのだと思います。世界各地における研究でもだいたい5割になっていることを考えれば、この数値はあながち間違いではないと思います」

年間にして5割以上を陸生昆虫に依存するとなれば、釣り人も今まで以上に陸生昆虫を意識しなければならないだろう。渓流魚たちが捕食対象を水生昆虫から陸生昆虫に変える頃、釣り人もそれに合わせて使用するエサを、またはフライを変える必要が生じるわけだ。

そして、ここで気に留めておくべきは地域差である。春の訪れが早い地域と遅い地域で同じように陸生昆虫が供給されるはずはないからだ。では、その違いによって渓流魚はどのような影響を受けるのだろうか。

佐藤拓哉さんら研究グループは2021年3月、『森から川へ陸生動物が落ちてくる季節の長さが川の生態系を変える』と題した論文を発表。陸生昆虫の流下が短期間に集中する場合と長期間に持続する場合とでは、渓流魚（調査はアマゴ対象）の成長に影響するとともに個体差の違いが見られるようになると説明する。

森の虫が持続的に流れる川と、集中的に流れる川、その違いは？

論文における要点のひとつは次のようになる。森から川への陸生昆虫の供給期間が集中的な場合と持続的な場合とを比較（供給量の総量は同一）。供給期間が集中的な場合（短期間にたくさんの陸生昆虫が流れる）、アマゴ同士のエサをめぐる競争が緩和されることで体長の個体差は小さくなったという。一方で供給期間が持続的な場合（長期間に一定量の陸生昆虫が少しずつ流れる）、大きなアマゴがひとり勝ちする競争社会になることで、体長の個体差が大きくなるとしている。

陸生昆虫の流下が集中的なのか持続的なのか、その違いが前述の地域差に関係してくる。佐藤さんは言う。

「たとえばこの辺（関西圏）と北海道の渓流とでは大きく異なります。関西では3月とか4月には葉がぼちぼち出始めて森の虫も動きが活発になります。そして陸生昆虫が川に落ちて流される状態が10月くらいまで続きます。北海道はどうかというと（葉が出揃うのが）6月くらい。でも8月を過ぎたら徐々に落葉が始まる。すべての生きものが集中的に凝縮されて生きている。1年間で生産される葉の量とか虫の量は南と北でそう大きく変わらない。総量が一緒でも片一方は持続的に、もう一方は集中的にということが起こっているんじゃないかと考えました」

森から川に流入する陸生昆虫の量は、春に木々が展葉する頃から増加しはじめ、初夏にピークを迎えると落葉期に伴って減少する。ただしすべての河川、地域が同じタイミングであるはずもなく、低緯度や低標高の森では展葉から落葉までの期間が長いのに対して、高緯度や高標高の森ではその期間が短くなる。これらに伴い、陸生昆虫が川に入ってくる期間は低緯度・低標高では持続的に、高緯度・高標高では集中的になる可能性があるわけだ。

では、陸生昆虫の流下が持続的な河川と集中的な河川では、渓流魚にどのような影響をもたらすのであろうか。

調査研究は京都大学の和歌山研究林において、川の生態系を模した大型プールを用いて野外実験を行なった。陸生昆虫の総供給量を同じとし、実験期間中の30日間に集中して陸生昆虫を供給する「集中区」、90日間にわたって持続的に供給する「持続区」、および陸生昆虫を供給しない「対照区」を作り、サケ科魚類（アマゴ）の摂餌内容と体長、底生生物の生息個体数および落葉破砕速度を調べた。結果は以下のようになったという。

「持続区では、少しずつ流下してくるエサを大型個体が独占しやすくなるため、小型個体は陸生昆虫をあまり食べていませんでした（**P45資料1A**）。このため体長サイズの差が大きくなっており（**P45資料2**）、ひとり勝ちしやすい社会になったことが分かりました。一方、集中区では時間当たりのエサ供給量が多いため、競争に優位な大型個体とはいえ全部は捕りきれない。おこぼれが出る。このため小型個体も陸生昆虫を食べていました（**資料1A**）。体長サイズの差は小さく、まんべんなく成長できるひとり勝ちしにくい魚社会になるということです」

資料1Aを見ても分かるように、集中区（陸生昆虫が短期間に集中して流れる）では主に大型個体が陸生昆虫を捕食していたが、小型個体もある程度の陸生昆虫を食べている。集中的にたくさん流れたことで大型個体が捕りこぼした分も相当量あり、それを捕食していたと考えられる。

なお集中区における水生昆虫（図では底生動物と表記）の捕食量を見てみると大型個体はほとんど食べておらず、陸生昆虫にありつけなかった小型個体の一部が水生昆虫を食べていたことになる（**資料1B**）。

持続区はどうかといえば、少ない量の陸生昆虫が持続的に流れるため、そのほとんどを大型個体が独占してしまい、小型個体はほんのわずかしか陸生昆虫を食べていない（**資料1A**）。何を食べていたかといえば水生昆虫（資料では底生動物と表記）である（**資料1B**）。なお、陸生昆虫が流下してこない対照区では当然、大型個体も小型個体も水生昆虫を食べていた。

その結果、大型、小型の双方が陸生昆虫を捕食できる集中区では体長差は目立たず、持続区ではひとり勝ちした大型のみが大きく成長することができたのである。

これを実際の河川に照らし合わせるとどうなるだろう。低緯度・低標高の森では陸生昆虫が持続的に川に流入するわけだが、たとえば西日本の渓流ではその傾向が見られることになる。こうした地域では、ひとり勝ちの魚社会になる可能性が高く、大型個体と小型個体との体長差は大きくなる。

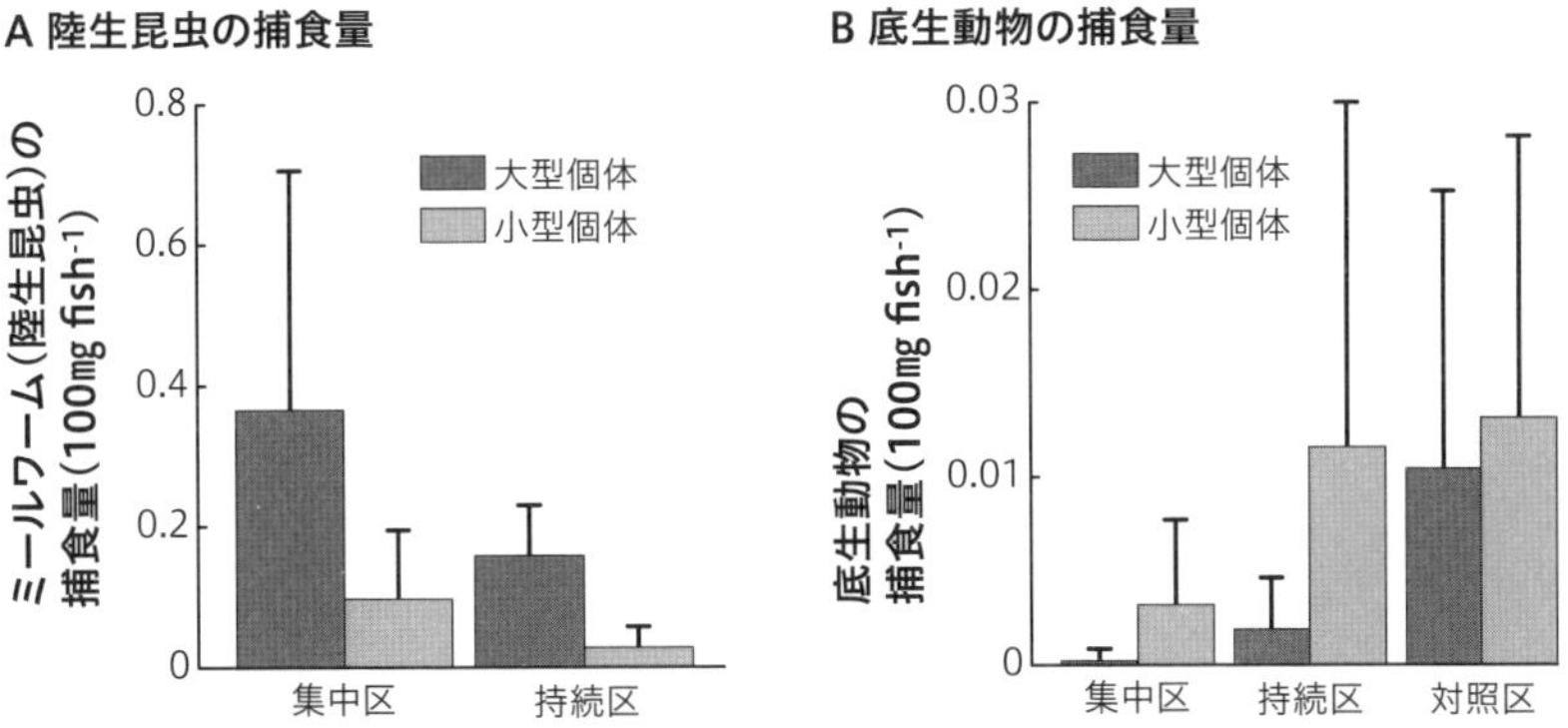

•資料1• アマゴによる陸生昆虫と底生動物の捕食量

集中区では、小型個体もある程度の陸生昆虫を食べているが、持続区の小型個体は陸生昆虫をあまり食べていないことが分かる。集中区では底生動物（水生昆虫）を食べる量が対照区に比べて顕著に少なくなっていたが、持続区では特に小型個体が底生動物を多く食べている傾向が見られた

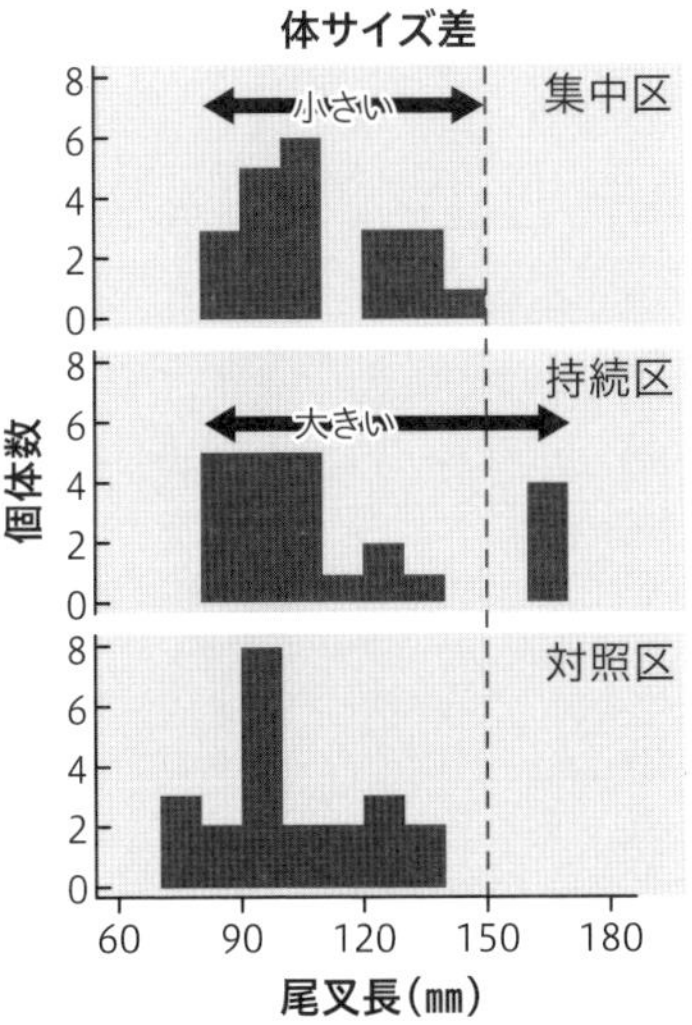

•資料2• アマゴの体サイズ組成

集中区では大型個体と小型個体の体サイズ差が小さく、持続区では大きくなっていた。図中の破線は成熟可能な体サイズを示している

一方、高緯度・高標高の森では陸生昆虫が集中的に川に流入することから、東北や北海道などではより多くの個体がまんべんなく成長することができるといえるかもしれない。

落葉の分解速度も陸生昆虫がカギを握る？

渓流魚たちは我々が考える以上に陸生昆虫を好んで食べている。陸生昆虫の流下量が多い場合は水生昆虫をほとんど食べないといわれるほどであり、ならば水生昆虫の個体数にも変化をもたらすことになる。

特にすべての渓流魚がまんべんなく陸生昆虫を捕食できる集中区では、水生昆虫を食べる必要がないだけに個体数は減少しにくいようだ。佐藤さんは次のように説明する。

「渓流魚は森の虫が好物なので、陸生昆虫がたくさん流下する場合はそればかりを食べます。すると必然的に水生昆虫を食べる量は少なくなり、水生昆虫の個体数が増えるという研究は昔からありました。一方で、大きな魚が陸の虫を食べながら小さな魚を追い払っているような川では、小さな魚は底をつついている（底層で水生昆虫を食べている）。そうなると水生昆虫の個体数は増えない。捕食量で見てみると陸生昆虫を与えていない区間（対照区）と同じくらいの量を、小さな魚が食べていることが分かりました」

水生昆虫の個体数が増えない（あるいは減る）とどのような現象が起こりえるのか。それが落葉破砕速度の変化である。

渓畔林が落葉すると、それらの葉は川に

流入することになる。また川から離れた森の落葉も、地表に堆積したものが降雨に伴い川に運ばれることがあるだろう。そうした落葉後の葉は淵などの底に堆積しているものだが、それらはいずれ水生昆虫や微生物などによって分解される。ところが水生昆虫が減少すると落葉破砕速度、すなわち分解の速度が遅くなることが考えられるというのだ。

「落葉破砕速度は水生昆虫の種類にも関係するので少しややこしいですが、魚に食べられやすい種が多くいる場合、それらの種が減少することにより葉をバラバラにするスピードが遅くなると考えられます（分解が遅くなる）。反対に水生昆虫が多いと葉の分解は早くなります。川に入ってきた葉を有効に使い切るという意味では重要な視点です。ただ、それが川の生態系にどのような影響をもたらすのかはハッキリ分かりません。言えることは、森の虫が川に供給される際の季節性が変わると魚の社会関係も変わるということ。そして森の虫が魚の成長に変化をもたらし、川の虫も関わり合っている。そうしたつながりによって川の生態系が作られてゆくということですね」

落葉は水生昆虫により分解されることで粒状有機物や栄養塩を河川内に産出し、河川生態系のさまざまな生物に正の効果をもたらすことが分かっている。そのカギを握る存在のひとつが陸生昆虫だったということだろう。陸生昆虫が集中的に流れる河川では水生昆虫の個体数が減少しにくくなり、すると落葉が効率よく分解されて下流部に対しても栄養を供給することになる。

ただし落葉破砕速度の変異は渓流魚に食べられやすい種が優占する場合にのみ見ら

れる現象であり、渓流魚が食べない水生昆虫によって補完されている可能性も示唆される。であれば、いくつかの種が渓流魚の捕食によって減少しても、河川環境が健全でさえあれば負の関係にはならないはず。重要なのは生態系のつながりであり、そのバランスを崩さないよう配慮することだといえそうである。

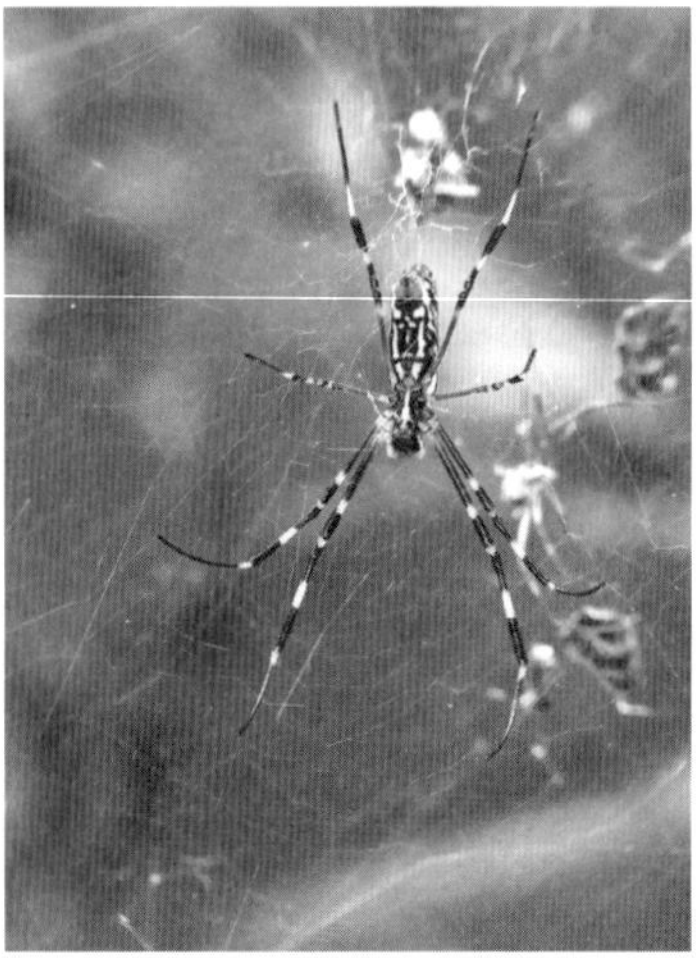

調査はミールワームを使用しているが、自然渓流ではさまざまな種の陸生昆虫が川に供給される。夏期はクモやバッタが多く発生し、秋は越冬のため集団行動で集まるカメムシも捕食対象になるはず。それら陸生昆虫の存在が川の生態系にとって重要な役割を担っている

ニジマスはエサに弱い？ 釣りやすい魚と釣りにくい魚

渓流釣りで最も釣られやすい魚種、釣られにくい魚種はどれなのか。ニジマス、ヤマメ、イワナ、オショロコマの4種について調査した論文がある。北海道の河川で実施されたその内容は、釣り人が実感している印象と一致する面があるかと思えば、意外な一面も見てとれる。調査を実施した水産研究・教育機構の主任研究員、坪井潤一さんに話を聞いた。

月刊『つり人』2021年4月号掲載

最もよく釣れる魚種はニジマス？

渓流釣りの主な対象魚といえばヤマメ（本州の一部エリアではアマゴも）とイワナ、ニジマスの3種となるが、北海道でいうヤマメはサイズの小さい新仔ヤマメが多く（海に降りてサクラマスとなる）、尺クラスはなかなか釣れるものではない。イワナ属はエゾイワナ（アメマス）とオショロコマの2種（然別湖にはミヤベイワナも）。海から河川に遡上するサクラマスは全面禁漁であることから、川で大きなトラウトをねらおうと考えた場合、おのずとアメマスとニジマスがメインになる。ブラウントラウトもターゲットになるものの、生息域はさほど広くない。そして近年はアメマスが減少している関係上、北海道の川釣りはニジマスに支えられているといって過言ではない。

では、それらの魚種のうち、釣られやすい魚種はどれなのか。そのようなことを考える釣り人がどの程度いるのかは分からないが、釣られやすい魚種（あるいは釣られにくい魚種）が分かれば、残りやすい魚種も見えてくる。そこには河川の釣りを永続させるためのヒントが隠されているはずだ。

魚の印象は、釣り方によって異なる。たとえばルアーやフライにおいて「よく釣れる（釣りやすい）魚種は○○」といった話題はあまり聞いたことはない。が、エサ釣りの場合ははっきりしており「よく釣れるのはニジマス」との声が聞こえてくる。

筆者自身の体験を書いておくと、以前に十勝《とかち》川水系で次のような出来事があった。撮影の帰りにほんの半日立ち寄っただけなのだが、その時の同行者はエサ釣り上級者（撮影の被写体）。同行者はもちろんエサ釣りで下流のポイントへ、私はフライで上流へと入渓した。

ライズ（魚が水面に浮上して、流れてくる昆虫類などを捕食するようす。飛沫や波紋が見られることが多い）が皆無な状況とあってニンフ（水生昆虫の幼虫を模したフライ。水中に沈めて使う）を結び、絶対に大ものが潜んでいると確信した流れに100回以上は流したと思う。しかし明確なアタリは2回、そのうちの1回をなんとかフッキングさせて50㎝ほどのニジマスを釣りあげた。

しかし本当にこの程度しかいないのか不思議に思い、同行者にサオを借りてエサ釣りに挑戦してみた。もちろん私はエサ釣りビギナーなのだが、そんな下手くそな私にも入れ食い状態になったことに驚いた。フライは100投で1尾、エサではまるで1投で1尾釣れる感覚だったのである。

実はそうした釣り人の意見、印象を証明する論文がある。水産研究・教育機構主任研究員の坪井潤一さんがカナダの学会誌に提出した論文『同じ場所に棲むサケ科魚類の種ごとの釣られやすさとその体サイズ選択性』は、渓流域に生息するサケ科魚類について、その釣られやすさを解明したものである。

エサ釣りならニジマスは誰にでも釣れる!?

対象魚種はニジマス、ヤマメ、イワナ、オショロコマの4種。ニジマスが野生化していること、オショロコマが生息していることを前提に、調査は北海道の河川で実施された（**P52資料1**）。調査方法はエサ釣り。生息密度を調査する際には釣りと電気ショッカーを用いている。

結論を先に述べると「ニジマスがよく釣れる」ということが調査結果でも証明されるかたちとなった。釣られやすさの順位はニジマス、ヤマメ、イワナ、オショロコマの順。ニジマスが最も簡単に釣れて、オショロコマが最も釣られにくいという結果である。ヤマメが2番目に位置していることは意外だが、体長別に見ると納得できる内容になっている。

しかもニジマスは体長が大きい個体ほど釣れやすかったという。大きく成長すると賢くなると考えがちだが、それ以上に食欲旺盛な性格が浮かび上がる。

調査は渓流域で実施されていることから、

●資料1● 主な調査河川エリア

釣り人の影響を排除するため、調査河川は北海道の道南、積丹、石狩、オホーツク、知床の5エリアのなかで、釣り人の入渓者数が少ない河川で実施された（禁漁河川も含まれる）

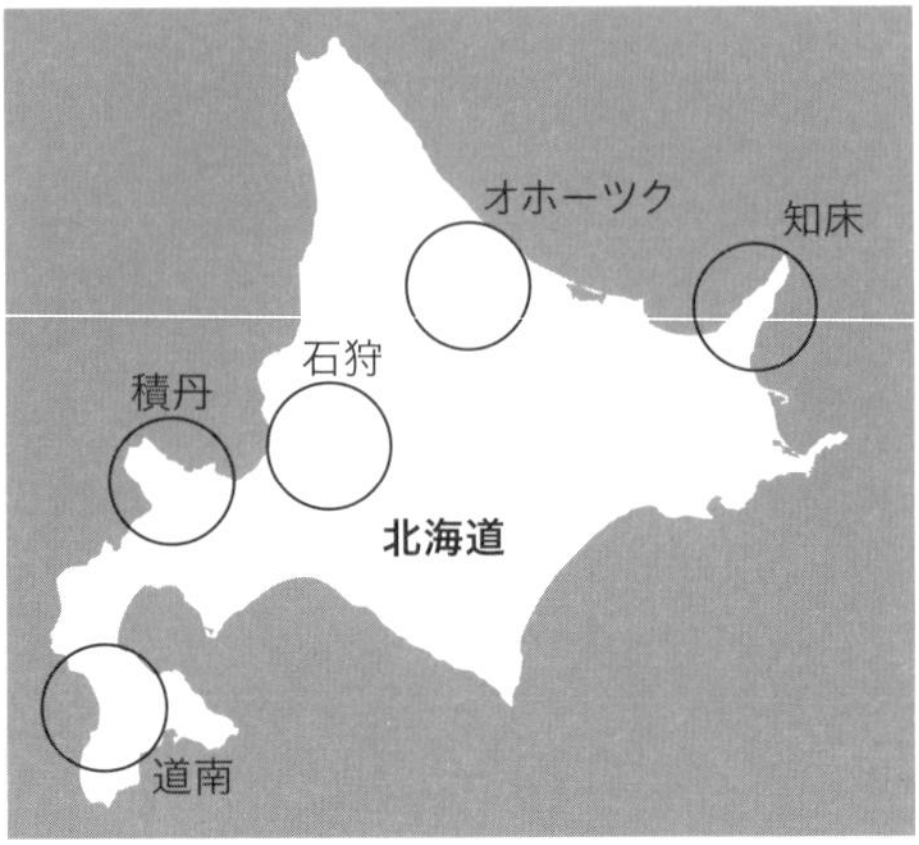

４魚種の対象サイズは主に30㎝未満。ニジマスに関しては調査河川の最大サイズが25㎝程度だったが、大きくなるほど釣られやすくなった（**資料2**）。４種のうち、その傾向が明確に出たのはニジマスだけである。

「サケ科魚類にもドミナンスヒエラルキー（支配順列）があるので、大きな個体ほどエサを捕りやすい場所を確保して、よけいに大きくなっていきます。その傾向が最も強く出たといえます」

成長するほど釣られやすいというのは意外だが、それだけニジマスは活発にエサを食べているということだ。

しかしながら、先に述べた釣り人の印象はエサ釣り＝釣りやすい魚、ルアー＆フライ＝難しい魚である。なぜなのか。

エサでは簡単に釣れて、ルアーやフライではあまり釣れないその理由はおそらく、

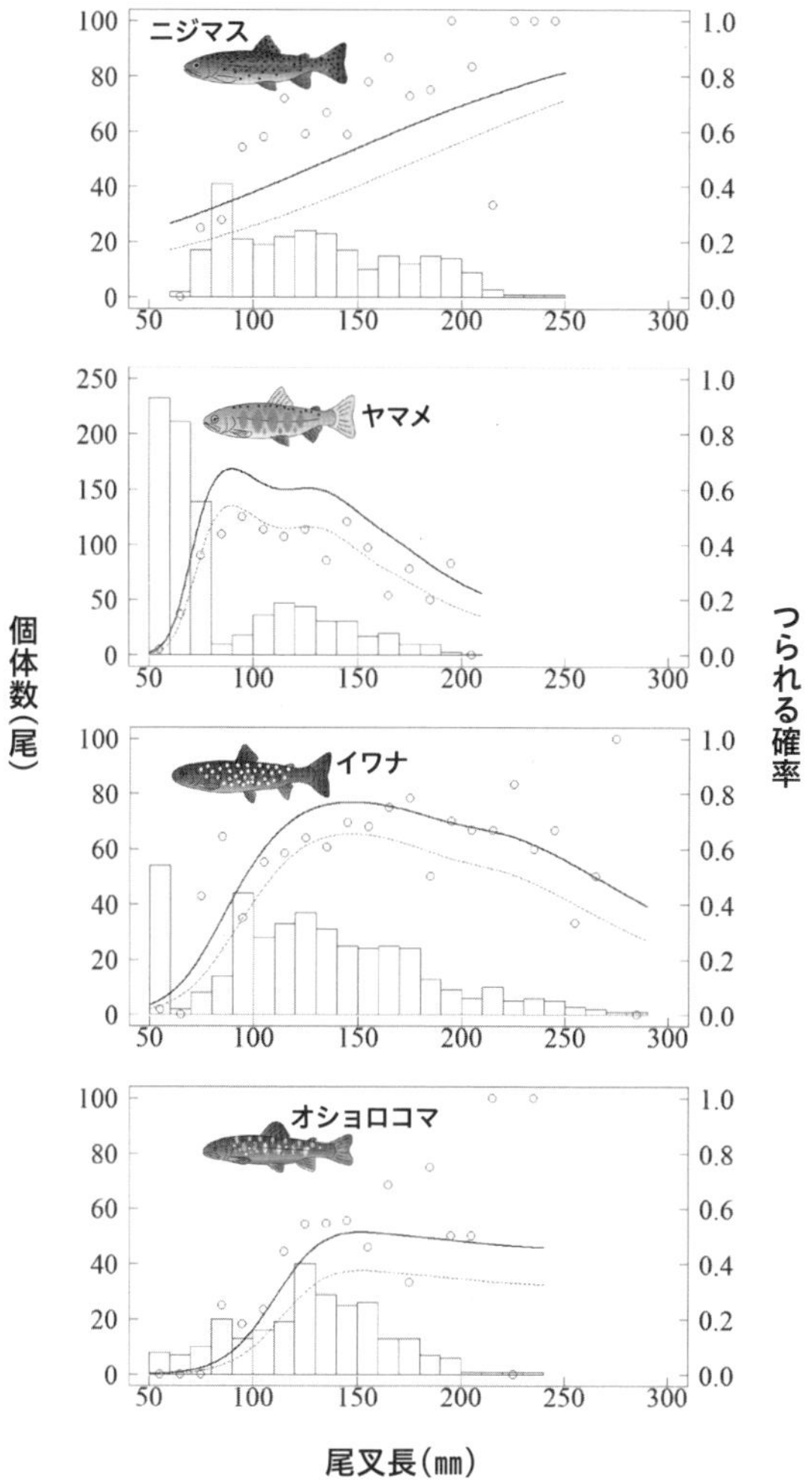

•資料2• 種ごとの釣られやすさ

棒グラフは個体数（サンプル数／釣り＋電気ショッカーの合計）を指し、実線は釣られる確率、点線は補正後の釣られる確率となる。川の中には釣りでも電気ショッカーでも捕獲されない個体が少数いるため、それらを推定し補正したものが点線のグラフ。ニジマスのみ、成長するほど釣られやすい傾向が見られるニジマスは生きエサの匂いに反応しやすい性質があるのだと考えられる。匂いに誘われて与えた生きエサを躊躇なく食べることから、養殖しやすい魚種として全国各地で養殖されるようになったのだろう。

「ニジマスは調査地点にいる個体の大半が釣られてしまう状況でした。特に20㎝を超えるサイズになると50％以上が釣られてしまい、なかには１００％釣られている事例すらありました」

つまりニジマスはエサ釣りなら簡単に釣れる魚だということ。思えば、エサ釣り上級者のなかには大ものを釣りあげてもニジマスだと分かると残念がる人もいる。それはきっと、初心者が釣って喜ぶ魚であるとの認識があるからなのだろう。

それにしても、釣りを始めたばかりの初心者にでも簡単に釣れるとなれば、その大半を持ち帰ってしまうとどうなるか。そうした懸念については後述することとし、まずはその他の魚種について触れておく。

小型ほど釣られやすいヤマメ

ニジマスとは対照的な結果が出たのがヤマメである。

「ヤマメの場合、サイズが大きくなると釣られにくくなるという結果が出ました。釣り人からすると大きい魚はスレていて釣られにくいというイメージがあると思いますが、調査河川のほとんどはヒグマが生息する上流域で、釣り人の数はごく少数。また禁漁河川も含まれています。よって釣り人の影響を受けないなかでの潜在的な釣られにくさ、釣られやすさ（本来の性格）を示しています」

釣り人が入れ替わりで入るような渓流では、対象魚の多くは学習効果によって釣られにくくなると考えられるが、上記4種の比較を行なう際、釣り人の影響を考慮すると正確なデータを得られない可能性があった。たとえばニジマスが多く生息する河川では釣り人が少なく、ヤマメの河川では多い、となったら、それは魚種による差異ではなく、単に釣り人の影響としてデータに表われてしまう。

そこでこの調査では釣り人が入らない（少ない）河川を前提とし、魚種本来の性格といえる潜在的な釣られやすさ、釣られにくさをデータ化したというわけだ。

大きくなると釣られにくくなるヤマメだが、一方で小さいサイズは極端に釣られやすいことが分かったという。

「ヤマメの場合、10㎝未満の釣られやすさが異常に高い。北海道の新仔ヤマメ釣りを支えているのはこの爆発的なガッツキ感。減茶苦茶エサを食べるのは、いずれ海に下ることに備えているのではないかと考察しています」

北海道のヤマメはほとんどが海へ下り、いずれサクラマスになって戻ってくる。天敵が多い海を目指す前に可能な限り大きく成長しようとたくさんのエサを食べるのかもしれない。

資料2『種ごとの釣られやすさグラフ』を見ても分かるように、5㎝から10㎝程度までは極端な右肩上がりで上昇し（簡単に釣られてしまう）、その後は成長するに従い緩やかに下降してゆく（釣られにくくなる）。この食欲旺盛な性格が、北海道で盛んな新仔ヤマメ釣りを支えているというわけだ。

もうひとつ注目すべきは生息密度だろう。

他の魚種のグラフは個体数（縦軸）の上限を100尾としているのに対し、ヤマメは上限250尾となっている。それだけ北海道には高密度にヤマメが生息していることになるが、簡単に釣られてしまうのであれば、釣り人の動向がサクラマス資源に影響を与えかねないともいえる。

「北海道ではたしかに高密度でヤマメがいますが、10㎝にも満たないサイズが釣られる確率は6～7割です。新仔ヤマメ釣りが盛んであることを考えると、釣り人の影響は小さくありません」

イワナはどうか。成長に従って釣られにくくなる傾向はヤマメに似るが、グラフの曲線はかなりなだらかで、大きなサイズもヤマメほど釣られにくいわけではない。オショロコマは15㎝前後を境に変化が見られなくなった。

「オショロコマについてですが、釣り人のなかには無限に釣れるといったイメージを持つ人もいます。が、実はそうでもない。釣られていない個体もいるし、釣れても5割程度といったところです」

ニジマスや新仔ヤマメと比較して、イワナやオショロコマが極端な釣果にならない理由に対し、坪井さん次のように考察する。

「水中に潜って見てみるとヤマメが浮いていて（表層のものを食べていて）、ニジマスは表層と中層の両方、そしてイワナやオショロコマは底のほうにいる。いくら重いオモリを付けてエサを沈めようとしても、沈む前にまずはヤマメが接触の機会を得るわけです。小さくても釣られる率が跳ね上がるのは、そうした要因なのではと考えています」

結果、グラフから見てとれる4種の結果

を大まかにまとめると、ニジマスはサイズが大きくなるにつれて釣られやすくなり、ヤマメは小さなサイズのみが極端に釣られ、体長が大きくなると釣られにくくなる。イワナ、オショロコマはサイズにかかわらず一定量のみ釣れるといったところだろうか。

釣果と生息密度は比例しない

次に生息密度と釣れぐあいの関係である。生息密度（生息数）を想定する際、一般的な漁業において前提となるのは「漁獲量が多い＝生息数が多い」である。漁獲量と生息密度は比例すると考えるわけだ。

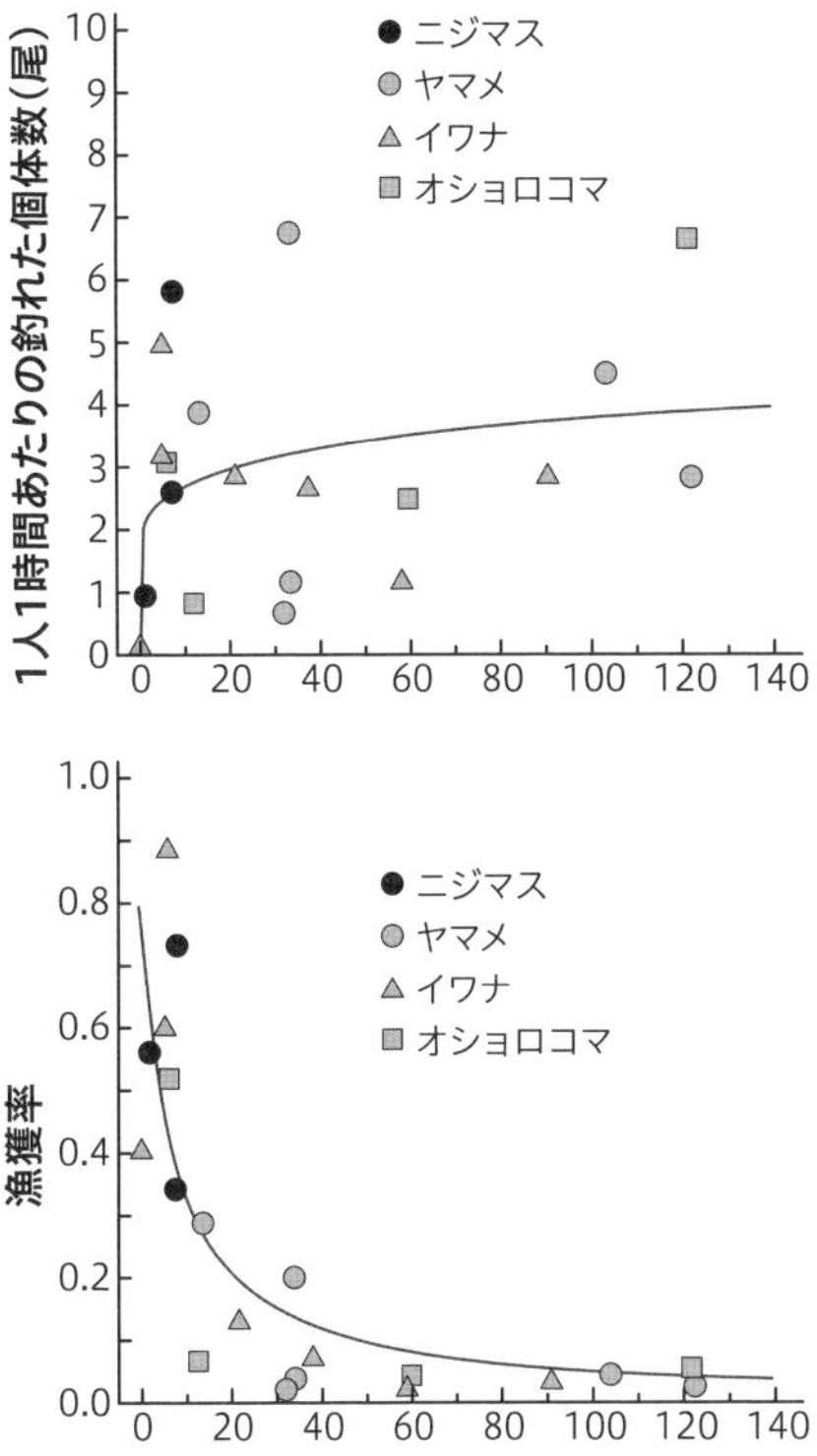

•資料3•

100㎡（10m四方）あたりの生息個体数（尾）

生息個体数に対して1人1時間あたりの釣れた個体数（尾）と漁獲率を表わしたグラフ。個体数が多くても少なくても釣れる尾数に大きな変化が見られないことから、台風などにより個体数が激減している場合、釣獲によって回復が遅れる可能性も出てくるというところが渓流釣りの場合、密度が高ければ釣果も多くなる、とは限らない。調査においても釣果と生息密度は比例しなかった**（資料3）**。いくら魚影が濃いと思われる場所でも釣れ続けることはないわけだ。坪井さんは言う。

「1尾が釣られると周りが警戒して釣られにくくなる、あるいは調査する側（釣る側）の手返しにも限界があるので頭打ちになっていくなど、いろいろ要因はあります。結果的に、密度が高くても低くても、釣れる数に大きな変化は生じないことが分かりました」

密度が高くても低くても釣れる数は同じ。これを漁獲量ではなく漁獲率で見た場合、心配になるのが絶滅リスクだという。

「たとえば、ある一定区間に100尾いて3尾釣られるのと、10尾しかいなくても3尾釣られるのでは、その後の影響に大きな違いが出てきます。同じ量が釣られてしまうので、当然分母が小さければその比率は上がります。つまり絶滅危惧種ほど絶滅一直線になるということです」

生息密度が低くても釣れる数が同じとなれば、簡単に釣られてしまうニジマス、そして小型のヤマメは要注意といえるのではないか。

北海道のヤマメは、現在はまだ個体数はそれなりに維持されている。しかし10㎝に満たないサイズが6～7割程度釣られてしまうのは懸念材料となる。台風など何らかの影響で密度が極端に下がった場合、深刻な影響が出かねないからだ。

「通常なら減れば減るほど1個体あたりのエサの量が多くなり、生息できる面積も広くなるので成長率が上がります。そのため減れば減るほど増えやすくなり、それは釣り人ド力が大きくなるのですが、リバウンドがいない場合です。たとえば台風の後など極端に生息密度が下がった状態で釣り人が入るとリバウンド力が削がれてしまう。結果、残り3尾が全部オスとか、全部メスといった偶然の確率も高まることになります」

台風などの要因で魚影が少ないと感じたなら、次の釣行のためにもリリースを心掛けるべきだろう。

釣られやすく攪乱にも弱いニジマスの命運は？

ニジマスは本州においては定着しにくい魚種として知られるが、北海道ではニジマスが主要な釣りの対象魚になっている。そのため魚影が濃いと思われがちだが、生息密度はそう多くないようだ。

それぞれの個体数はエサ釣りだけでなく電気ショッカーを用いた調査も実施された。

10m四方の生息個体数は道南の調査河川ではイワナ5・6尾に対しニジマス1・7尾、石狩地方ではヤマメ13・5尾に対しニジマス7・6尾と、在来種のイワナやヤマメに対し外来種のニジマスは後塵を拝している。

「相対的に個体数が多い魚種はヤマメです。在来魚だけに日本の環境に適応しやすく数も安定しているといえます。対するニジマスですが、個体数は意外と少ない。本州で定着しにくい理由のひとつとして台風などの攪乱に弱いことが指摘されますが、北海道でも近年は台風の影響を受けることがあります。春の遅い時期にふ化するため、初夏の出水によって影響を受けやすいのかもしれません。逆にダム湖があるような川だと、そこで留まっていられる。ニジマスとブラウントラウトはダムに助けられているともいえます」

ダムが問題であると言明する坪井さん。対して外来種であることを理由にニジマスやブラウントラウトを問題視する学者もいるが、それらが本当に生態系に害を与えると信じて疑わないのなら、彼らはまずダム管理者に異論を唱えるべきである。権力に物申すことをせず、ものいわぬ外来種のみを槍玉に挙げるとすれば、それは学者として恥ずべき行為だ。

ダムなど河川横断人工物との関係ではもうひとつ注目すべき事案がある。実は北海道ではすでにニジマスの個体数減少が始まっている河川もあり、その要因のひとつとして種間競争が指摘されている。近年北海道では貯水ダムの魚道整備や砂防ダムのスリット化（透過型への改修）が進んでおり、それまで遡上していなかったダム上流域にサクラマスが到達するようになり、勢力図が置き換えられようとしているのだ。

積極的にエサを食べるニジマスは他の競合種よりも優位だと思われがちだが、必ずしもそうではなく、撹乱への耐性ひとつとってみても外来種ならではの弱点が垣間見える。撹乱が頻繁に発生する日本の川で進化してきたサクラマスに対し、ニジマスは撹乱に弱い。どちらに優位性があるのか、あえて説明するまでもないだろう。

これまで北海道はニジマスがいることで「トラウト天国」の名をほしいままにしてきた。しかしながら、釣られやすく、洪水などの撹乱にも弱く、さらにサクラマスが優位だとすれば、今後もしばらくは個体数減少が続くものと思われる。

エサで簡単に釣れるからといってすべて持ち帰ってしまえば、魚は簡単に減ってしまうだろう。今後も釣りを楽しめるよう、できるだけリリースを心がけたい。

ニジマスはよく釣れる……そう考える釣り人は少なくない。そんな釣り人が抱く印象は間違いではなかった。意外なのは体長が大きくなるほど釣られやすいこと。食欲旺盛だが、一方で自然環境の変化（攪乱）には弱いという

イワナも若干ながら大きくなると釣れにくくなる傾向が見られたが、ヤマメほどではない

ニジマスとは対照的に、成長するにしたがい釣れにくくなるのがヤマメ。良型ほど釣るのは難しく、それが人気の理由かもしれない

調査では最も釣られにくい魚種となったオショロコマ。道内の釣り人ならよく釣れる魚種の筆頭にあげそうだが、釣られずに残る個体も多いという

ふ化放流によって魚が減る?
サケが教えてくれる野生魚の生命力

近年、サケの漁獲量は記録的な不漁となっている。原因は温暖化説が最も有力であるが、どうやらそれだけではない。国内でサケの減少率が著しいのは北海道と岩手県。その他の県で大きな減少は見られないという。両県に共通していること、それはふ化放流事業が盛んであること。ふ化放流量が多い地域ほど減少しているというのは嘆かわしい。他方、自然産卵により生まれた野生魚が資源量の下支えをしているとの指摘もあり、ふ化放流事業+野生魚による資源管理が有効との声も。野生魚の可能性について論文を発表している国立研究開発法人水産研究・教育機構(当時)の森田健太郎さんに話を聞いた。

月刊『つり人』2020年12月号、2021年1月号掲載

サケを食べながら守り続けるために

日本の河川に遡上してくるサケ、その大半はふ化場で生まれたサケだといわれる。

漁業管理も同様、日本には野生のサケは存在しないとの前提のもとに行なわれており、たとえ野生魚がわずかに存在していたとしても漁業には貢献しないとの立場である。

しかしながら、その数はたしかに少ないかもしれないが、自然産卵で生まれたサケは今も存在する。そしてそれらの野生魚がふ化放流事業の持続性に量的質的に貢献していると指摘され始めている。

日本におけるサケの人工ふ化と放流は、１８７６年（明治９年）茨城県の那珂《なか》川で試験的に行なったのが始まりとされ、本格化されたのは１８８８年（明治21年）、千歳《ちとせ》川に中央孵化場が建設されたことを契機に全国に広まったという。

１００年以上も前に始まったサケのふ化放流事業だが、それを基軸とする漁獲量はご存じのように近年苦境に喘いでいる。２０００年から２００９年までの10年間、日本の平均漁獲量は約23万トンと高水準を維持していたが、２０１６年から10万トンを割り込むようになり、２０１９年はついに5万トン台にまで激減した。

原因として最も注目されているのが温暖化による海水温の上昇であるが、はたしてそれだけなのだろうか。たしかに北海道沿岸では暖流を好むはずのブリが近年豊漁であることからも、海水温が何らかの影響を与えていることは間違いないだろう。

ただしそれだけではない。漁獲量減少の原因として近年注目されているのが、ふ化放流事業に依存しすぎている漁獲管理だ。ふ化放流技術が向上したこととあいまって、放流されたサケたちは遺伝的な変質が生じ（家魚化）、環境への適応度が低下しているとの指摘もあるのだ。温暖化原因説との関連を考えた場合でも、サケの家魚化による適応度の低下により、海水温の上昇に対応しきれなくなっていると見ることもできるだろう。

余談だが、日本のサケ漁業もかつて海のエコラベルと呼ばれるMSC（Marine Stewardship Council）認証を取得しようとしたことがある。MSC認証とは持続可能な漁業によって漁獲された水産物である証であり、厳しい審査をパスした信頼ある水産物を証明するもの。ちなみにアラスカやロシアのサケはMSC認証を取得しているが、日本のサケは「ふ化放流に依存しすぎのため持続的とはいえない」と評価され取得に至っていない。MSC認証を取得したアラスカやロシアでは近年サケの豊漁が報告されていることに対し、取得できなかった日本は深刻な漁獲減。持続的でないことを証明してしまったかたちになっている。

両国との違いは川で産卵するサケの比率にある。日本だけ川で産卵するサケが異常に少ないのだ。アラスカにおいてふ化放流によって回帰してきたサケは全体の約3割といわれ、残りの7割は自然産卵によるものだという。対する日本はその真逆。自然産卵のサケは多く見積もっても3割程度との指摘がある（千歳川では2～34％／詳しくは後述する）。

こうした現状に対し水産系研究者も注目している。国立研究開発法人水産研究・教育機構の主任研究員（当時）、森田健太郎さんは、『サケを食べながら守り続けるために』と題する論文を発表。自然産卵による野生魚とふ化放流を融和させる資源管理を提言している。川で産卵させることで適応力の高いサケを増やし、漁獲量減少に歯止めを掛けようというわけである。ふ化放流量と回帰率の減少、その関係性について次のように話す。

「国内においてサケの漁獲量が急激に減少しているのは北海道と岩手県。双方に共通しているのはふ化放流量が多い地域であることです。北海道と岩手県は現時点でも漁獲量は多いんですが、減った割合、減少率は著しいといえます。反対に日本海側の新潟県などはもともと漁獲量は多くないですが、減少率はそれほどではありません。特に放流数が多い地域での回帰率が減少しているということです」

放流量が多い地域ほど減少率が高いというのだから皮肉なもの。持続可能なサケ漁を目指すには、ふ化放流だけでなく川における自然産卵を見直す必要があるというわけである。

野生魚の回帰率は体長に依存しない

これまで日本のサケ資源はほぼすべてが放流魚であるという前提で資源管理されてきた。しかし水産研究・教育機構が中心となって実施している耳石温度標識放流により、自然産卵を由来とするサケも無視できないレベルで存在することが分かったという。

ちなみに北海道の千歳川を例にした場合、ウライで捕獲されたサケ（親魚）のうち、野生魚の割合は2～34％だと推定されており、最大で約3割の野生魚が遡上しているとなれば回帰率の底上げに貢献していることは間違いないだろう。

「千歳川では毎年約8万尾の種親（親サケ）が種苗放流のために必要とされています。その8万尾は基本的に放流魚（放流由来の親サケ）によって維持されてきましたが、2007年から2009年の不漁時は野生魚が存在したおかげでふ化放流事業が継続できたといえます」

記録的な不漁となった2007～2009年だが、特に2008年はギリギリの種苗生産になった。親サケを捕獲して採卵・採精したのち人工授精によって生まれた稚魚を放流するふ化放流事業だが、種卵確保が充分でなかったとあっては4年後が心配される。ところが「2008年は約3割の野生魚の貢献があり、その4年後の2012年は豊漁となりました。このことからも、野生魚はふ化放流事業の持続性に貢献しているといえます」と森田さんは言う。

積極的にふ化放流事業を推進してきた北海道で漁獲が減少し、かつ自然産卵由来の野生魚に助けられるという現実。まるで皮肉の連続のようだが、なぜ野生魚が重要な意味を持つのだろうか。

自然産卵とふ化放流、双方のメリットとデメリットを比較すると分かりやすい。自然産卵において生まれた卵が稚魚に成長するまでの生存率は約10～20％だと推定されるが、対する人工授精によって生まれた卵は約80～90％だという。河川でふ化する前者はさまざまな捕食者にねらわれるほか増水や渇水などの環境変化に晒される一方、後者は放流に適した体長（稚魚）に成長するまで人為的で安全な環境下で育てられる。単純に生存率のみで考えればふ化放流にメリットがあるように見えるが、そうした判断は早計である。

加えて稚魚の体長に注目してみると、それぞれの体長はふ化放流の稚魚は大きく（放流時)、野生魚の稚魚は小さい。この違いも判断を誤る要因になった。ふ化放流事業のデータ上、放流サイズ(体長)が大きいと回帰率が高く、小さいと低いことが明らかとなっているが、これを野生魚にも当てはめてしまったようだ。小さな野生魚は回帰率が低いはずだ、との考え方が広く浸透してしまったのだ。ところが野生魚にその法則は当てはまらず、野生魚の回帰率は体長に依存しないこと、小さな稚魚の野生魚も回帰率は放流魚とほぼ同じであることが明らかになっているという。

「そもそも北米では小さくても野生魚のほうが回帰率が高いという研究がたくさんあります。日本でも同様の傾向が見られるということです」

かみ砕いていえば、さまざまな外的要因に晒される野生魚は放流魚よりも遺伝的多様性が高く、生命力も強いということ。荒波にもまれて育つ野生魚に対し、温室育ちの放流魚は家魚化(家畜化)が進んでしまったといえるかもしれない。

不要親魚の有効活用を提言

種苗放流に必要な親魚をウライで捕獲していることは先に述べた。ウライの位置が河口付近にあるのか、あるいは河川の中流部にあるのかで状況は異なるが、いずれの河川でも種苗放流に必要な尾数をウライで捕獲、確保していることに違いはない。では必要とされる親魚が規定数確保された場合、その残りはどうなるのだろうか。現状では遡上させるのではなく不要親魚として売却されている。それら不要親魚の有効活用を森田さんは提言しているのだ。

「残りの親魚を遡上、産卵させることで家魚化のリスクを低減し、資源回復につなげてはどうか、ということです」

不漁時に野生魚がいたおかげでふ化放流事業が継続できた千歳川のように、生命力の強い野生魚が緊急時に役立つ可能性は高い。野生魚とふ化放流を融和させることができれば、持続的な資源管理も夢ではないというわけである。これを融和方策と呼んでいるが、豊漁を維持するアラスカやロシアも同様の方策を採用しているだけに、日本だけができないというのも不自然である。

「ネックになるとすれば、不要親魚の売却ができなくなるため漁業関係者の利益が減ることですが、いろいろ方法はあると思います」

釣り人の立場でいえば「不要親魚は遊漁に」と言いたいところ。河川内でのサケ釣りといえば有効利用調査というかたちで実施されている河川もあるが、一般的な遊漁として認められたわけではない。有効利用調査は申し込みが煩雑であったり、抽選で漏れる場合があったりと、釣り人側からすれば積極的に参加できる状況とはいい難いものがある。そこで不要親魚を遊漁として活用するとともに（産卵させるうえでリリース前提が望ましい）、その収益を売却分の補塡に充てれば、おそらくは売却以上の収益が見込めることだろう。地域振興策としても有効だと思われるが、なかなか実現は難しい。

魚道を封鎖する十勝《とかち》川の堰

サケを捕獲するウライを見学したことがある人ならご存じかと思うが、我が国におけるウライ（捕獲場）は河川の両岸を完全に閉め切るかたちで設置されている。1尾たりとも逃さないその姿勢こそ北米やロシアと異なる部分。両国の捕獲場は決して一網打尽ではなく、大半が遡上できるよう工夫されている。

以前、十勝川の千代田堰堤を見学しにいったことがある。主に農業用水の確保を目的に1935年（昭和10年）に設置されたこの堰は、サケやサクラマスなど遡河性魚類にとって遡上障害になっていることは古くから話題となっていた。また洪水時には流れを阻害していると指摘されてきたことから、2007年には右岸側に並行するかたちで新水路が新設された。千代田堰堤と新水路、いずれも魚道が設置されているものの、その上流域にサケは遡上できないのだ。

千代田堰堤の魚道は採卵用親魚の捕獲場所となるため遡上はほぼ不可能。新水路には水路式魚道と階段式魚道が整備されたが、魚道最上段の上流側に出る部分には厳重な柵が設置されており1尾たりとも遡上できない。

当施設は地下に魚道の観察室があるほか、周辺は十勝エコロジーパークが併設されており、さまざまな地域から観光客が訪れる。筆者が見学した当日、サケの魚道観察室には海外からの観光客も訪れていたが（2017年秋）、「遡上させない魚道」を見た彼らは何を思っただろうか。新たに魚道を整備しても結局は一網打尽にしてしまう日本の現状を前に、同じ日本人としては恥ずかしい気持ちのままその場を後にするしかなかった。

十勝川水系に関しては『十勝川水系におけるサケ・サクラマスの産卵環境評価』と

題する論文が参考になる。サケおよびサクラマスを遡上させて資源回復を図ることを見越したこの調査は、十勝川水系にどの程度のポテンシャルがあるのか明確にすることを目的としている。

この論文によると、調査時に千代田堰堤上流で確認できたサケは0尾、サクラマスは1尾にとどまったとしている（調査は2011年）。論文の著者は「広大な十勝川水系に遡上する親魚を発見するには努力量が小さかったことは否定できない」としているが、それでも専門の研究者が見つけられなかったのであれば、ほとんど遡上していないものと考えてよいだろう。

一方で「サケについては産卵域までの遡上環境は比較的良好な状態で維持されている」とし、またサクラマスについても「遡上障害の解消が必要な区間が相当程度認められたが産卵に適した礫も広く分布している」と指摘。そして「十勝川水系内における自然再生産のポテンシャルは高いと推察された」とまとめている。

つまり堰上流域の本流上流、支流上流にまでサケやサクラマスを遡上させることができれば、人工ふ化と野生魚、双方による資源回復も夢ではない、ということになるわけだ。

サケが地域活性化に貢献するアラスカの事例

これまで述べてきたように、母川回帰するサケを遡上させて自然産卵を増やすことができれば将来の資源管理に貢献することは明白だろう。その施策で野生魚の割合が増えてゆけば漁獲は安定し、河川の中上流部で群れをなす野生のサケを見る機会が増えるかもしれない。そう考えてゆくと、釣り人としては海外のように河川でサケ釣りを！とつい考えてしまう。

ご存じのように日本では内水面（河川）でのサケ釣りは禁止されている（水産資源保護法第25条）。一部、有効利用調査の名目で可能な河川もあるが、一般的な遊漁として認められたものではない。

北海道ではサクラマス、カラフトマスも禁漁だが、本州では特にサクラマスは遊漁として一般的。カラフトマスも釣りが可能な地域がある。北海道と本州、その違いについては割愛するが、特に北海道においてサケ釣りが可能になれば地域経済にとってプラスになることは間違いないと思われる。

たとえばアラスカでは厳格なレギュレーションのもと釣りを許可しており、全米のみならず国外からも多くの釣り客が訪れている。もちろん管理体制は万全であり、フィッシング・ライセンスを取得せずに釣ることはできないし、監視員（レンジャー）も相当数確保されている。

ちなみにライセンス料はレジデント（居住者）が年間29ドル、ノンレジデント（非居住者）は1日25ドル、3日45ドル、7日70ドル、14日105ドル、年間145ドルと細分化され、キングサーモンをねらう場合は専用のライセンスを追加購入する必要がある（2023年時点）。

アラスカとまったく同じことをする必要はないが、日本国内で類似した施策を導入できそうなのは、やはり北海道である。もともとサケやサクラマスの遡上数が多く、本州と比較すればまだ良好な自然が残るだけに可能性は大きいのだ。

ただし、内水面漁業協同組合がない（少ない）ことにはメリットとデメリットがある。メリットは北海道全体を対象としたライセンス制度を導入しやすいこと。デメリットは漁協がないだけに道内河川の釣りは多くが無料になっていることだ。無料に馴れた道内の釣り人のなかにはライセンス料を支払いたくない人も出てくるだろう。有料になることへの反発が予想されるわけだが、一方で本州の河川は遊漁料を支払うのが常識であるため道外からの、あるいは海外からも集客が期待できるはずである。

釣り人を呼び込むと密漁者が増えるのでは？というのが漁業者の懸念。しかしながら有料の釣りという意味でいえば有効利用調査も同様であり、実施した河川ではむしろ密漁者が減ったという報告もある。お金を支払う釣り人が多く訪れる場所では非常識な行為をするわけにもいかず、良識ある釣り人のみを呼び込む効果が期待できるからだ。また釣り人が持ち帰ることによる漁獲減を心配するのなら、厳格な尾数制限あるいはリリース前提で始める手法も考えられる。

そしてライセンス料による収入はそれこそ人工ふ化放流事業に充ててもいいだろうし、釣り人が訪れることによる宿泊費や食費、交通費等々、流域自治体にとってもメリットは大きい。また、そうした経済効果はもちろん釣り人によるものだけではないだろう。

アラスカでは純粋にサケの遡上を見たくてやって来る観光客のほか、サケを捕獲するクマを見るベア・ウォッチングも人気。さらにそれらをカメラに収めようとする写真愛好家なども多く訪れる。こうした地域振興策をなぜ取り入れないのか、多くの人が疑問に感じているはずだ。

北海道にライセンス制度のサケ釣りを！

サケの遡上による釣りや観光などの地域振興策について、森田さんは次のように話す。

「おそらく、サケの遡上が地域振興策になると考えている人は多いと思います。たとえば天塩《てしお》川なんかもすごく可能性がある。最近大きなダム（サンルダム）が完成してしまいましたが、それでもまだサクラマスはいるし、サケも遡上する。そういう川で上流まで釣りができて、たくさんの人が訪れるようになったら、周辺自治体への経済効果もだいぶ違うと思いますね」

遊漁としてサクラマスを含めれば、経済効果はサケが遡上する秋だけでなく春から期待できるはず。そのサクラマスは近年遡上数が増加する傾向にあると森田さんは言う。

「近年北海道の河川では砂防ダムなどにスリットを入れるなど遡上できるようになってきています。また1980年代まではふ化放流も盛んだったのですが、それをやめて自然産卵させるようになってからは増えるようになりました。タイミング的には合致しています」

砂防ダムなど河川横断物の遡上障害の解消、そしてふ化放流事業から自然産卵への転換、そうした要因によってサクラマスは増加傾向にあるらしい。

ところが北海道ではサクラマスは遊漁の対象になっていない。遡上が多い北海道で禁漁、少ない本州では釣りが可能という不可解な状況が続いているわけだ。

「サケだけでなくサクラマス、そしてカラフトマスも、川での釣りが可能になれば経済効果は大きくなると思います。一方で海では釣りができる（河口規制はある）。でも海の1尾も川の1尾も同じなのですから、本来はレギュレーションを作って管理すべきなんです」

レギュレーションが存在せず、ライセンスの購入も不要。今のところは釣り人のマナー以外に頼るものはないが、場所取りなどが問題になることもある。

禁漁になっている河川も問題が山積している。ウライを越えて遡上したサケは密漁者の標的になることも多く、現実に北海道では密漁者が逮捕されている。であればレギュレーションを設けて流域自治体や道などが遊漁を管理し、地域活性化に活かすほうが得策だといえるだろう。

もちろん越えるべきハードルは数多くある。水産資源保護法と漁業調整規則を改正するのか（河川内での捕獲はサケが水産資源保護法および北海道漁業調整規則により禁漁、サクラマスは北海道漁業調整規則により禁漁となっている）、あるいは特区制度を用いるのか。また関係行政との調整も困難を極めることだろう。地域の活性化を切望する自治体や釣り関連団体などが粘り強く要望してゆかないと実現は難しい。

しかしこのままサケの不漁が続き、野生魚による資源回復を望む声が高まれば、地域振興策としてのライセンス制の釣りも考慮すべき一案になるのではないか。そろそろ制度改革の時期にきているといえそうである。

自然産卵によって生まれる野生魚は生命力が強いことが北米などの研究でも明らかになっている。が、日本の漁獲管理はふ化放流事業に依存しきっている。それも漁獲量減少の原因のひとつだと思われる

北海道の十勝川の千代田新水路には一応魚道が整備されている。しかし魚道の上流側には遡上を拒む柵が設置されており、母川回帰したサケは1尾たりとも上流に逃れることはできない。周辺は十勝エコロジーパークが併設され、さまざまな地域から観光客が訪れる

十勝川・千代田新水路の魚道見学路（名称：ととろーど）から見るサケたち。この魚道の行き着く先は十勝川本流上流部ではない。魚類を上流に遡上させるための魚道が、ただ観光客に見せるためだけの施設に成り下がっている

放流しても増えるとは限らない？『全国サクラマスサミット2022』レポート

月刊『つり人』2022年6月号掲載

秋田県・米代川《よねしろ》のサクラマス解禁日となる4月1日、北秋田市内において『全国サクラマスサミット2022』が開催された。「持続可能なサクラマス資源の利活用を探る」と題し、基調講演、各地からの報告、パネルディスカッションが行なわれた。注目すべきはサクラマス、サツキマスの釣りにおいて広く釣り人から知られる全国の漁業協同組合関係者が一堂に会したことだろう。各漁協がサクラマスの生態、増殖に関する知見を共有することで、減少傾向に歯止めをかけることが期待される。

全国サクラマスサミットが米代川で開催

2022年4月1日、秋田県の米代川ではこの日、サクラマスの解禁日を迎えていた。その解禁日に合わせて北秋田市内にて開催されたのが『全国サクラマスサミット2022』である。興味深いのはその参加者。サクラマス、サツキマスの釣りで知られる全国の漁業協同組合関係者が一堂に会す機会は珍しく、各漁協間でつながりを持って知見を深めたことは意義深い。通常、各漁協は各々の活動に労力を割かれ、他の漁協、その活動に興味すら持たないことが多い。そんな漁協関係者がサクラマス、サツキマスの資源管理に関しては横のつながりを求め、知見の共有に対し積極的に動きだしたのだ。

基調講演を行なったのは水産研究・教育機構の佐橋玄記さん。参加した漁協関係者は以下のとおり。九頭竜川中部漁業協同組合代表理事組合長の中川邦宏さん、庄川沿岸漁業協同組合連合会主査・髙木秀一さん、郡上漁業協同組合代表理事組合長・白滝治郎さん、狩野川漁業協同組合代表理事組合長・井川弘二郎さん。以上4名がそれぞれの河川における釣りの現状を報告。そして同サミットの主催である米代川水系サクラマス協議会会長の湊屋啓二さん（秋田県内水面漁業協同組合連合会・代表理事会長および鷹巣漁業協同組合代表理事組合長）も、サミット開催の挨拶とともに米代川の状況について紹介。このほか会場には鳴子漁業協同組合代表理事組合長の高橋義雄さんの姿もあった。またパネルディスカッションでは水産研究・教育機構の坪井潤一さんが進行を務め、水産庁増殖推進部・栽培養殖課長・櫻井政和さんの講評もあった。

サクラマスサミットの舞台となった米代川は、サクラマス釣り場として高い知名度を誇ってきた。県内のみならず県外からも多くの釣り人が来訪し、遡上数が多かった一昨年は解禁日におよそ200尾の釣果が記録されたというのだから驚かされる。2022年は遡上数が少ないのか、あるいは遅れているのか不明だが、解禁日の釣果は20尾程度だったという。これが多いのか少ないのか即断はできないが、それでも全国的にみて釣れる川の筆頭といえる。サクラマスの展望を議論する場としてはこのうえない地域での開催になった。

人為的放流でサクラマスは減少する

佐橋玄記さんの基調講演は「生き物としてのサクラマス」と題する講演であったが、その内容は衝撃的なものだった。サクラマスの現状を如実に示していたといえるだろう。まずは、その講演内容から紹介しておく。

サクラマスの遡上量は一部地域を除いて減少傾向にある。一方で内水面漁協には増殖義務（義務放流）が定められており、主に人為的放流がその増殖義務に相当する。産卵床の整備などが増殖義務に相当する場合もあるが、一般的には放流によって増殖義務を果たしているといえる。各漁協がサクラマス（ヤマメ）の放流を行なうのはもちろん資源量を増やすためである。が、資源量は増えていない。むしろ多くの河川で資源量は減少傾向にあるのが現実である。

そこで佐橋玄記さんは「放流が本当に魚を増やしているのか、検証する必要がある」と考えたという。そして基調講演では、人為的放流によって資源量は増えるどころか減っている場合すらあると解説。参加者らにその現状を訴えた。

サクラマスの放流にはこれまでさまざまな種苗が用いられてきた。たとえば飼育池で生涯を過ごした親魚から生まれた継代飼育系、これに対し河川に遡上した親魚から生まれた種苗の遡上系がある。両者の比較について佐橋さんは「継代飼育系は遡上系に比べ回帰率が低いことが分かっている」と説明。

また、他の河川から移植された種苗（移植魚）と地場産の種苗とを比較した事例では「移植魚は地場産に比べて回帰率が低い」と指摘。

であれば地場産を放流すればよいのか。実はこれもまた資源量増加に寄与するわけではないという。

北海道は斜里《しゃり》川の事例を元に次のように解説した。

「斜里川は放流を行なっている支流と行なっていない支流、両方が存在しますので、放流の効果を比較することができます」

地場産放流魚が放流されている支流にも野生魚（自然産卵で生まれたサクラマス）が遡上することから、同支流には放流魚と野生魚の双方が生息する。対する非放流の支流には野生魚のみ。であるなら前者は放流魚＋野生魚となり生息密度が多くなるはず。ところが……。

「放流のある支流と非放流の支流とで生息密度は異ならないことが分かりました。双方の支流で野生魚のみの生息密度を比較したところ、放流支流では非放流支流に比べて野生魚が少なくなっていました（放流量と同等の野生魚が減少）。つまり斜里川では野生魚から放流魚への置換が生じているという、いわば最悪の結果を招いているといえます」

つまり放流している支流では放流分が加算されるわけではなく、放流した分の野生魚が減少しているだけのこと。放流しても増えない、むしろ野生魚が減ってしまうというのであれば、放流にかかる費用や手間が無駄になっていることになる。

そればかりか、放流支流では野生魚と放流魚が交雑する可能性がある。その場合どのような影響が考えられるだろうか。

「ニジマスを例にすると、放流魚と野生魚から生まれた魚の自然繁殖力は、野生魚同士から生まれた魚と比較して24~54%に低下することが報告されています。サクラマスにおいても同様の結果が示唆されています。また北海道の12水系でサクラマス幼魚の生息密度を調査した結果、放流河川のほうが生息密度は低くなっていることが分かっています。つまり放流が自然繁殖を阻害している可能性があるわけです」

　放流魚と野生魚が交雑すると自然繁殖力が低下する。放流しても一向に資源量が増えないのは、ふ化放流事業そのものに原因があると考えられるのだ。

　サクラマスのふ化放流によるリスクは他にもある。それが捕獲後の親魚が死亡する事例だと佐橋さんは言う。

「サクラマスは捕獲から採卵までの蓄養期間が長めのため、採卵用に捕獲した親魚のうち90%が採卵前に死亡する事例すら知られています。また停電や災害による種苗の大量死や、近年は魚病により全数処分を行なった事例も報告されています。このようなサクラマスのふ化放流の難しさから『もうサクラマスには触るな』、『自然に任せろ』と言うふ化場の方も実際にいらっしゃいます」

　ふ化放流が資源量増加に役立っていない（むしろ減っている）となれば当然、漁協経営におけるリスクも小さくはない。

「河川遡上するサクラマス1尾を生み出すための放流経費について岩手県安家《あっか》川のデータを使って試算した事例があります。銀毛放流の場合で5万３０００円、幼魚放流で11万８０００円が掛かっていることが分かりました。つまり内水面漁協は1尾でも釣られたら大赤字となってしまうわけです」

実は例外的にサクラマスの漁獲量が増えている海域がある。それは北海道のオホーツク海と太平洋沿岸。一方で同じ北海道でも漁獲量が減少し続けているのが日本海沿岸である。その違いはどこにあるのか。

「太平洋とオホーツク海では放流量を減らしているものの漁獲量が急増している。一方で日本海では放流量を増やしているのに漁獲量が減るという皮肉な傾向が見てとれます。もちろん放流以外にも原因はあるかと思いますが、もしかすると日本海のようすというのは放流に伴う負の影響が表れた結果なのかもしれません」

ふ化放流事業に効果がなく、むしろリスクのみが際立っているとなれば、サクラマスを増やすにはどうすればよいのか。佐橋さんは川と海の連続性を回復させ、野生魚を守ることが重要だと指摘する。

「サクラマス資源のほとんどが放流魚なのではないか、と思っている人もいるかもしれませんが、実はサクラマス資源の74〜86％が野生魚であることが分かっています。つまり資源を増やすためには野生魚を守り増やしてゆくことが大切なわけです」

そのひとつが川と海のつながりを回復させることだという。

「魚道を付けた支流と魚道を付けていない支流とを比較したところ、魚道を付けた支流では確実に増加傾向にある。遡上範囲を広げると野生魚は増えてゆくわけです」

余談になるが、ふ化放流事業に依存してきたサケも、サクラマスと同様に漁獲高が減少している。ところが北海道の日本海側の一部の地域で漁獲高が急増している地域がある。

北海道新聞（2022年2月8日付）によれば、道南地方の檜山管内において2021年のサケの漁獲高は前年比9割増、1958年以来最高を記録したという。道内の他の地域では減少傾向が続いているなか日本海南部のみが増加するといった状況。いったい何が起こっているのか。

実は道南地方の河川では近年、治山や砂防堰堤のスリット化が進んでいる。良瑠石《らるいし》川や須築《すっき》川がその一例だが、堰堤が止めていた土砂はスリット化によって流下（供給）するようになり、河川および沿岸の環境が改善しつつあるのだ。サケやサクラマスにとっては遡上範囲が広がり、野生魚の増加も見込まれる。であれば漁獲高増加とも無関係ではないだろう。サクラマスも同様に、川と海の連続性、これこそが資源増加の要であるといえそうだ。

義務放流が資源量回復の弊害？

佐橋玄記さんの基調講演は、サミットに参加した漁協関係者にとって耳の痛い話だっただろうか。実はそうでもない。参加した関係者らは内水面漁協のなかでも先進的な知見を有する方ばかり。佐橋さんの講演は衝撃的な内容ではあるが、すでに認識していた、あるいは実感していた内容だったといえるかもしれない。

人為的なふ化放流で資源量が減るとして、それを認識していたとしても、内水面漁協には増殖義務が課せられている。先に述べたように多くの内水面漁協は人為的放流によって増殖義務を果たしている。これを義務放流と呼んだりもするが、その元になっている漁業法第168条の一文「当該漁業の免許を受けた者が当該内水面において水産動植物の増殖をする場合でなければ、免許してはならない」（部分的に抽出）が障害になっているといえそうである。

サミットでは漁協関係者らの発言でも義務放流に触れるものがあった。九頭竜《くずりゅう》川中部漁業協同組合の中川邦宏組合長もそのひとり。福井県の九頭竜川は、釣り人の間で「サクラマスの聖地」と呼ばれるほどの有名河川。義務放流が課せられているため人為的放流も実施しているが、一方で人工産卵床の造成にも力を入れていると話す。

「ここ数年、一番力を入れているのが人工産卵床の造成ですが、また底生生物調査や産卵調査など各種調査を毎年継続しており、特に産卵調査は本流と支川合わせておよそ25㎞の区間を毎年定量調査しているところです」

義務放流についてはアユが6500kg、ヤマメが150kgに定められているという。が、この数値はどこから算出されたのか。いついかなる年でも同じ量を放流せよ、というのでは納得できるものではないだろう。中川組合長は言う。

「遡上が今年はこれだけあったんだから、あとの足りない分を放流。これが本来の放流だと思います」

人工産卵床の造成などにより野生魚を増やし、どうしても遡上数が少ない場合にのみ人為的放流を考える。中川さんが指摘する手法こそが理想的な漁場管理なのだろうが、各内水面漁協はあらかじめ決められた数値に縛られており、それもまた資源量回復の足かせになっているといえそうである。

同じく北陸地方のサクラマス河川として知られる庄川《しょう》はどうだろう。庄川沿岸漁業協同組合連合会・主査の髙木秀一さんによれば、庄川も例外なくサクラマスの遡上数は減少しているという。

「サクラマスのサオ釣り者数の推移ですが、2012年の292人をピークに減少傾向となっています」（2020年は125人、2021年は149人）

庄川漁協では資源管理、漁場管理を適切に行なうためサクラマスの資源状態と漁業の実態を正確に把握する必要があると考え、2016年よりサクラマス釣りの承認者（漁業者、遊漁者）を対象にアンケート調査を実施している。その結果は次のようなものだった。

「昨年2021年の総釣果尾数の割合ですが、0尾だった人が66％でした。過去の6年間のデータを見ても5～6割の方が0尾でシーズンを終えています。2020年が過去に例のない記録的な不漁で、総釣果尾数が37尾。去年2021年もあまり改善せず82尾。2019年まではまだ辛うじて釣れていましたが（2016年242尾、2017年333尾、2018年228尾、2019年257尾）、近年減少傾向にあります。過去の古い資料によると1926年に8903尾、推定25・8トンあった漁獲量が、2021年には推定0・2トンにまで激減しています。それでも前年からの釣り人のリピート率はおよそ66％で、毎年庄川に来ていただいています。それだけサクラマスは釣れた時に達成感が大きく、魅力的な魚なのだと思います」（髙木秀一さん）

庄川では資源量増加の取り組みとして各種調査を実施。今年は全放流尾数

3万7000尾のうち2万2000尾、59・5％を脂鰭切除個体とし、来春遡上する回帰親魚から放流効果を見極めるという。

また人為的放流による資源増加が難しいことは認識しているだけに、「遡上や越夏対策、産卵環境の改善など、天然資源の増大を図っていきたい」と強調する。

長良《なが》《ら》川と狩《か》野《の》川のサツキマスは？

次にサツキマスについてである。郡上漁業協同組合代表理事組合長の白滝治郎さんはまず、サツキマスについて次のように解説してくれた。

「サクラマスとサツキマス、一番の違いは海中生活の長さの違いです。サクラマスが丸一年海を回遊してから川へと帰ってくるのに対し、サツキマスは秋に降下して翌春の5月には遡上します。5～6ヵ月間しか海におりません。太平洋岸の水温の関係で高水温に耐えられなくなって川に戻ってくるのだと思いますが、そういった違いからサツキマスはサクラマスよりひと回り、ふた回り小さい。私が過去に釣った魚でも44～45cmがマックスです」

長良川はアユの釣り場として有名だが、かつてはサツキマスの漁場としても全国に名を馳せる存在だった。現状はどうなのか。白滝さんは言う。

「漁師が岐阜市中央卸売市場に出荷したサツキマスの量ですが、2021年は11尾です。かつて最盛期には数千尾が獲れていたんですが、去年はたったの11尾。これが実状なんです」

こう話す白滝さんだが、一方でシラメ（スモルト化したアマゴ）の数は減っていないと指摘。海に降下するシラメはいても、それがサツキマスとなって長良川へと戻って来ないということ。海までたどり着けないのか、あるいは遡上できないのか、その理由は特定されていないが、原因として誰もが考えるのは長良川河口堰だろう。シラメの降下期、サツキマスの遡上期にゲートの全開操作が行なわれたら、あるいは長良川産サツキマスの復活もあり得るのかもしれない。

次に狩野川についてである。伊豆半島の中心部を北上しながら沼津市内の駿河湾に注ぐ狩野川にもサツキマスが遡上するが、どちらかといえばアユの川といったイメージが定着している。狩野川漁業協同組合の井川弘二郎組合長は次のように釈明する。

「狩野川はアユの友釣りがメインだったこともあり、アマゴには力を入れてこなかったのが正直なところです。今までは解禁日を前に成魚を放流していました。本流、支流を含め、成魚を放流してそれで終わりという感じでした」

この現状を前出・佐橋玄記さんの話に重ね合わせると、むしろサツキマス資源の確保には有利だといえるのではないか。ただし今後は各種放流事業も実施してゆく予定だという。

「今後ですが、成魚は解禁前に放流しますが、それ以外に発眼卵放流、稚魚放流も実施してゆく予定です。昨年は親魚放流も行ないました。また狩野川は支流がたくさんあるため、放流する支流と禁漁にする支流、そして放流しない支流を設けてゆく方針です」

人為的放流が資源増加に寄与しないとなれば、今後予定される稚魚放流の支流よりも、放流しない支流の存在に価値がありそうに思う。パネルディスカッションで進行を務めた水産研究・教育機構の坪井潤一さんも、放流しないという選択肢を評価する。

「放流しない支流を確保するという意味で立派なゾーニングですし、野生のアマゴのなかから一部が海に下るわけですから、野生のままの支流を残すことは価値がある。今後に期待したいと思います」

こうしたさまざまな課題を抱えるサクラマス、サツキマスだが、サミットが開催された米代川は最も安定的に釣れている河川だといえる。米代川全体（7漁協）におけるサクラマスの遊漁券収入はアユの2倍強だというから驚かされる。サクラマス人気と遡上数の安定が要因だといえるが、主催者でもある米代川水系サクラマス協議会会長の湊屋啓二さん（秋田県内水面漁業協同組合連合会・代表理事会長および鷹巣漁業協同組合代表理事組合長）は、次のように解説してくれた。

「まず、米代川は本流にダムがありません。そして数多くの支流が流れ込んでいることも多くのサクラマスが遡上する要因になっていると考えています。また岩盤が多いことも特徴のひとつで、そうした岩盤のある場所はサクラマスが身を隠す場所にもなりますし、伏流水が湧き出していて夏も水温が適温になっています。源流部まで行くと砂防ダムは数多くありますが、幸いにもその下流で産卵することができる。こうしたさまざまな要因がサクラマスを育てているのだと考えています」

こう話す湊屋さんだが、懸念材料もあるという。

「実は米代川の河口の能代沖周辺に大型洋

上風力発電の計画があります。非常に巨大な風力発電が20基計画されている。それらがサクラマスの回遊ルートにどんな影響を及ぼすのか心配しているところです」

今後の課題はあるとはいえ、米代川がサクラマス釣りの有望河川であることは間違いない。このままサクラマス資源を存続させるためには人為的放流に頼ることなく、山、川、海のつながりを維持、あるいは再生させてゆくことが重要だということだろう。

北海道の斜里川では、人為的放流を行なっている支流と行なっていない支流の両方が存在し、比較に最適だと水産研究・教育機構の佐橋玄記さんは言う。そしてサクラマス資源を増やすには放流ではなく野生魚が上流部まで遡上し産卵できる環境が重要だと結論づける

同サミットの主催者でもある米代川水系サクラマス協議会会長の湊屋啓二さん。比較的好調な河川といえる米代川ながら「計画されている大型洋上風力発電によって、サクラマスの回遊ルートにどんな影響を及ぼすのか心配」と話す

基調講演を行なった水産研究・教育機構の佐橋玄記さん。人為的なふ化放流ではサクラマス資源を増やすことができないとする衝撃的な内容で、山、川、海のつながりを回復させることが重要だと提言。野生魚を守ることの重要性を強調した

九頭竜川中部漁業協同組合・組合長の中川邦宏さん。サクラマスの聖地とも呼ばれる九頭竜川の取り組みを紹介するとともに、義務放流のあり方に疑問を投げかけた

庄川沿岸漁業協同組合連合会主査・髙木秀一さん。庄川のサクラマス資源量も減少傾向が見られると指摘。それでも釣り人はリピーターが多く、サクラマス釣りの魅力と可能性について語った

郡上漁業協同組合代表理事組合長の白滝治郎さん。かつて数千尾が獲れていた長良川のサツキマスだが「2021年、岐阜市中央卸売市場に出荷されたサツキマスたったの11尾。これが実状です」と現状を報告するとともに、サツキマス釣りの魅力を紹介

狩野川漁業協同組合・組合長の井川弘二郎さん。「アユ釣りがメインでアマゴ（サツキマス）には力を入れてこなかった」と話すが、今後は「放流する支流と禁漁にする支流、放流しない支流を設定する方針」と言う

水産研究・教育機構の坪井潤一さん。他の河川と比較して米代川でサクラマスが釣れる要因について「山、川、海がつながっているから。どこかの支流がダメでも別の支流でカバーできる。そうしたポートフォリオ効果が米代川にはあるのではないか」と分析する

ヤマメ放流によって減るサクラマス

『ヤマメ養殖魚との交雑によるサクラマスのスモルト時期および成熟年齢の変化』と題する論文がある。サクラマスが遡上する河川に養殖ヤマメが放流された際の影響を調査したこの論文は、交雑によってサクラマスの個体数が減少、そして小型化することを示唆したものとなっている。秋田県の米代川《よねしろ》を舞台に調査研究が実施されているとはいえ、養殖魚が放流されている全国の河川にとっても無視できない内容といえる。

『North Angler's』2023年8月号掲載

増殖義務が魚を減らす？

秋田県の米代川といえば、全国各地からサクラマスねらいのアングラーが訪れることで知られる。北海道の釣り人には理不尽ながら、サクラマスの遡上数が多い北海道において河川での釣りは禁漁。反対に遡上数が少ない本州の河川では釣りが可能となっている（遊漁料の支払いが必要）。サクラマスが遡上する東北地方の河川のなかで、米代川は最も有名、有望な釣り場ということになる。

２０２３年は解禁当初から好調とのことで、多くの釣り人が押し寄せた。ちなみに米代川はアユの遡上でも知られるが、流域7漁協におけるサクラマスの遊漁券収入はアユの2倍強だというから驚かされる。サクラマス人気と遡上数の安定が要因だといえるが、さらなる収益増が見込まれるはず。不調だった2022年とはずいぶんと様相が異なるからだ。

かといって、今後も好調な遡上が続くのかといえば、実は安泰とはいい難い。それどころか懸念すべき状況にあると考えるのが妥当だ。

河川において漁業や遊漁を管理する内水面漁業協同組合には増殖義務が課せられている。第五種共同漁業権に課せられた増殖義務は必ずしも漁業権魚種の人為的放流に限らないが、都道府県の指導のもと大半の漁協は成魚放流や稚魚放流などさまざまな手法で養殖魚を放流してきた。米代川も例外ではなく、関東産のヤマメを由来とする継代飼育魚を放流しているとされる。

一方の北海道では、放流そのものがひとつの事業になっている。海区における漁業の発展を名目として各地域の増殖事業協会等がふ化放流を行なっており、令和4年度のサクラマスのふ化放流計画数は秋田県が29万7000尾であるのに対し、北海道は実に520万9000尾（水産研究・教育機構HPより）。全国トップの放流数だが、その由来がどの地域なのかは不明。地域個体群を由来としていることを願うばかりだ。

近年、人為的放流が野生魚および他の魚種にも影響を及ぼすことが分かってきており、米代川においても関心が高まりつつある。そうした疑問に対して回答のひとつとなるのが『ヤマメ養殖魚との交雑によるサクラマスのスモルト時期および成熟年齢の変化』と題する論文である。まとめたのは秋田県水産振興センターの佐藤正人さんと藤田学さん、そして水産研究・教育機構の坪井潤一さんだ。

サクラマスは秋に河川上流域（支流含む）で親魚が産卵したのち、ふ化した稚魚はおよそ1年半もの間、川ですごす。その後、春に降海の準備としてスモルト化（銀毛化）すると川を下り4～5月に降海。1年ほどオホーツク海ですごしたのち、再び春に産まれた川へと戻ってくる。

ところがそこに他地域の養殖ヤマメが放流されてしまうと、脈々と続いてきたサクラマスのサイクルを壊してしまう恐れがあるという。ではなぜ、養殖ヤマメが放流されるようになったのだろうか。論文では次のように指摘している。

「サクラマスの降海型と河川残留型とでは体サイズや外観が大きく異なるため、両者はかつて別種とみなされていた」

「サクラマスの放流が行なわれている多くの地域では、現在でも降海型と河川残留型が別々の資源として扱われている」

ここにボタンの掛け違いがある。本来サクラマスとヤマメは同種であるが、別種と見なされてきた結果、人工的に継代化された陸封ヤマメが放流されてしまったのだ。それは現在でも継続され、サクラマスの増殖にブレーキを掛けている可能性がある。遡上数の不安定化や個体サイズの小型化も、あるいは人為的放流に起因しているといえるかもしれない。

警戒心のないヤマメを放流

論文著者のひとり、坪井潤一さんは言う。

「秋田では少なくとも降海型のサクラマスと残留型のオス、いわゆるヤマメが自然界でも普通に繁殖しています。そこに関東ヤマメを放流してしまうと、おかしなことになるのではないか。その懸念から（この研究は）始まっています」

同研究は米代川に遡上するサクラマス、そして同水系に放流されている関東地方由来の継代飼育ヤマメ（以下・関東ヤマメ）を指標として行なわれたが、秋田県に限らず他の水系でも似通った放流手法が取られている。よって、決して対岸の火事ではないことを念頭に論文を読み解く必要があるだろう。なお、供試魚に用いられたのは以下の群となる。

1つは米代川水系に遡上した降海型由来の野生由来群（野生魚そのものを確保することは困難であるため、遡上魚を養殖池で1世代継代した個体を野生由来群としている）。

2つ目は秋田県の養殖業者に導入されている関東地方由来の養殖群（15世代以上継代）。

3つ目は野生由来群のメス親魚と養殖群のオスによる交雑群である。

まずは3群それぞれの成長率に注目したい。**資料2（P99）**にあるWはwild（野生群）、Hはhatchery（養殖群）であり、Mはmale（オス）、Fはfemale（メス）であることから、WM×WFは野生魚同士のオスとメス、HM×WFは養殖魚のオスと野生魚のメス、HM×HFは養殖魚同士のオス・メスの掛け合わせを示す。その成長率について坪井さんは次のように話す。

「日間成長率の早い順に見てみると、最初にHM×HF（養殖魚群）、次にHM×WF（交雑群）、そしてWM×WF（野生由来群）という結果になりました。養殖池ではすべての魚（群）に充分なエサを与えているわけですが、それでもこの差が生じます。HM×HFの成長がなぜ早いのかといえば、何の疑いもなくエサを食べまくるからです。野生魚は（エサやりの際）人の気配から逃げるような仕草を見せる一方、養殖魚はむしろエサの時間だと察知して寄ってくる。養殖池で15世代も継代が繰り返されてきたわけですから、そういうふうに選抜育種されてきたといえます。つまり、この日間成長率はそのまま釣られやすさを示しているともいえます」

何の疑いもなく与えられたエサを食べる養殖群。何代にもわたって養殖池で繰り返し継代されてきた彼らは、本来のヤマメが有してきた警戒心を忘れてしまったものたちだといえる。また野生由来群より成長が早いという点では交雑群も同様。養殖魚と交雑し、それが継代されると、釣られやすい個体に変化してしまうのかもしれない。

関東や中部、関西における成魚放流主体の河川では、解禁（放流）と同時に次々と釣り人に釣られて、数日で魚影が見られなくなる事例も珍しくない。天然遡上が多いとされる米代川でも、継代飼育魚の放流は同様の現象（釣獲圧により個体数激減）を生じさせる可能性があるというわけだ。

一方、米代川において降海した養殖群、交雑群はサクラマスとなって帰ってくることができるのか。成長の早さは成熟率、スモルト化の時期にも影響し、実は「釣られやすさによる個体数減少」という懸念が些細なものと感じるほどに深刻な影響をもたらすことが分かってきている。

12月の厳寒期に川を下る異変

米代川水系のサクラマスは主にメスの大半が降海する傾向があり、反対にオスの約9割が河川残留型のまま成熟することが報告されている。この点は北海道も同様で、北上するほどメスの降下率が高まるようだ。したがって全般的に海へ下るメスの成熟は遅く、川に残るオスの成熟が早いことになるが、上記3群の成熟率は特にメスで大きな違いが見られるようだ。

調査では1歳魚のオスの成熟率が野生由来群で90・7%、交雑群で100%、養殖群で88・9%となり、群間での有意差は認められなかったものの、メスでは野生由来群6・8%、交雑群で43・1%、養殖群で75・7%と群間で有意差が認められ、交雑群と養殖群の成熟率は野生由来群に比べて有意に高いことが確認された（**P100資料3**）。これは1歳魚の9月時点における成熟率を示しているが、何を意味するのか。

先に述べたように成長率は養殖群、交雑群、野生由来群の順で早く、同じように成熟率も養殖群、交雑群、野生由来群の順で高いことになる。すると当然、次の段階、スモルト化の時期にも影響を及ぼしてくる。

サクラマス等のサケ科魚類は降海する準備としてスモルト化（銀毛化）することで知られる。論文で佐藤正人さんは次のように記している。

「一般的に、スモルト化の時期は高成長の系統ほど早いことが報告されており（中略）関東地方由来の養殖魚は、米代川に遡上した降海型を由来とする継代魚に比べて成長速度が高く、11月には少数ながらスモルトが認められた」

成長が早いからこそスモルト化しやすくなる、ということ。そしてなんと、養殖群のスモルト化のピークは12月だというのである（P100 資料4）。

「養殖群ではスモルト判別を開始した直後の12月にスモルト化率がピークとなり、その後大きく低下した」

スモルト化が春ではなく初冬とは、あまりにも早すぎる。前出・坪井さんはこの結果について次のように指摘する。

「野生由来群の場合、3月、4月くらいにスモルト化して降海しますが、養殖群では12月くらいにスモルト化してしまうことが分かりました。豪雪地帯の米代川水系で12月に降海してしまったらどうなるか。最も海水温が低い時期に海に下ってしまうわけですから、それらの魚は死んでしまう可能性が高いといえます」

成長の早さが成熟率の高さにつながっていることから、個体サイズが充分な大きさに達していない段階で、しかも水温が低い厳寒期に降海することになるという。小さな個体では低水温に耐えられないだろうし、他の魚種に捕食される確率も高まる。よって資源量の減少が危惧されることになる。

小型化と個体数減少が加速

資料3（P100）のグラフ下（1歳魚の9月時点におけるメスの成熟率）はもうひとつ重要な現象を伝えている。

オス＆メスの双方が野生由来であれば、そこで産まれるメスは1歳魚ではほとんどが成熟しない。しかし交雑群でも一定数、養殖群は多くが成熟してしまっていることから、原因として考えられるのはやはり、継代が繰り返されてきた関東ヤマメ放流の影響だといえる。

さらに、成熟年齢の若齢化は河川残留型の出現率が増加することを意味している。およそ半数が成熟する交雑群も、さらなる交雑が進むことになれば、今以上に降海型の減少（河川残留型の出現）が引き起こされると予想できるのだ。

では、河川残留型のヤマメが釣り人を楽しませてくれるのかといえば、そうともいいきれない。継代飼育された関東ヤマメを由来とする個体は、すでに述べたように警戒心を失った個体である。小型かつ釣られやすい個体であることを考慮すると、関東の成魚放流主体の河川と同様、釣獲圧によって魚影が激減する恐れもあるからだ。

このほか論文で佐藤正人さんは次のように指摘している。

「養殖群が由来する関東地方では、海洋生活期間が1年の一般的な降海型に比べて海洋生活が約半年短く、体サイズが10㎝から30㎝小さい短期降海型が出現する。本研究では交雑群にスモルト化が認められたため、養殖魚との交雑による成熟年齢の若齢化が、降海型の小型化や孕卵数の減少までつながっている可能性がある」（短期降海型はモドリヤマメを指す）

と、このように、漁協に課せられた増殖義務（義務放流）によって、サクラマスは増えるどころか減る恐れさえあるといえる。河川残留型が増えることで遡上数の減少、および小型化が懸念されるというわけだ。

ここに紹介した論文は秋田県の米代川を舞台としているが、むろん他の地域、他の河川も例外ではない。増殖を目的として行なってきた人為的放流が、実は資源を減少させる要因になっている河川は多数あると思われる。論文は次のように結んでいる。

「今後は野生魚の生物学的特性を変化させることがないよう、サクラマス（降海型）、ヤマメ（河川残留型）ともに、地域個体群を意識した増殖プログラムが必要不可欠である」

近年になって、本論文のように養殖魚の放流が逆効果であることを示唆する研究が散見されるようになった。内水面の資源管理は今、大きな転換点を迎えつつあるということだろう。


野生のサクラマスと養殖ヤマメが交雑した場合、河川残留型の出現率増加に伴い降海型の減少および小型化が懸念されるという

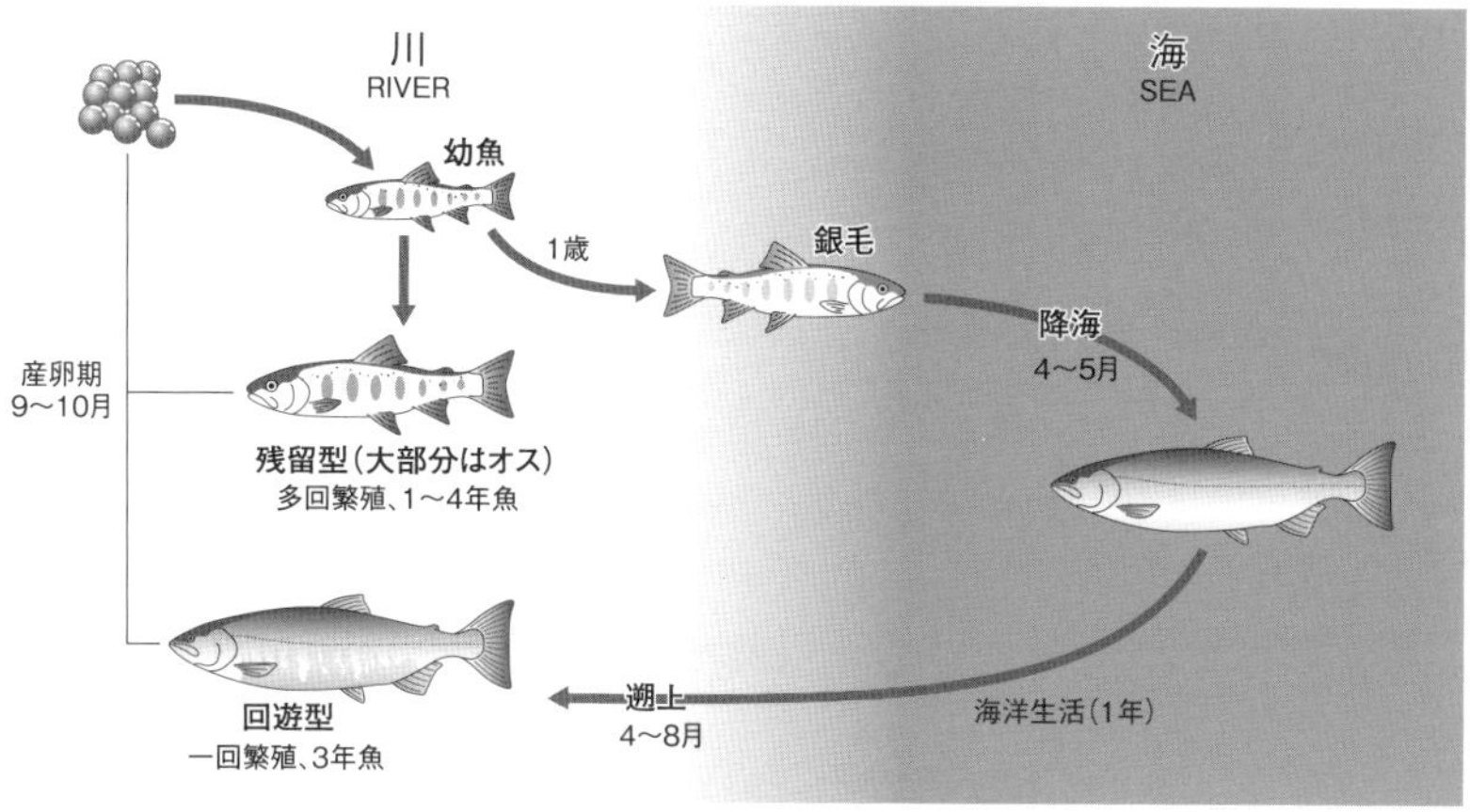

•資料1• サクラマスの部分回遊 (partial migration)

参照:『鮭と鰻WEB図鑑』より

Table 2 Daily growth rate of wild-origin fish, hatchery-reared fish, and hybrid fish groups

Crossing group*1	Fork length (mm)		*DGR**2 (%/day)
	Initial	Final	
WM × WF	87.5	203.0	0.198
HM × WF	97.4	242.7	0.215
HM × HF	102.9	268.0	0.226

•資料2• 日間成長率

養殖池で継代を繰り返してきた養殖群は与えられたエサを躊躇なく食べることから日間成長率が最も高い。反対に野生由来群はその警戒心から成長が遅いことがうかがえる。日間成長率の高さはそのまま釣られやすさを示しているといえる

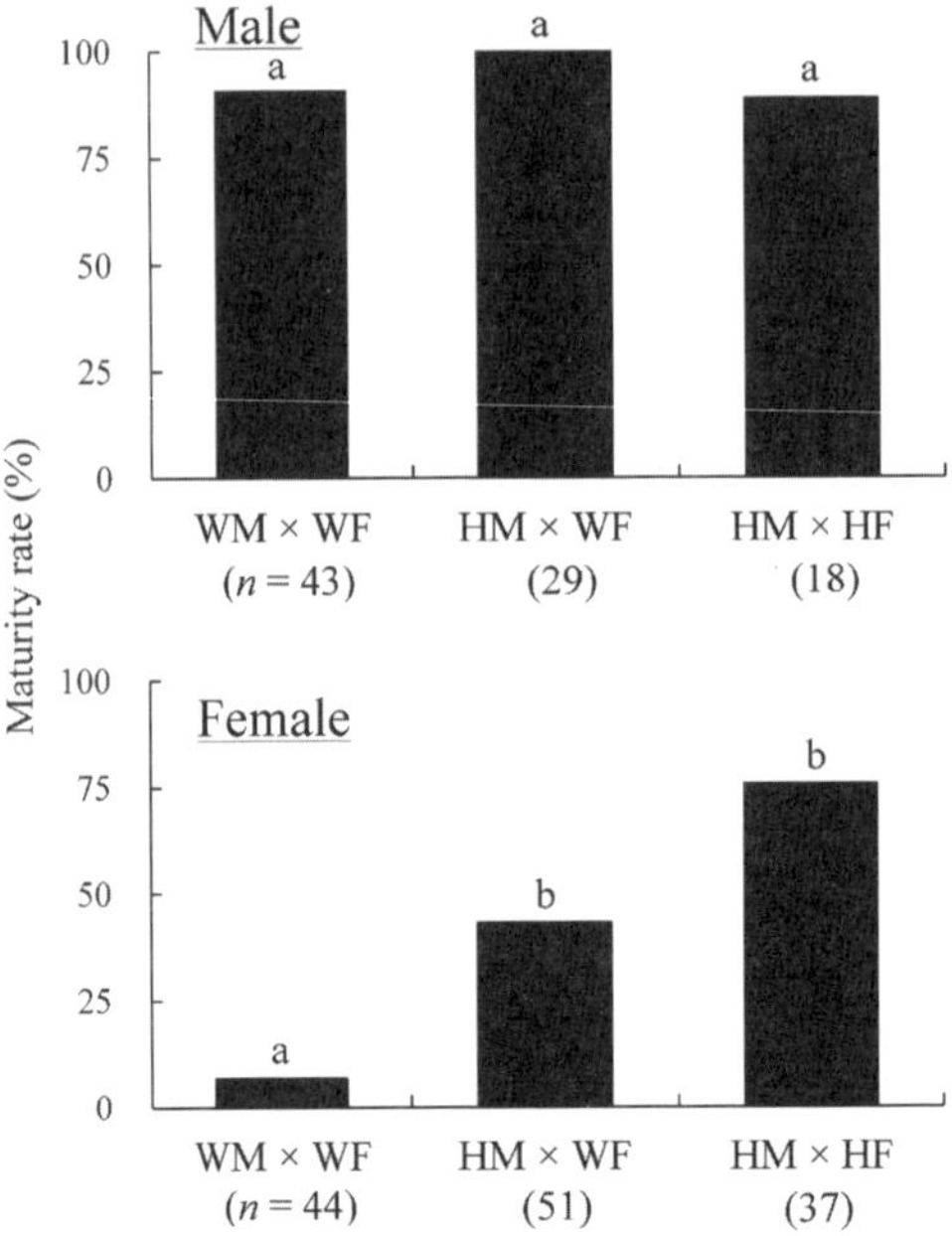

●資料3●

1歳魚の9月時点における成熟率

1歳魚のオスの成熟率は野生由来群で90.7%、交雑群で100%、養殖群で88.9%となり、群間での有意差は認められなかったものの、メスでは野生由来群6.8%、交雑群で43.1%、養殖群で75.7%と群間で有意差が認められ、交雑群と養殖群の成熟率は野生由来群に比べて有意に高いことが確認された

●資料4●

12月から5月におけるスモルト化率

野生由来群は4月にスモルト化のピークを迎えるのに対し、交雑群は12月から4月まで（ピークは3月）、養殖群は12月にピークを記録したのち急激に低下してゆく。特に12月にスモルト化する養殖群は厳寒期に降下することから、その大半は死亡してしまうと予想される

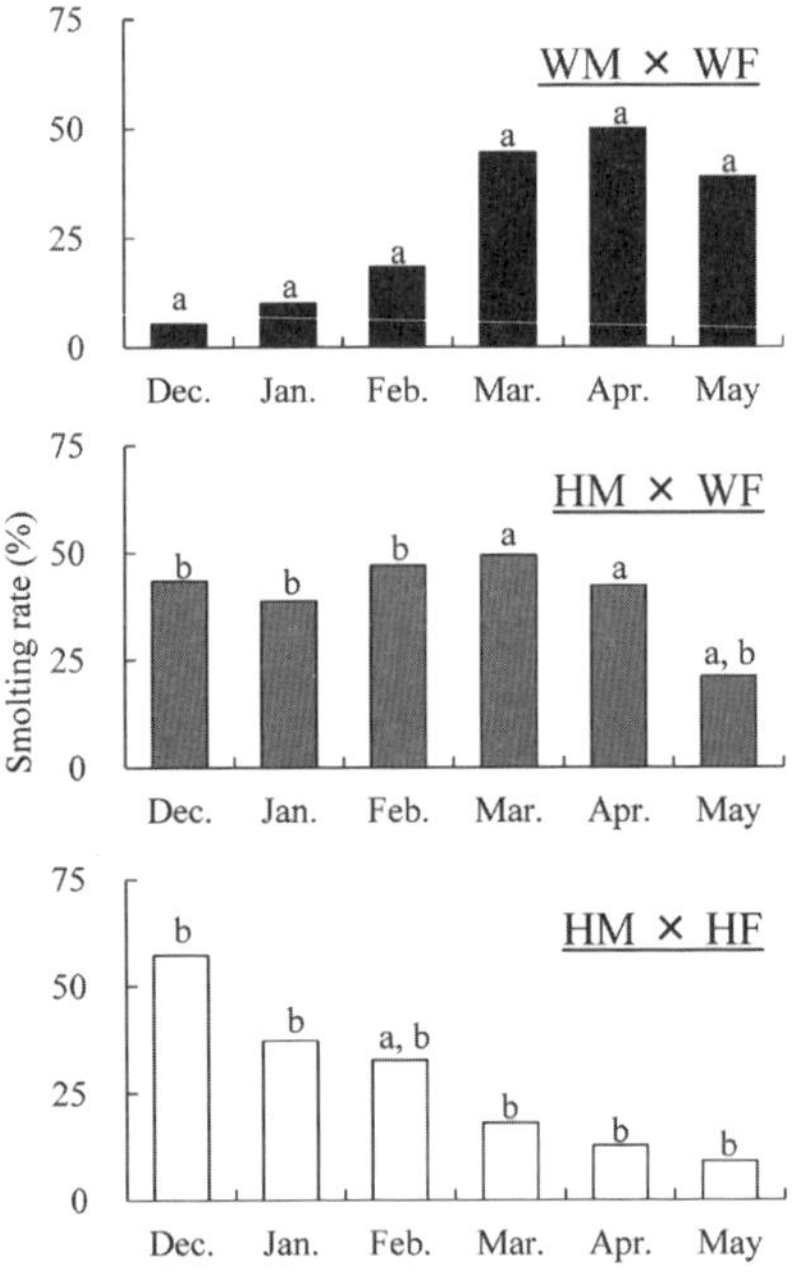

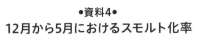

明らかにされてゆく「放流の逆効果」

放流しても魚は増えない——。そう聞いて意外に思うか、それとも納得するか。経験豊富な釣り人ならば、すでに実感しているのではないだろうか。放流量の多い河川だからといって必ずしも魚影が濃いわけではなく、むしろ期待外れに思うことは多いからだ。それを証明するように、ひとつの論文が発表された。『放流しても魚は増えない～放流は河川の魚類群集に長期的な悪影響をもたらすことを解明～』と題するその論文は、過剰な放流によって放流種が減少すること、さらに放流種以外の魚種についても生息密度を低下させることを明確にしている。

『North Angler's』2023年9月号掲載

放流によって魚は減少

日本では、全国各地の河川で魚類の放流が行なわれてきた。水産有用種に限っていえば180種以上が放流されているとされるが、我々釣り人の関心事としての種はいくつかに限定される。それらを放流数で見るとアユが約1億8000万尾、ヤマメ約1000万尾、アマゴ約750万尾、イワナ約500万尾の養殖魚が放流されているという（水産庁発表／2018年）。

本州の河川や湖沼には（北海道では一部

に）それぞれの地域に第五種共同漁業権が免許された内水面漁協がある。これらの漁協では漁業権の対象魚種に対し「増殖義務」が課されており、その手法のほとんどが種苗放流、いわゆる養殖魚の放流である。

漁業法では増殖手法を種苗放流に限定しているわけではないものの、漁業調整規則等を設定している都道府県の多くは放流（稚魚放流など）を推進してきた背景がある。このため増殖義務＝放流が規定事項になってしまったといえる。

一方で、人為的な放流は生態学者らの間で以前から問題視されていた。その地域、河川によって放流数は異なるものの、多くは自然界では生じえない規模の大量の養殖魚を放流することになる。そのため放流対象種のみならず、その水域に生息する魚類群集全体に長期的な悪影響を及ぼすことが懸念されてきた。

そして2023年2月、そうした懸念を実証する論文が発表され注目を集めた。『放流しても魚は増えない～放流は河川の魚類群集に長期的な悪影響をもたらすことを解明～』と題するその論文は、多くの漁協関係者にとって予想はしていたとはいえショッキングなものだったに違いない。魚を増やそうとして放流を続けてきたはずだが、現実には増えるどころか減らす可能性があることが分かったからだ。

論文の著者はノースカロライナ大学グリーンズボロ校の照井慧助教、北海道立総合研究機構の卜部浩一研究主幹、北海道大学大学院地球環境科学研究院の先崎理之助教、国立極地研究所（当時）の西沢文吾さん。筆頭著者の照井慧さんに話を聞いた。

膨大なデータから放流の悪影響を証明

元となる資源量調査のデータは、北海道におけるサクラマスのものを使用している。北海道でもサクラマス資源の保護・増殖のためさまざまな規模で放流が実施されており、かつ保護水面が設定された川が全道に点在しているからだ。

ちなみに、ほとんどの河川で内水面漁協が設定されていない北海道では、道や地元自治体、あるいは自治体から委託された専門業者等が種苗放流を実施している。

2022年の人工ふ化放流計画（国立研究開発法人水産研究・教育機構調べ）を見てみると、北海道の放流数は520万9000尾で全国トップ。次に多いのは岩手県の152万7000尾、その次に富山県の120万9000尾と続くが、両県を含む本州全体の放流数は516万8000尾。北海道だけで本州を超えるほどの種苗放流が実施されていることになる。

大規模に種苗放流が実施されてきたこともあり、それらのデータは過去分も含めて残されていた。長年にわたって魚類の個体数を調査したデータが北海道にあったこと、この点が研究を行なううえで幸いだったといえる。また道内においてサクラマスは河川内での釣りが禁止されている種であるほか、保護水面なら新仔ヤマメをねらう釣り人の影響も考慮する必要がない。シミュレーションを実施するうえで都合のよい状況が整っていたといえる。

論文執筆に至る動機も含め、照井慧さんは次のように話す。

「そもそも、放流に効果があると思っている生態学者は多くない、というかほとんどいないと思います。たとえば小さな川に何十万尾も放流したら何らかの悪影響が出ることは理論的にも当然なんです。でも、それをきちんと調べたものはありませんでした。分析とか理論モデルとか、そういうかたちで定式化する試みはなかったわけです。そこで数式で表現しようと考えました」

照井さんは今でこそシミュレーションや発展的統計モデリングを得意とするが、もともとは東京大学大学院で院生として研究していた頃に現地調査を行なっていたという。当初はカワシンジュガイなど淡水の二枚貝の研究に没頭していたが、カワシンジュガイは宿主にサクラマスを使うことで知られるだけに、当然のことながらサクラマスの調査も同時に行なっていたことになる。

「サクラマスはもともと馴染みのある魚種でしたが、データがきれいにそろっていたことが大きいですね。シロサケと違ってサクラマスは最低でも1年は川の中にいるので、川の生きものに対する影響を見るうえでも理想的です。しかも放流が頻繁に行なわれている種でもあるので、考えていたアイデアを確かめるうえで適切な種だったといえます。ただ、サクラマスにとって（放流が）どうなのか、ではなく、生物に対して一般的に当てはまる現象を数式で示したのが論文の要旨です」

つまりサクラマスは指標のひとつにすぎないということだろう。生物全般に起こりうる現象をサクラマスを使って表現したといえるかもしれない。

解析に用いられたのは保護水面32水系のうち31水系で、1999年から2019年まで21年分の十数万件のデータ。このアナログデータを約2年間かけて照井さんが自らエクセル（デジタル）に落とし込んでいったという。

生態系の「器」がカギを握る

放流という人為的行為を行なう際、重要になるのが環境収容力であると照井さんは言う。環境収容力、つまり生物が生きているだけの「器」を超えて過剰に放流した場合、生物同士の競争が激化してしまうというのだ。

生物が生きてゆくためには棲み処や食べ物が必要となるが、それらは無限にあるわけではない。ゆえに生態系が許容できる生きものの数は決まっているといえる。それを超える過剰な放流をしたら、悪影響を及ぼす未来しか想像できない。

「放流が意味をなす場合もありますが、かなり限定的です。たとえば魚ではないですが、うまくいっているケースとして分かりやすいのがトキの放鳥です。２００８年から年間10羽とか少数を放していたと思います。今はすでに集団の増殖が頭打ちになっているようです。増えきって横ばいになっている。そこからこれ以上放鳥したらどうなるのか、というシミュレーションをやっている論文もあって、頭打ちになっている状況で放鳥するとやっぱり減るらしい。生物にとって必要なリソースがどれくらいなのか、どういう状況だと放鳥や放流が意味をなすのか考えておかないと逆効果につながるということです」

本題のサクラマスはどうか。北海道内の保護水面（禁漁河川）では、さまざまな規模で放流が実施されてきたと述べたが、放流に効果があるのなら放流数が多い川ほどサクラマスの個体数は多いはずである。

ところが実際はその逆。1999年から2019年の資源量調査のデータによると、放流数が多いほどサクラマスは減少し、なかには淘汰されてしまった河川もあった。さらに、放流種ではない別の魚種も生息密度を低下させたというから驚きである。

一方、放流を肯定する人々のなかには他の原因説を挙げる人もいるだろう。たとえば気候変動による海水温の上昇など、近年は温暖化原因説を掲げておけば多くの人が納得してくれる一面もある。たしかに実証データのみによる考察であったなら「放流しても増えない、あるいは減ってしまうのは温暖化のせいだ」と主張することも可能かもしれない。しかし、さまざまなパターンと複雑な解析によって導きだされたシミュレーション結果、それが実証データと一致してしまったらどうだろうか。

シミュレーションの設定は10種類の魚が生息する環境を想定しつつ、環境収容力としてどの程度の数の生きものが生活できるか、それぞれの種における産卵数、エサの取り合いにおける競争など、こうした条件を加味したうえで、そのなかの1種類（サクラマス）のみ毎年放流するものとして解析された。細かな計算式等は割愛するが、照井さんの予想どおり実証データとシミュレーション結果が見事に一致したのだ。

グラフを見ても分かるように、北海道でもともと得られていた実証データ、そしてシミュレーションの曲線は右肩下がりで一致している。双方ともに放流数が多くなるほど種数および平均密度が減少しているのだ。

放流によって対象種が増加する事例もゼ

ロではなかったが、それは容量の大きな環境が整っているときに限られるという。ほとんどの場合、過剰に放流しても放流対象種が増えることはなく、むしろ魚類群集全体の長期的な衰退につながる恐れがあることが分かったのである。放流された種間同士、あるいは放流された種と他の種で、生息場所やエサを巡る競争が激化したことがその要因。放流数が多い河川ほど、生き残る種類も数も低下する傾向が明確になった。

魚を増やすには環境復元が急務

これまで全国の漁協が養殖魚の放流を行なってきたのはなぜか。上記のように漁業法によって増殖義務が課せられていることも理由のひとつだが、最大の要因は河川開発にある。

貯水ダム、砂防ダム、治山ダム、頭首工、河口堰、護岸工事、そして河畔林の伐採など、さまざまな河川開発によって魚類の棲み処は消失、あるいは分断化してしまった。こうした開発行為によって減少した魚類を何とかして増やしたい、そう願って行なってきた放流がむしろ逆効果だったというのだから、漁協にとっては残酷な現実である。

河川開発に原因があるのなら増殖義務は河川管理者に課してほしい……そんな声も聞こえてきそうだが、不条理にも被害を受ける側に増殖義務は課せられている。

では、放流によって魚が増えるどころかむしろ減り、しかも放流種以外の魚までもが減少してしまうとなれば、各地の漁協はどのようなかたちで増殖義務を果たせばよいのか。

実は放流以外の方法でクリアしている漁

協は少数ながらある。増殖義務の手法にはこれまで述べてきた養殖魚の放流（種苗放流）の他、人工産卵床の造成、堰堤やダムなどにより移動が妨げられている滞留魚の汲み上げ放流や汲み下ろし放流などがあげられる。

ここでひとつ模範例をあげるとすれば長野県・志賀高原の雑魚川《ざこ》（信濃川《しなの》水系・中津川《なかつ》支流）が該当する。支流群を禁漁にすることで増殖義務を果たしているため漁業権対象種のイワナの放流はない。それでも支流からのしみ出し効果によって自然産卵から育った個体が本流へと下り、安定した個体数密度を保持している。こうした模範になる事例と本論文を参考に、各漁協は放流に頼らない手法を検討すべき時代に入ったといえるのではないか。

「生態系の器がよほど大きくない限りは、期待とは真逆の結果を招きかねない。生息環境の復元など抜本的な対策が必要だと思います」（前出・照井慧さん）

河川開発によって生態系の器は小さくなる一方だが、そこで放流という行為を繰り返すと、魚類のさらなる減少を招くことになる。であるなら放流は河川開発の代替にすら成り得ないわけだ。

ダムが建設されている河川の漁協は、ダムによって魚類の減少が予想されることで支払われる補償金、これを放流資金に充てている場合もあるだろう。しかし受け取った補償金で放流を行なっても、解決しないばかりか悪化するのだから万策尽きた感すらある。ではどうするか。ご想像のとおり残された道は環境の復元しかない。論文も次のように締めくくっている。

「持続可能な資源管理や生物多様性保全に

は、河川等の生息環境の改善や復元といった抜本的対策が第一に必要であると考えられます」

今一度、漁場管理のあり方を考える時期にきているといえる。

環境収容力を度外視した渓流魚の人為的放流は、放流種とその野生種、さらに放流種以外の魚種すらも減少させることが分かったという。近年ウグイが減少しているのも無関係ではないのかもしれない

内水面漁協には増殖義務が課せられており、その義務をクリアするために種苗放流を行なってきた。なぜ放流が必要とされたのかといえば、ダムや河口堰をはじめとする河川開発により漁獲の減少が予想されたからだ。ならば増殖義務は河川環境を壊した側に課すべきではないのか、とさえ思ってしまうが、その行為を代行しているのが現在の漁協ということだろう。漁協は河川管理者の尻拭いをするための団体ではないはずだが、理不尽な現実がある

治山ダムの台形スリット

砂防ダムの縦溝スリット

河川環境の復元、環境収容力の回復を目指すうえで、砂防＆治山ダムのスリット化は効果的だ。縦溝のスリットを入れる砂防に対し、治山は幅の広い台形スリットが特徴。むろん後者のほうがより効果的な回復が見込まれる

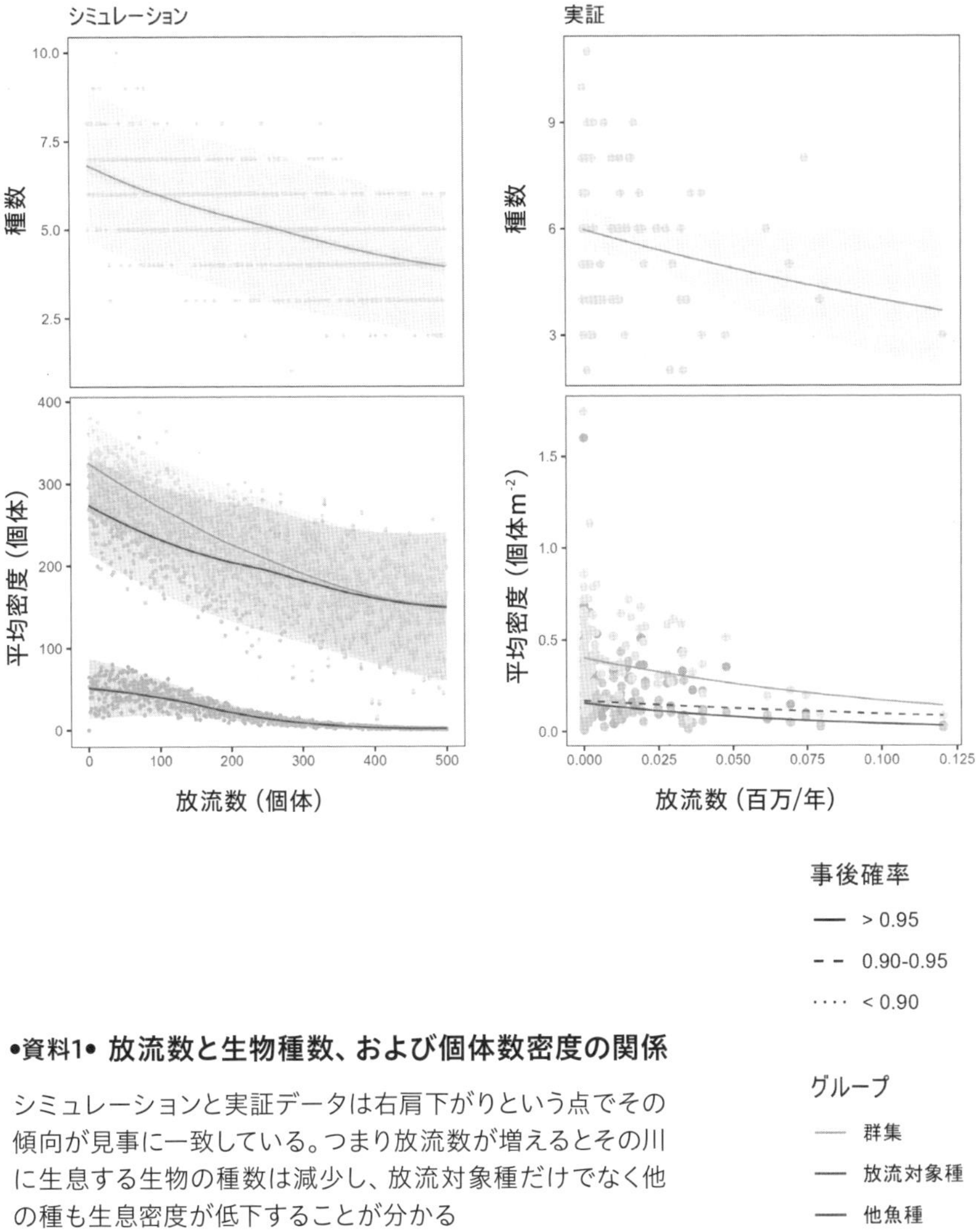

●資料1● 放流数と生物種数、および個体数密度の関係

シミュレーションと実証データは右肩下がりという点でその傾向が見事に一致している。つまり放流数が増えるとその川に生息する生物の種数は減少し、放流対象種だけでなく他の種も生息密度が低下することが分かる

「外道」なんていわないで！アユを成長させるウグイ

アユの友釣りでも渓流釣りでも、ウグイは外道としてぞんざいに扱われることが多い。ウグイを食用としているのは長野県や栃木県などの一部であり、水産重要魚種でないことも不遇の状態となっている理由だろう。そんな釣り人にも漁業者にも注目度の低いウグイだが、実はアユの成長に寄与しているとする論文がある。ウグイが多いほどアユは大きく育つというのである。

『North Angler's』2023年10月号掲載

異魚種間の複雑な関係

釣り人は自分の釣りの対象魚には強い関心を示しつつも、そうでない魚種については無関心であることが多い。それどころか、たとえばヤマメやイワナをねらっている釣り人がウグイを釣りあげた際、乾いた手で強く握りながらハリを外した挙げ句、水に戻すのではなく陸にポイッと捨ててしまう不心得者すら目につくありさまである。

ずいぶんと前のことだが、とある河川での出来事。アユの友釣りをこよなく愛する釣り人が漁協の組合員を前に次のような台詞を吐いた。彼が興味のあるのはアユのみで、普段からそれだけ。渓流釣りはしないようだった。

「ヤマメやイワナはアユの稚魚を食べてしまう。だから放流しないでほしいんだよね」

さすがに漁協の人も呆れ顔だったが、彼はその川にアユさえいれば、自分が楽しめさえすればそれでよいのだ。しかしながら、自分にとっての釣りの対象種でない魚が、巡り巡って対象種に対し重要な存在だとしたらどうだろうか。

川や湖、海、森など、どんな地域においても生物群には「間接効果」があることが知られている。「多種間相互作用」とも呼ばれるそれは我々が想像しえないほど複雑に絡み合い、それぞれの生きものが間接的な関係でつながっているというものである。

「風が吹けば桶屋が儲かる」とよくいわれるが、一見するとまったく関係ないと思われる事象でも実は複雑な関係性でつながっており、意外なところで影響が出ることを指している。生物同士の関係でも同じことがいえ、釣り人にとって注目度の低い魚種もさまざまな恩恵を別の種に与えている可能性があるわけだ。

上記の間接効果のうち、食物連鎖上で直接食う食われるの関係にない下位の生物に対して間接的に強い影響を与えることを「トロフィック・カスケード効果」と呼ぶらしい。同効果のひとつを実験により証明した論文が、国際的にも注目されている。英語論文を日本語で要約した『アユと河川生態系における他生物との関係』と題する総説では、アユが他生物に与える影響とアユが他魚種から受ける影響について解説している。著者は片野修さんと阿部信一郎さん（共に中央水産研究所内水面研究部／当時）、そして水産研究・教育機構の中村智幸さんである。

興味深いのは、ウグイがアユの成長に寄与しているという部分。ウグイが棲息している河川では、アユがより大きく成長するというのである。筆頭筆者の片野修さんは言う。

「アユが大きく育つ条件としては、ひとつはアユが少ないこと。アユが多いとそれを追い払うのにエネルギーを使ってしまうので、少ないほうが育ちやすくなります。そしてもうひとつは食べるものが豊富であることです。藻類のコンディションがよければアユは大きく育ちます」

つまり藻類のコンディションに関しウグイが何らかの影響を与えることで、アユの成長にも関係してくるというのだ。

ウグイは邪魔者なんかじゃない

ウグイはアユの友釣りや渓流釣りでは外道として扱われるが、ウグイが多いほどアユが大きく育つことを本論文は証明している。実験結果を簡潔に述べると以下のようになる。

ウグイが増えると底生藻類を食べる水生昆虫が減少し、水生昆虫が食べるはずだった藻類が減少せずに残る。その結果アユのエサが増えて大きく育つという構図である。

実験は流れのあるビニールプールを18個用いて行なわれた。実験1ではウグイの存在による水生昆虫類、底生藻類への影響を明らかにするため、9つのプールにウグイを6尾放流し、残りの9つにはウグイを放流しなかった。そして2000年9月15日から10月5日までの20日間の実験のあと、各プールに設置した3枚の瓦から藻類と水生無脊椎動物を採集した。

実験2では各プールにアユを5尾ずつ放流し、ウグイについては無作為に選んだ6プールに0尾、次の6つには3尾、残りの6つには6尾を放流。この実験を2000年と2001年の7月18日から8月29日まで各42日間行なっている。

いずれのプールも自然河川から水を引いているため水生昆虫も流れによって供給されるかたちになっており、また底石の代わりに瓦を用いたのは共同著者の阿部信一郎さんの発案だという。瓦の表面にはアユが摂食するラン藻などさまざまな藻類がよく育つらしく、面積が同じであるため比較研究には最適だとして採用された。

ウグイは水生昆虫のほか底生藻類なども摂食する雑食性の魚類として知られる。実験1のアユを放流していないウグイのみのプールでは、ウグイは底生藻類を50％、水面に落下する陸生昆虫を15％、カゲロウやトビケラなどの水生昆虫を31％摂食していたが、アユを放流している実験2のプールではウグイが藻類を摂食する割合は14％以下で、陸生昆虫を32～39％、水生昆虫を44～47％摂食しており、一方のアユは藻類を92～94％摂食していたという。

アユを放流しない実験1のプールでは、ウグイの存在によって底生無脊椎動物（水生昆虫など）の個体数は著しく減少。これはウグイが直接摂食したことによるものだという。一方でウグイは底生藻類をも摂食していたが、底生藻類はむしろ増加しており、これは底生藻類を主食とするカゲロウ類やユスリカ類をウグイが捕食したことによるトロフィック・カスケード効果によると考えられる。

ウグイが水生昆虫を捕食することによる底生藻類の増加は、実験2のアユの成長への正の効果として表われている。ウグイがいることで底生藻類を摂食する水生昆虫が減少し、その結果として底生藻類が増加、アユにとってはエサが豊富な状態となったことで成長量の向上につながったのだ。こうした実験結果により、ウグイがいる河川ではアユが大きく育つことが証明されたことになる。同様に藻類の増加はアユの個体数確保にも寄与することになるだけに、アユだけがいればよい、とする釣り人の身勝手は成り立たないことになる。むしろウグイが豊富な川を見つけて釣りに出掛けたほうが、安定した釣果が約束されるといえるはずである。

他魚種がいるとアユは大きくなる

もちろん底生藻類の増加に寄与する魚類はウグイだけではない。ヤマメやイワナ、オイカワ、カワムツ、カマツカ等々、藻類を食べる水生昆虫を主食とする魚類は数多い。それらもまたアユの成長、個体数確保のカギを握るといえるだろう。片野修さんは次のように指摘する。

「研究では特にウグイを取り上げていますが、だいたいの魚は水生昆虫を食べます。ですから、ウグイに限らずいわゆる雑魚と呼ばれている魚がいると藻類が増えて、アユが大きくなるということです。ウグイがいるとアユが育つ（増える）というよりは、他の魚がいないとアユは成長できない。これが正しい理解だといえます」

研究では別の種についても実験が行なわ

れている。ウグイ以外ではカマツカ、オイカワを放流しており、いずれもアユの成長を高めることが明らかになったという。片野さんが言うように、アユの成長にとって他の魚種は欠かせない存在であることが分かる。

「実験ではウグイとカマツカの間に有意差はなく、アユの成長を高める影響が強く出ました。オイカワもそれら2種には及ばないまでも効果があることが分かりました。一方でアユだけを放流したプールでは、アユの成長量は著しく低いという結果が出ています」

カマツカの主食は水生昆虫類であるため、ウグイ同様に効果がはっきり出るかたちになった。オイカワは水生昆虫も食べるものの底生藻類を多く摂食する雑食性であることから効果が小さく出たと考えられた。とはいえカマツカとウグイには及ばないまでも、オイカワもアユの成長に寄与していることが分かった。底生藻類を摂食するという意味ではアユと食性が重複することになるが、にもかかわらずアユの成長を高めるのだから、単なる競合競争の関係でないことが分かる。

一方、アユの成長量が低いのはどの実験プールだったのか。実はアユしかいないプールでは成長が著しく低かったという。

アユだけを5尾もしくは10尾飼育するとその成長量は平均して負の値を示し、特にアユ10尾の区では低かった。この結果はつまり、他の魚種なくしてアユは大きく成長できないことを示しているわけだ。

重要視されない魚種に目を向ける

「昔の川って、いわゆる雑魚と呼ばれる魚はいくらでもいましたよね。でも川の環境が悪くなって隠れ家もなくなって、ウグイやカマツカもだいぶ減ってしまいました。川によってはこれらの魚がほとんどいない所まで出てきています。そういう川ではアユが成長できないわけです。また少し前まで、ウグイは何の役にも立たない、だから駆除するんだ、なんて地域もあったくらいです。そういう扱いを受けていたわけですが、実は川の中にいろいろな魚がいること、それがアユにとって重要なことだったんです」（片野さん）

アユ釣りに限った話ではないが、釣り人はどうしても釣りの対象種のみを優先しがち。生物相全体を視野に入れることが不得手である。しかしアユとウグイの関係性を明らかにした本論文を照らし合わせると、釣りで重要視されないウグイとカマツカ、あるいはカマツカとオイカワ、その組み合わせにおいても何らかの間接効果があると考えるべきであり、それらの関係もまたアユやヤマメ、イワナなど釣りの対象種に何らかの効果を与えているのかもしれない。

このほか、ここにあげていない注目度の低い魚たちもまた、我々が知り得ないところで釣りの対象種に恩恵を与えている可能性を考慮すべきだといえる。ゆえにウグイが釣れても、オイカワが釣れても、落胆しつつぞんざいに扱う行為は慎むべきであろう。

釣り人だけでなく漁業者もまた短絡的な思考に陥りがちだ。北海道の漁業者らはサケの稚魚を食べてしまうとしてアメマスを毛嫌いするが、太古の昔からサケ、カラフトマス、アメマス、サクラマス、そしてエゾウグイなどの魚種は共存してきた。であるなら、それぞれの種にも多種間相互作用が働いていることが考えられ、いずれかの1種が減少すると水産重要種にも何らかのマイナス要因を与える可能性も否定できないわけだ。

これまでも人間の浅慮な考え、行動が、増やしたいはずの魚種をむしろ減少させてきたのかもしれない。人間に都合のよい水産重要種のみでなく、すべての魚種がまんべんなく生息する川を目指すべきだといえるだろう。

論文は次のように指摘している。

「この成果は、河川における水産重要魚種以外の魚の保全の必要性、生態系における多種間相互作用の重要性を示す」

一見、我々人間にとって利用価値が低いと思われる魚種でも、水産重要魚種にとってはきわめて有用な役割を担っている。であれば当然、それらの魚種を保全するためには河川環境の保全および再生は必須だ。加えてこうした論文がある以上、全国の各研究機関は重要水産魚種だけではないマイナーな魚種に関する研究についても、より積極的に推進すべきだといえる。

釣り人のなかにはターゲット以外の魚種が釣れた際、優しくリリースするのではなく陸に捨ててしまう不届き者もいる。しかしウグイやカマツカ、オイカワなどの種がいることでアユが大きく育つことが分かっている。釣れた際はソッと水に戻してほしいものである（写真はマルタウグイ）

ウグイがいる場合といない場合とではアユの成長率に差が生じることになる。論文はウグイなど水棲昆虫を捕食する魚種によってアユが大きく育つことを明らかにした

10〜20年前まではごく普通に見られたウグイの産卵シーン。近年は急激にウグイが減少しており、こうした場面に出くわす機会も少なくなった

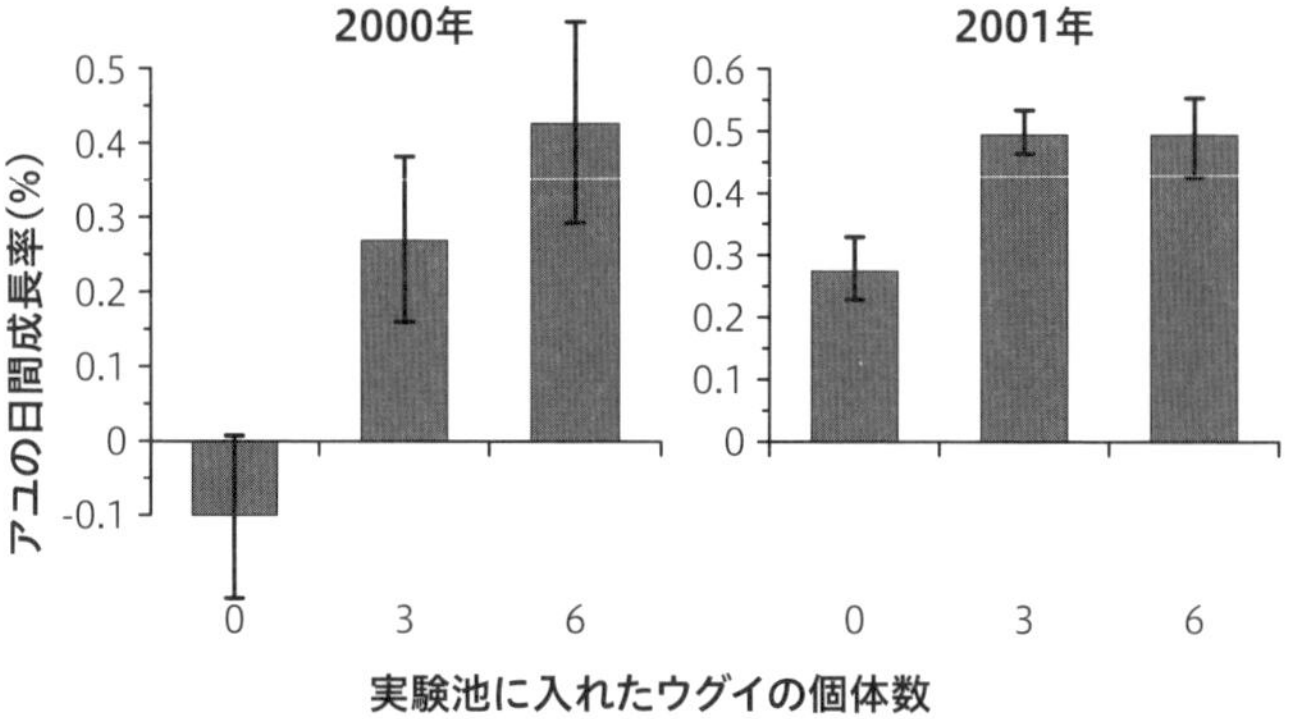

•資料1• 河川生態系におけるアユと他生物の関係

2000年と2001年に実施された実験では、ウグイを放流したプールでアユの成長率が顕著に高くなった。放流尾数は0尾、3尾、6尾とし、ウグイの個体数が多いほどアユの成長率が高くなっている

第1章・まとめ

現在の日本の河川はその本来の姿、本来の豊かさを想像することすらできないほどに変わってしまっている。無論、そこで生活する魚類たちは減少の一途をたどっており、特に上流域のいわゆる渓流と呼ばれる区間においては、今や内水面漁協の放流によって辛うじて釣りが可能になっている状況といえる。

荒廃の原因は指摘するまでもなく貯水ダムや砂防ダム、護岸工事、河口堰など人為的構造物にある。それは疑いようのない事実だが、細々と生きる魚たちに対し最後の止めを刺す存在が釣り人だとしたら、実に残念なことである。

水産系研究者のさまざまな調査研究を読み解くと、荒廃した河川において釣獲圧が大きなダメージを与える可能性、その現実を示唆している。そんな最悪なシナリオを回避しつつ釣りという嗜みを続けてゆくには、研究者が指摘する問題点をひとつずつ解決してゆくほかない。問題点が分かればそれが即座に可能かいなかは別にしても解決策は見えてくるはず。

ここに紹介した研究論文のいくつかは、支流の重要性を指摘している。古くから釣り人の間でも支流群が「種沢」になっていることは語られてきたが、そうした指摘が事実であることを証明したかたちとなっている。

また長野県の雑魚川では、支流からのしみ出し効果を念頭に

産卵床を掘るサクラマス。サケ科魚類の資源量を確保するためには、もはや放流ではなく自然産卵が可能な川へと復元するほかないようだ

大半の支流を禁漁区に指定したことで本流の個体数が安定。持続可能な渓流釣り場として注目を集めている。同河川では漁協による人為的放流が行なわれていないことも功を奏していると思われる。特筆すべきことに自然産卵によって個体数が維持されているのだ（P28）。

近年、人為的放流が増殖に寄与しないことが明らかになってきており、それは２０２２年のサクラマスサミットにおいて発表されているほか（P76）、放流しても魚は増えないとする論文も発表されている（Ｐ１０１）。またサケの増殖事業においても同様のことがいえる（P62）。放流された川とそうでない川の生息密度に変化はなく、単に放流魚と野生魚とが置き換わるだけ、つまり放流量と同等の野生魚が減少してしまうというのだから驚愕である。そればかりか放流魚と野生魚が交雑すると自然繁殖力が低下し、むしろ個体数の減少が予想されるという。

結局のところ、河川環境を再生させるとともに河川と海との連続性を取り戻すことが、資源回復に不可欠であることが分かる。日本人が真剣に自然再生を考える日が来ることはあるのか。もしあるとすればいつになるのか……。次世代による環境意識の高まりに期待するほかないようだ。

第2章

渓流の釣り場管理について考える

魚が減ってしまえば、釣りを楽しむことはできない。どのようにして魚を守るべきなのか、私たちはよく考える必要がある。最新の研究では「放流すれば問題ない」といった従来の常識が、実は間違っている可能性があることが指摘されている。末永く釣りを楽しむための漁場管理について、ここではまとめてみたい。

内水面漁協のリアル

全国の内水面漁協における漁業権の一斉切替となった2023年、内水面漁協が漁業権免許の切替を待たずに解散、合併する事例が散見されたという。漁協が解散するという事態は近年珍しいことではなくなり、特に次の漁業権免許切替時期になる2033年には相当数の漁協が解散するのでは、との予測がある。漁協がなくなるという事態によって何が引き起こされるのか。河川における釣りが今までどおり続けられるのか。漁協経営に詳しい水産研究・教育機構の中村智幸さんに話を聞いた。

月刊『つり人』2023年11月号、12月号掲載

漁業権免許を返上する内水面漁協

我が国の河川や湖沼では、ご存じのように地域の内水面漁協が第五種共同漁業権の免許を受けたうえで漁業や遊漁の管理を行なっている。本州以西ではほとんどの河川・湖沼、北海道でも一部の内水面に第五種共同漁業権が設定されており、都道府県知事の認可を受けて定められた遊漁規則に則って、我々は釣りを楽しんでいることになる。

その漁業権は2023年、10年毎の切替時期となった。漁業権免許は存続期間（内水面は主に10年）が経過するといったん消滅し、新たに漁業権を免許することになっている。よって更新ではなく切替とするのが正確であり、その一斉切替が行なわれた

のである。新規免許の交付は9月1日の地域もあれば来年1月1日の地域もある。切替時期に地域差があるものの新たな10年が始まることに変わりはない。

実は近年、解散あるいは合併する内水面漁協があることをご存じだろうか。2023年の切替を待たずに解散（および合併）した漁協は十数漁協ほどあるといわれ、今後もその傾向が強まると指摘されている。実は最も心配されているのが2033年の漁業権一斉切替であり、10年間でかなりの数の内水面漁協が消滅してしまうのではないか、危惧する声が聞こえてくるのだ。

内水面漁協の実状あるいは経営状態について詳しいのが、水産研究・教育機構の中村智幸さんである。『内水面漁協の組合員数の推移と将来予測』、『内水面の漁業協同組合に対する国民の認知率と認識』、『内水面5魚種の釣り人の遊漁料納付の実態』ほか、漁協関連の論文を多数発表しているなど、近年は漁協経営および遊漁、漁協が行なう増殖手法について研究を続けてきた。

その中村智幸さんは著書『イワナをもっと増やしたい！』（フライの雑誌社）でも分かるように、本来は渓流魚の生態研究が専門だった。漁協の研究に力を入れはじめたのは40代後半になってからだという。

「若い頃は生態研究を行ない、その後は増殖の研究もやりました。でも、生態が分かっても、増殖技術を開発しても、なかなか魚は増えない。というのも、増殖を実際に行なうのは漁協さんだからです。漁協さんの意識が変わって、漁協さんが元気にならなければ、いくら生物学的な研究を積み上げても魚は増えないことに気がつきました。そこで40代後半からは漁協経営と遊漁の研究を行なってきました。必然の流れだったのかもしれません」
漁場管理や増殖を実際に行なうその漁協が危機的状況に陥っている。漁協が元気にならなければ魚が増えないとなれば、漁協の解散、消滅は我々釣り人にとっても対岸の火事ではなく、当事者的な意識で向き合う必要がある。では今後、漁協が解散する河川が増加したらどうなってしまうのだろうか。

内水面漁協の解散で川が禁漁になる？

まず内水面漁協の総数を見ておきたい。2001年度には884の内水面漁協が存在したが、2022年度には788まで数を減らしている。およそ20年の間に100近い96の漁協が解散あるいは合併により姿を消しているのだ。なかでも渓流域に漁業権を持つ漁協は山間地域とあって組合員の高齢化にともなう地域の過疎化が進んでおり、内水面漁協の減少傾向は今後、それまで以上に進行すると予想されている。

では、漁協が解散した場合どのような状況に陥ってしまうのだろうか。

「漁業権がある漁場を漁業権漁場といいますが、漁協が解散すると、その川は自由漁場になってしまいます」

中村智幸さんはこのように説明するが、自由に対する釣り人の認識はどうだろう。自由に釣りができて遊漁券も必要ないなら好都合……その程度の軽いものかもしれない。

「自由漁場の管理者は知事、つまり都道府県です。しかし、たとえば栃木とか群馬、埼玉、長野、岐阜などの内陸県（海なし県）の場合、県に水産課もなく、農業の課のなかの水産係という程度です。そこに3人とか4人とか職員がいて、その方々が自由漁場の管理をすることになる。できるわけがないですよね」

右記の海なし県の場合、豊かな水産資源があるわけではないため、重要視すべきは農業ということになる。そのため水産にかかわる職員は極めて少ないのが現状だ。ちなみに栃木県では農政部のなかに数多くの農業関連の課があり、そのうちの農村振興課の一部に水産資源担当の職員がわずかにいる程度。多くの海なし県で同じような状況だろう。

では、海あり県はどうだろうか。中村さんは言う。

「海がある都道府県も大差はありません。主な水産地は海となるため内水面にはそもそも力を入れていない。水産課にそれなりの数の職員がいても、内水面の自由漁場の管理なんてできるわけがないんです」

事実上管理できる職員が存在せず、また自由漁場は漁協がないだけに漁協が定める遊漁規則とは無縁となる。が、守るべく規則が皆無なわけではない。都道府県の漁業調整規則があるからだ。しかし……。

「釣りは漁業調整規則に従って行なってください、となるわけですが、監視員が来ないとなれば守らない釣り人もやってきます。そのため漁協が解散すると近隣の漁協さんがすごく嫌がるんです」

近隣の漁協が嫌がるとはどういうことか。漁業調整規則があるとはいえ監視員が来ないとなれば、そこはまさに無法地帯。わざわざ無法地帯を好んでやって来る釣り人というのは主に、釣った魚のすべてを持ち帰りたいといった、モラルやマナーを守らない釣り人であることが多い。そうした釣り人は当然、あらかじめ漁協の境界線を調べることなどするはずもなく、隣の漁協管内でも同様の行為を行なってしまう可能性がある。そうした行為が近隣漁協に影響するということだろう。

他方、一般の釣り人のなかにも漁協に対して好意的でない人がいることも事実。「漁協は信用できない」、「県が管理するほうがよいのではないか」と考える釣り人もいるわけだが、無法地帯になるとその川は魚が釣りきられた時点で終了。維持管理ができないとなれば、よほど自然環境に恵まれた河川でない限り渓流魚が増える要素はほぼ皆無となる。

「現行制度上は漁協が管理することになっていて、法律に則ってやっていくしかありません。現状、漁協が遊漁規則を定めて遊漁を管理しているわけですから、国も県も漁協にはいてもらわないと困る……と考えているはずです」

漁協が解散し釣り場が自由漁場になった場合、都道府県が管理する立場となるが職員がいなければ管理などできようはずもない。ではどうするか。管理できない都道府県は解散した漁協管内全体を禁漁とする道を選ぶかもしれない（実際に漁協が解散したのち禁漁河川になった事例がある）。このため現行制度上でいえば漁協の解散は渓流釣りの否定、渓流釣り文化の消滅を意味することになる。

組合員にはなりたくない？

内水面漁協が解散に追い込まれる原因は主に組合員の高齢化（組合員の減少）であり、

それは地域の少子化、過疎化が発端となっている。山間地域の漁協は特にその傾向が強く、限界集落と呼ばれるように地域の人口が減少すれば組合員数が減るのは必然だからだ。それでもどうにかして組合員数を維持あるいは増やさなければ漁協の存続は難しい。中村さんは組合員の急激な減少を心配する。

「この10年間はその前の10年間と比較して解散している漁協さんは多いです。切替時期を待たず解散してしまっている。今回の切替でも解散する漁協が出てくるかもしれません。組合員数もかなり減少しているので心配です」

組合員数が減少すれば漁協の維持がままならないのは当然である。

ちなみに中村智幸さんがまとめた論文『内水面漁協の組合員数の推移と将来予測』（2017年）によれば、内水面全体の組合員数（正組合員数）は1981年度（62万2000人）を境に減少に転じたことが分かっている。

1994年度以降の傾向を基準にすると内水面全体の組合員数は直線的に減少し、2030年度には7万8000人にまで減少。そして2035年度から2036年度にかけてゼロになると推定されるという**（P143 資料1／予測1）**。

もうひとつ、2005年度以降の傾向を基準にすると減少率は幾分軽減されるようだ。組合員数は指数的に減少し、2030年度に16万1000人、2040年度に10万8000人になると推定された**（資料1／予測2）**。

後者の推定ならここしばらくは組合員数がゼロになることはないものの、ピーク時と比較すると極端に減少することが分かる。これでは内水面の漁場管理や増殖が不可能な状況に陥るのは必至。自然環境が現状のままであると仮定すると、放流など人為的な増殖が行なわれない河川ばかりとなり、渓流釣りそのものの存続も危ぶまれる時代が到来すると予想できるわけだ。

組合員数の確保、増加が吃緊の課題となるわけだが、正直かなり難しい状況にある。というのも、近年は組合員になりたがらない地域住民が多いというのだ。さらにいうと組合員であっても理事に、組合長になりたくない人が増えているらしい。その理由のひとつとして理事報酬が関係していると中村さんは見ている。

「正組合員20名が法定の最低人数で、20名を切った時点で漁協は解散しなければなりません。でも、正組合員数が100人とか200人いても解散している漁協があるんです。その理由として組合長になる人がいない、なりたがらない。組合長も理事のひとりですけれど、理事報酬って年間2～7万円とか、よくて十数万円なんです。釣り人のなかには、組合長なら月額30万円くらいもらっていると思っているようですが、とんでもない。それは大きな勘違いです。平均で年額7万円くらい、それどころか組合長含め理事報酬0円で頑張っている組合はたくさんあります。漁協の理事や組合長の活動はボランティアに近いんです」

古くは内水面漁協に対する印象はさまざまな噂も相まって闇の部分が語られることもあった。ダム工事などの漁業補償金を主要メンバーで分配する、実際にそうした行為を行なっていた漁協もあるらしい。ただし近年は都道府県の監視や地元の目が厳しいこともあり不可能。理事報酬が支払えないほど深刻な状況のなか、補償金を漁場管理や増殖に使用せず組合内で分配などできようはずもないという。

組合員になるためのハードル

組合員が増加すれば組合員が納める賦課金の収入増が見込まれるものの、理事という責任ある立場はともかく、一般の組合員にすら地域住民がなりたがらないという。この点については組合員になるための要件もハードルのひとつになっていると考えられる（組合員には正組合員と准組合員とがある。ここでは正組合員を組合員と記す）

「水産業協同組合法には組合員の要件が2つあって、ひとつは住居要件で組合地区に住んでなければならず、もうひとつは操業日数要件があります。採捕や養殖、増殖を行なっている日数が合計で30日以上必要というものです。組合の定款で日数は変わりますが（30～90日）、30日以上としている漁協が多いようです」

では現実に組合員になりやすいのは誰かといえば、ご想像のように遊漁者（釣り人）である。採捕日数30日以上をクリアしやすいからだ。

「遊漁者であれば日頃から釣り（採捕）をしているので操業日数要件のうち日数要件を満たしやすい、つまり組合員になりやすいといえます。ですがそれほど釣りをしない人の場合、住居要件を満たしていても操業日数要件がハードルになってしまいます。一方、その地区に住んでいなければ遊漁者でも組合員になるのは不可能です。この2つの要件をクリアできず組合員になれない事例も少なくないといえます」

これらの要件がハードルになっているわけだが、そもそもメリットがなければ組合員になろうとは思わない。この点も組合員減少の要因のひとつになっているようだ。

「組合員になれば遊漁料より少し安い金額で釣りができるわけですが、その差は年に数千円程度です。一方で組合員になると放流や監視などを依頼されることもありますし、場合によっては理事になってくれ、組合長になってくれ、なんてこともあるかもしれない。だったら1000円や2000円高くても遊漁者のままでいて、組合に対して文句を言っているほうが楽……そう考える遊漁者もいるのではないか。なかなか難しい問題です」

つまりその川に、その地域によほどの愛着がなければ、なかなか組合員になろうとは思えない状況があるということ。ほんの少し安い金額で釣りができたとしても、釣り人から文句をいわれる立場より、文句をいう立場のほうが気楽だと考えてしまうというわけである。

遊漁券を買わない釣り人たち

漁協経営を難しくしている要素として金銭面も無視することはできない。すでに述べたように多くの漁協では理事報酬がわずか、あるいは無報酬のところもある。収入が減少すれば放流などの増殖、監視や看板設置の漁場管理においてできることは限られてくる。組合員の活動意欲も削がれることになるだろう。

「内水面漁協の収入ですが、全国的に見ると一番割合が多いのは補償金で約35％、次に多いのが遊漁料収入で約30%。そして組合員から徴収する賦課金とか漁業権行使料は全体の10%程度しかない。当たり前ですが、補償金を増やすなんてことは漁協としてできるわけがありません。賦課金を増やそうと思ったら組合員を増やさなきゃいけない。これもなかなか至難の業です。ですが遊漁者を増やすことはできるはずなんです」

内水面の漁場管理や増殖を行なううえで、現行法では漁協が必須であることはご理解いただけたはず。その漁協を維持してゆくためには組合員を増やす必要があり、最も組合員になってくれそうなのが釣り人、となる。

さらに組合地区に住居がない釣り人の場合でも、遊漁料というかたちで漁協の活動に貢献することはできる。釣り人が増えれば遊漁券収入も増加が見込まれるため、漁協経営は幾分好転するはずだからだ。

しかしながら、いまだ無券(遊漁券未購入)のまま釣りを強行する釣り人がいることも事実。まずは無券者を減らすことが必須だといえるが、これがまた難題なのだ。

釣り人のなかにはさまざまな屁理屈で遊漁券を購入しない人たちが一定数いる。「魚影が薄い! ちゃんと放流しているのか!」と文句を言ってみたり、「放流魚ではなく天然魚を釣っているから遊漁券を買う必要はないはずだ!」など、そうした意見はすべて遊漁料の本質を間違って認識していることが発端となる。中村さんは次のように説明する。

「遊漁料というのは漁協から見ると受忍料なんです。基本的には組合員がそこで優先的に採捕できるわけですが、遊漁者にも釣りは認めますよ、受忍するからその分の遊漁料を払ってくださいね、というものです。釣り人は納得しないかもしれませんが、制度的にそうなんです。また、遊漁料は増殖や漁場管理にかかる費用の遊漁者の応分の負担です」

本来は地域が優先されるはずの採捕を、地域外の我々にも受忍してくれるためのシステム、それが遊漁料だということになる。ところが、そうした実状も理解しないまま、遊漁料を支払わず無券で釣りをする人が後を絶たない。これが想像以上に漁協経営の足かせになっている。

匿名のアンケート調査によれば約25％の釣り人が「遊漁券は買わない」とする結果が出ているという。4人に1人が未購入となれば漁協にとって手痛い損失だが、匿名のアンケートであるとはいえ「買う」と書いて実は買っていない人も相当数いるはずである。実際は25％どころかそれ以上の人が無券なのではないか。中村さんは別の調査結果を交え次のように指摘する。

「ある林道で上流に向かってくる釣り人の車を止めて確認したところ、約6割の人が無券だったという調査結果があります。その奥に遊漁券を買える場所がないにもかかわらず、無券のまま上流へと車を走らせる。こうした現状をみると、アンケートで遊漁券を『買わない』と書いたのはおよそ25％ですが、実際には半数以上の人が買っていないのかもしれません」

無券の釣り人たちは決まって「早朝だったので買えなかった」などと言い訳をする。しかし近年はコンビニで入手可能で、電子遊漁券も普及しつつある。そうした言い訳はすでに通用しない。それも承知で買わないまま釣り場を目指すのだから、実に嘆かわしい状況である。

近年、単年度収支でみると内水面漁協の約4割が赤字であるという。さらに約4割の漁協で全収入額のうち遊漁券収入の割合が最も高いという。ゆえに無券者の増加は漁協経営にとって致命的であり、組合員の減少とともに改善すべき最重要課題だといえる。

監視員が来たら買えばいい？

「現場加算金を設定するからいけないんだ、と指摘する組合長さんもいます。そのため、もともと現場加算金を設定していない漁協さんもあります。その場合、無券でいたら名前を控えたうえで帰ってもらう、場合によっては駐在さんに来てもらう、そんな漁協さんもありますすね」

たしかに、現場加算金（現場売り）というシステムが遊漁者を甘やかしている要因のひとつといえる。監視員に見つかったら買えばいい、見つからなければラッキー、となってしまうからだ。

一方で、現場加算金を増額する漁協もあると中村さんは言う。

「今回の漁業権切り替えで遊漁規則を変更する漁協さんも多くて、今まで現場加算金が1000円だったのを3000円にするとか、そういう漁協もあります。現場加算金は事前に遊漁券を買わなかったことに対する懲罰的なものではありません。現場で遊漁券を売ることについての実費なんです。監視員をひとり雇ったらお金がそれなりに必要になります。監視員の日当のほかガソリン代、漁協の事務所に戻って徴収した内容を説明したりする手間など、その他のさまざまな経費を積算すれば現場加算金3000円は可能な範囲だと思います」

仮に遊漁料が1500円として、現場加算金が1000円だとするなら現場売りで2500円。これが4500円になるとしたら、遊漁券を買わないリスクはかなり大きなものとなる。それを避けてあらかじめ購入してから釣り場に向かう人が増えてくれたなら、漁協としても収入は安定することになるわけだ。

常勤職員の有無がカギになる

「遊漁券の未収分を回収できるようになってゆけば、いろいろな面で好転してゆくかもしれません。正組合員数の減少問題は解決しませんが、経営の面では楽になる。金銭的な理由から解散する事例もありますから」

経営面で好転が見込まれると、ボランティア状態から一転、理事報酬の引き上げが可能になるかもしれない。あるいは、多くの漁協が常勤職員がいないまま活動しているが、収入増により常勤職員の確保も夢ではないだろう。

実は常勤職員の有無によって漁協運営に大きな差が生じると中村さんは言う。

「常勤職員がいる組合は小回りが利いていい経営をしていることが多いです。さらに常勤職員さんが水産系の学校を出た方だったりすると、より運営、経営がうまくいくようです。我々が書いた論文をしっかり読んでくれていたり、水産庁が推奨していることをちゃんと理解して、それを漁協の理事会などで説明して取り入れている。特に渓流域の場合、（最近の研究で）放流の効果は期待するほど高くないことが分かってきたので、放流量を減らしてでも優秀な人材を確保したほうがいい。生き残りもしない魚をたくさん放流するより、いい釣り場を作って遊漁者に『ここの川いいね』って思ってもらうほうがいいですから。そのためにはいろいろなアイデアを出し、取り入れて実行できる職員さんが必要なんです」

内水面漁協が解散あるいは合併する事例が増えているわけだが、合併の場合は組合員数の減少や経営難により同水系の近隣漁協に吸収される事例が多い。現状ではマイナス要素が多いので、あえて合併を選ぶ、つまり戦略的合併なら健全な漁協経営を目指すうえでプラスになるかもしれない。中村さんは以下のように提案する。

「現在計算中なんですが、漁協の収入が年2600万円くらいあれば職員をひとり雇用できそうなんです。その金額を目指して近隣の漁協との合併を進める。理屈のうえではあり得ると考えています」

内水面漁協の解散という最悪の状況を回避するための戦略的合併、これが漁場管理を継続させる手段のひとつになるという発想である。

漁協収入を安定させるために

もちろん、合併せずに既存の漁協を維持する方法も皆無ではない。組合員数を増やすのは至難の業だが、遊漁者を増やし収入を安定させることは決して不可能ではないはずなのだ。

「平成27年頃、内水面の遊漁者は実数で336万人、これに対し釣りをしたくてもできない人が119万人でした。これだけの潜在的な釣り人がいるなら、遊漁者を増やすことは可能だといえます。面白いことに釣りは一度釣れるとたいていの人は病みつきになる。たぶん何らかの脳内物質が分泌されるんでしょう。ですから初心者の人に対して漁協さんが教えてあげるなど、釣りができる機会が増えれば遊漁者を増やすことは不可能ではないはずです」

さらに遊漁者を増やすうえで重要な要素は、その川が魅力ある釣り場になっているか否かにかかっている。その手本になるのが栃木県のおじか・きぬ漁協であると中村さんは言う。

「おじか・きぬ漁協さんは、五十里ダムのすぐ下にイワナ・ヤマメの禁漁期でもニジマスが釣れる釣り場を作りました。ダム上流の支流にはテンカラ専用区を設定し好評を得ています。それとアユルアーもすぐに導入しましたよね。実にフットワークが軽い。組合長さんと理事さん、そして地域おこし協力隊の方が熱心で、さまざまな取り組みを行なっています。それが釣り人に支持される理由だと思います」

栃木県の鬼怒川中流部および支流の男鹿川に漁業権を持つおじか・きぬ漁協では２０２１年、男鹿川支流の三依地区に日本初のテンカラ専用C＆R区間を設定した。その実現に尽力したのが、地域おこし協力隊として赴任していた埼玉県出身の田邊宣久さんだった。監視活動や看板の設置、釣獲日誌の記録と発信、テンカラ釣り講習会や釣り人との交流会を開催するなど、田邊さんの活動によって同漁協も活性化しつつある。すでに3年間という協力隊の任期を終えたが、現在は組合員としてそのまま三依地区に定住しているという。田邊さんのような人材がいてくれること、それが同漁協の強みだといえる。

新たな人材が地域内に居を構えて活動している同漁協は理想的な事例だが、そうでない場合、地域外の釣り人が何らかのかたちで協力する方法もある。が、そのすべてが成功しているとは限らない。

「(C&R区間設置など)釣り人が協力して何らかの活動が始まったとしても、途中でその活動がなくなる事例を私も見てきました。釣り人って他の川でも釣りがしたいので、飽きるとどこかに行ってしまう。初めは盛り上がるけど途中から尻すぼみになっていく。本当にその川が好きじゃないと永続的にその川で活動することは難しいということです。対する漁協は知事から認可されて設立される団体で、国や都道府県が決めた約束事を守りながら運営していかなければならない。飽きたからといって簡単に止めることができる組織ではないため、投げ出すこともできずに我慢してやっている面もある。それでも我慢できなくなって解散するんでしょう」

つまり現行制度上、継続して漁場管理を行なうためには漁協という組織を維持する必要がある、ということ。そのためにも人材確保が重要だということになる。

「(新たな人材の登用により)今の釣り人が何を望んでいるかを考え、これならうちの漁協でもできそうだな、というアイデアがあったらどんどん理事会にかけて導入していってほしいと思いますね」

新たな遊漁者を呼び込むことができれば、漁協経営を立て直すことは可能かもしれない。釣り人がたくさん訪れるようになり地域が活性化してゆけば、その地域で暮らしてみたいと思う人も出てくるのではないか。

それで過疎化がいくらかでも改善するなら組合員数の減少傾向に歯止めを掛けることも決して不可能ではないといえる。

どうして魚は減ってしまったのか？

そもそもなぜ、増殖や漁場管理をしなければ川の魚影が維持されないのか。中村智幸さんは次のように話す。「昭和30年くらいまでは、実は今のように山に木が生えていませんでした。人が行けるような場所の木は戦後復興のために伐採されたり、燃料用として使われていたからです。いくつかの地域で話を聞くと『木はなかったんだけど魚はいっぱいいた』って言うんです。山の木がなくなったから魚が減ったという人もいますが、そうではない。おそらく魚が減った原因は木の伐採ではなくて、その後に増えた堰堤。それからモータリゼーションが始まって信じられないくらいの釣り人が来た。少なくとも渓流域に関しては堰堤、道路、釣り人、それが魚が減った原因だと私は考えています。車が今ほど多くなかった時代には放流なんてしなくても魚は自然繁殖で充分に生息していた。でも、それまで来なかったような人数の釣り人が来るようになってからは、誰かが増殖や漁場管理をしなければ維持できないということです」

釣り人は遠征と称してさまざまな地域に出掛けるようになった。それを今さら拒絶することなどできようはずもない。むしろ良識ある釣り人に来てもらい遊漁券収入を増やすほうが現実的だ。

むろん、今以上に釣り人を誘致するなら魅力ある釣り場を創出しなければならない。

中村智幸さんは魚が減少した要因として

堰堤、道路、釣り人をあげているが、そのうち直接的に影響を及ぼしたのは堰堤だと思われる。渓流域で釣り人がたびたび目にするのは土砂を止めるための砂防ダム、治山ダムであり、その多くは魚道すら設置されておらず、あったとしても土砂で埋まってしまっているものが多い。生息域が分断されることから個体数が減少するのは自明である。

だがP215で詳しく紹介しているように、土砂を貯めるダムの場合、改善策はある。実は近年、既設ダムにスリットを入れる改修工事が実施され始めているからだ。

通常時は土砂を下流に流し、出水時には土石流を止めるのがスリット式砂防ダムで、新設ではなく既設ダムにスリットを入れる事例も珍しくなくなった。スリットをダム堤最下部まで入れる（落差を残さない）ことで土砂の流下のみならず魚類の行き来も可能となり、堰堤で分断されていた魚の生息域は飛躍的に拡大する。

北海道の小河川ではスリット化によって河川だけでなく沿岸の環境すら回復した事例があるだけに、漁協として強く要望してゆくことも重要であろう（北海道の事例も釣り人と漁業者による要望で実現された）。

河川環境の再生、それは魅力ある釣り場の創出とイコールであり、釣り人を呼び込む大きな材料となる。環境を改善させたうえで良識ある釣り人（遊漁料を支払う釣り人、必要以上に魚を持ち帰らない釣り人）を呼び込み、漁協は収入を安定させたうえで人材を確保。そして新しいアイデアを取り入れてゆく。

現状、内水面漁協の解散問題に特効薬はないため地道な取り組みになりそうだが、釣り人、釣り具業界、内水面漁協が一丸となって次の10年を歩んでいくしかないだろう。中村智幸さんは次のひと言で結んだ。

「自分が死んでいなくなった後もイワナ、ヤマメが泳いでいる川であってほしいんです」

まさしく、同感である。自分の欲求を満たしたいだけの釣り人はもういらない。常に自分が死んだ後のことまで考えられる釣り人でありたいものである。

長時間の歩きを強いられる源流域にはまだ、自然産卵から大きく育った渓流魚が現存している。それは堰堤などが皆無で豊かな自然環境が守られているからである。対して、車道が川沿いを走る渓流では、たとえ自然環境が豊かでも渓流魚の生息数、そのキャパを超える数の釣り人が訪れ、魚影は薄くなる。そうした川では内水面漁協による漁場管理は必須となるが、漁協そのものが存続できない時代がすぐそこまで来ているという

釣り人は漁協が定める遊漁規則を厳守しなければならないが、漁協が解散してしまうと自由漁場という位置づけとなる。むろん監視員が見回りに来ることもないため無法地帯と化してしまうことが危惧される

おじか・きぬ漁協が日本で初めて設定し好評を得ているテンカラ専用区（C＆R区間／こちらの釣期は9月19日までとなる）。釣り人を呼び込むさまざまな取り組みを実行している点で全国の漁協にとっても参考になるはずだ

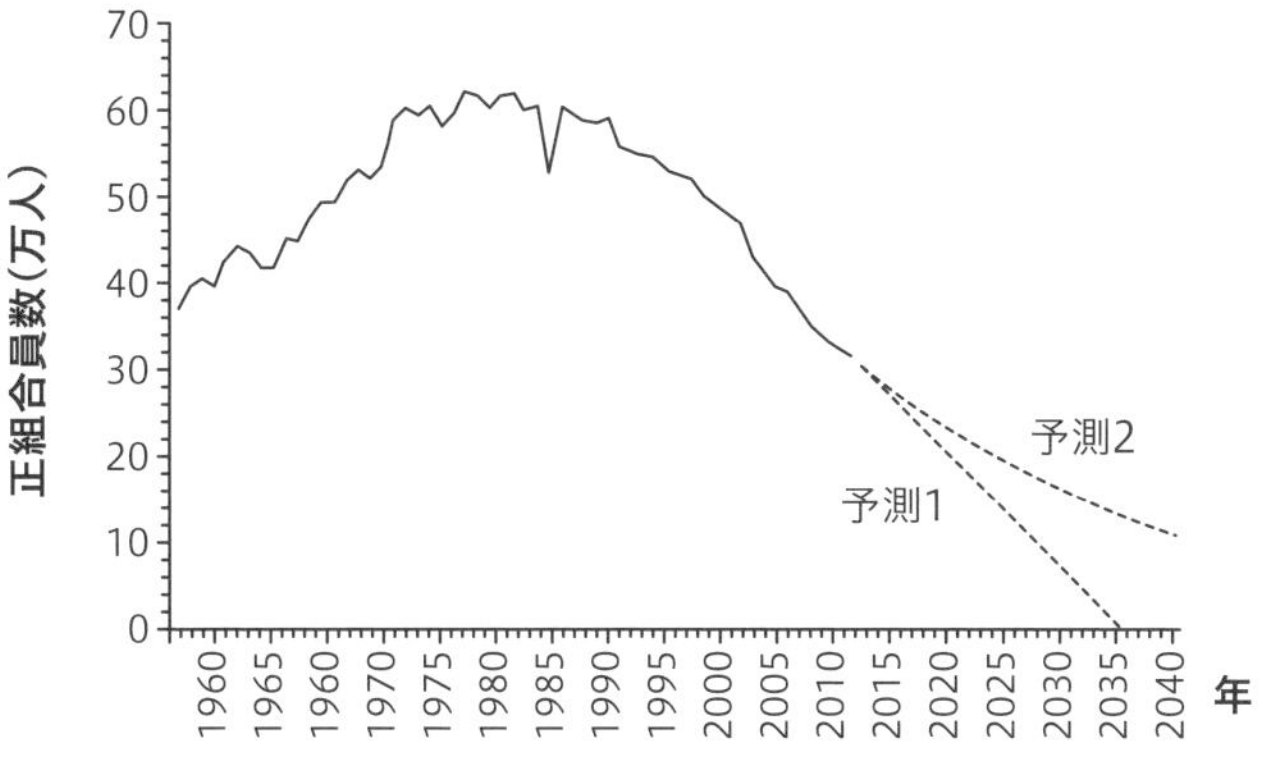

出典：中村智幸『内水面漁協の組合員数の推移と未来予測』による図表を一部修正
予測1：1994年度以降の動向を基準にした場合の将来予測
予測2：2005年度以降の動向を基準にした場合の将来予測

•資料1• 内水面漁協の正組合員数の推移と将来予測

予測1では2030年度に7万8000人にまで減少し、2035年度から2036年度にかけてゼロになると推定。予測2では2030年度に16万1000人、2040年度に10万8000人になると推定される。内水面全体の組合員数は1981年度の62万2000人がピーク。予測2では組合員数がゼロにならないとはいえ、およそ6分の1程度にまで減少することになる

放流だけに頼らない！渓流魚を増やす漁場管理

2021年、水産庁が内水面の釣り（渓流釣り）に関する漁場管理のパンフレットを作成した。『放流だけに頼らない！天然・野生の渓流魚（イワナやヤマメ・アマゴ）を増やす漁場管理』と題するパンフレットの内容は、これまで放流事業を推進してきた漁場管理を見直し自然産卵による再生産を促すもので、今後の渓流釣りのあり方に一石を投じる内容となっている。発行にあたって多くの協力者からの調査データを1冊にまとめた宮本幸太さんに話を聞いた。

月刊『つり人』2021年6月号掲載

天然魚、野生魚を増やす漁場管理とは

令和3年2月、水産庁が『放流だけに頼らない！天然・野生の渓流魚（イワナやヤマメ・アマゴ）を増やす漁場管理』と題するパンフレットを発行した。各地の水産試験場や漁協、大学研究者らの協力のもと、編集担当としてまとめ上げたのは国立研究開発法人水産研究・教育機構の宮本幸太さん。

その内容はタイトルにもあるように、天然魚や野生魚を漁場管理に活用しようとい

うもの。ご存じのように、これまで渓流魚の資源維持のために行なわれてきたのは稚魚および成魚の「放流」である（※注1）。

しかし一方で、放流という増殖方法が渓流魚の維持において効果的な結果をもたらしているかといえば、否である。同じく水産庁が平成25年3月に発行したパンフレット『渓流魚の増やし方』によれば、全長15㎝の渓流魚を1尾増やすのに必要な種苗料金（放流後の残存率と種苗の単価をもとに算出）は、全国平均値として以下のようになる。

①稚魚放流………560円
②成魚放流………120円以上
③発眼卵放流……100円
④親魚放流………90円

増殖の主軸とされてきた稚魚放流だが、1尾の稚魚が15㎝まで成長するためには560円もの経費が必要になるというのだから、いかに非効率であるかお分かりいただけるだろう。単価の算出は放流後の残存率と種苗の単価をもとに計算されていることからも当然、単価のみならず残存率も稚魚放流は低いことになるわけだ。

こうした現状からも、増殖方法の転換が急務であることは明らか。そして渓流魚を釣りの対象として持続的に利用するため、漁協経営を維持継続させてゆくためには、天然・野生の渓流魚を増やす漁場管理が必須だというわけである。水産研究・教育機構の宮本幸太さんは言う。

「稚魚放流も然りですが、これまでのさまざまな研究結果が重ねられてゆくにつれ、条件によっては放流の効果が上がっていない現状が見えてきました。産卵床の整備などが行なわれている河川もあるとはいえ、増

※注1　内水面漁協が免許されている第五種共同漁業権には増殖義務（主に稚魚や成魚の放流）が課せられている

殖の手法はやはり放流が中心でバリエーションが少なすぎたといえます。状況に応じたさまざまな対応の仕方があっていいんだと思います」

そこで期待されるのが天然魚や野生魚の活用である。ここでいう天然魚とは養殖魚などと交雑しておらず、その河川固有の遺伝子を持つ魚。野生魚は固有の遺伝子ではないものの自然繁殖している魚を指す。これらの魚たちは稚魚放流の魚よりも生き残る個体が多いというのだ。

「パンフレットをまとめるうえで各地の漁協など、さまざまな方々からご協力をいただきました。そのひとつ、滋賀県犬上川での事例（**資料1**）では、野生魚と放流魚の生き残りを調査していただき、野生魚は放流魚よりも生き残りがよいことが分かりました。つまり野生魚を活用したほうが、効率がよいということです」

では放流のみに頼るのではなく、野生魚を活用しながら渓流釣りを持続させるにはどうすればよいのだろうか。

支流を禁漁区に設定すると「しみ出し効果」で生息密度は向上

パンフレットが提案する漁場管理の手法は大きく分けて3つ。

①禁漁区やC&R区間を設置して、漁場への天然・野生魚を添加
②釣獲日誌を作成して、漁場を把握する
③監視活動や看板設置で規則の遵守を図る

これら3点を組み合わせることにより、自然繁殖の力を利用した漁場管理を目指そうというものだ。

「長野県の雑魚川では、支流のほとんどを禁

支流を禁漁区やC&R区間に設定すれば、産卵期に親魚がその支流で産卵したのち、ふ化した稚魚もいずれは本流へと供給されることになる。これを「しみ出し効果」と呼ぶ

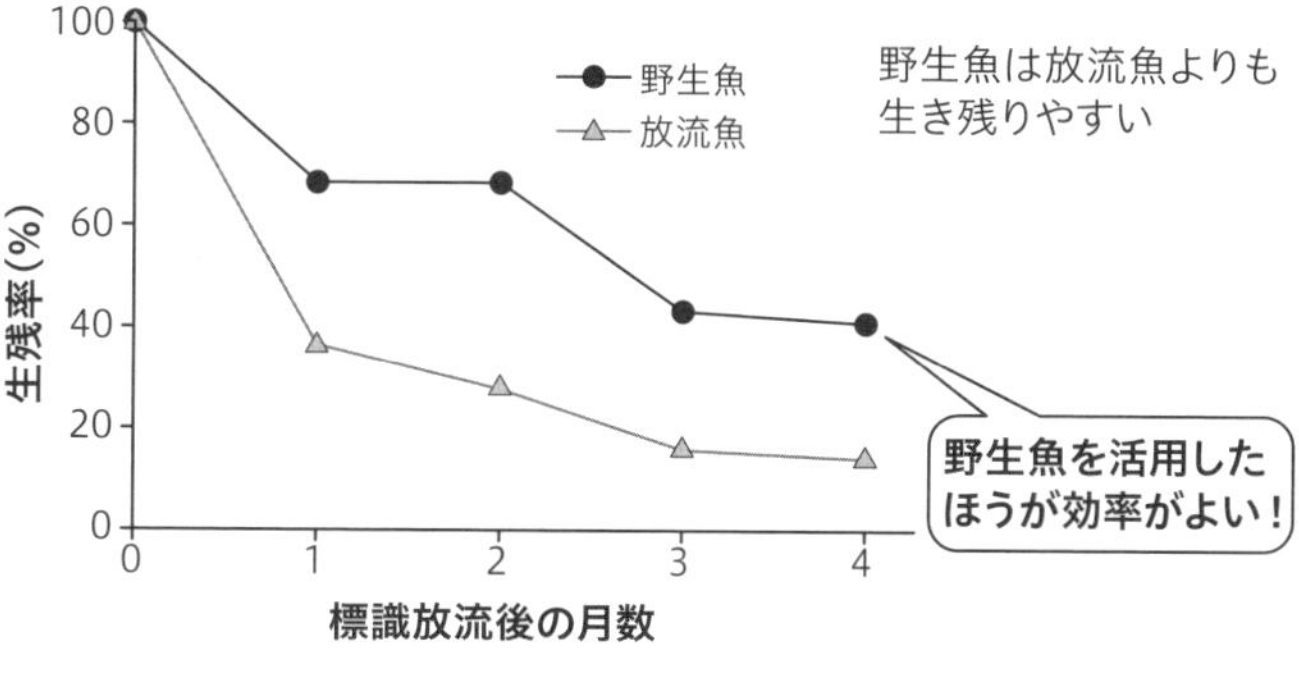

•資料1• 滋賀県犬上川での野生魚と放流魚の生き残り

漁にしています。その結果、釣り場となる本流ではイワナの生息密度がほかの河川より約3倍も多く、1時間あたりの平均釣果は約4・2尾と、釣り人の満足度も高くなっています」**（資料2・資料3）**

ではなぜ、支流を禁漁にすると本流の魚影が濃くなるのか。宮本さんは続ける。

「禁漁区で生まれた稚魚が下流の入漁区（本流）に移動することが分かっています。これを、しみ出し効果と呼んでいます」

ご存じのように支流は渓流魚にとって重要な産卵場となっている。そこで自然産卵の後、ふ化した稚魚は成長するにしたがい本流に移動する。より優れた生息環境を得た稚魚たちは、エサも豊富な本流で大きく成長することになる。

「つまり禁漁区となった支流には、入漁区に対し天然魚や野生魚を添加する効果があるということです」

実際にはどの程度の稚魚が支流から本流に移動するのだろうか。

「川にトラップをかけて小さな稚魚を探してゆくという大変な調査らしいんですけど、その調査の結果、推定値を出すことができました。長野県内の小河川（ごく小さな支流）では1シーズンで稚魚566尾、全体の約3割が下流へ移動したということです」

ごく小さな支流の稚魚、その3割が本流へ移動するなら、それらの支流を複数禁漁区に設定すれば、すでに述べた雑魚川のように魚影の濃い釣り場（本流）を実現できる。こうした調査から、しみ出し効果の重要性は明らかだというわけだ。

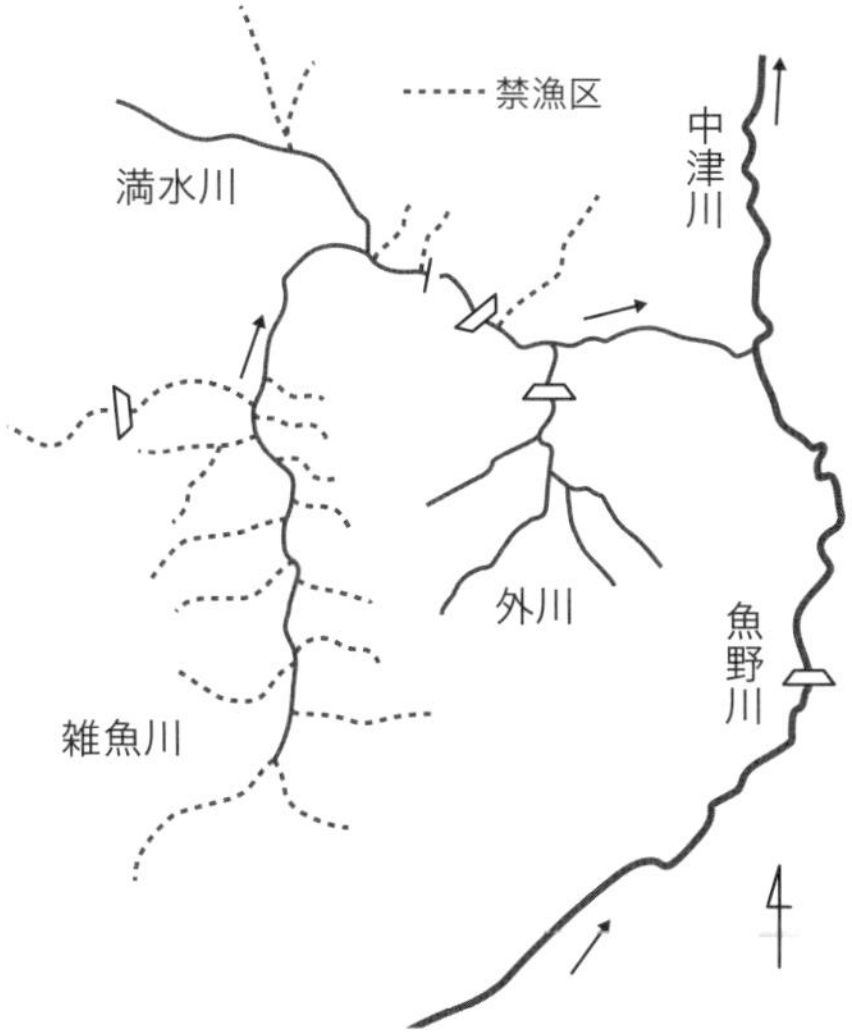

•資料2• 雑魚川の禁漁区域

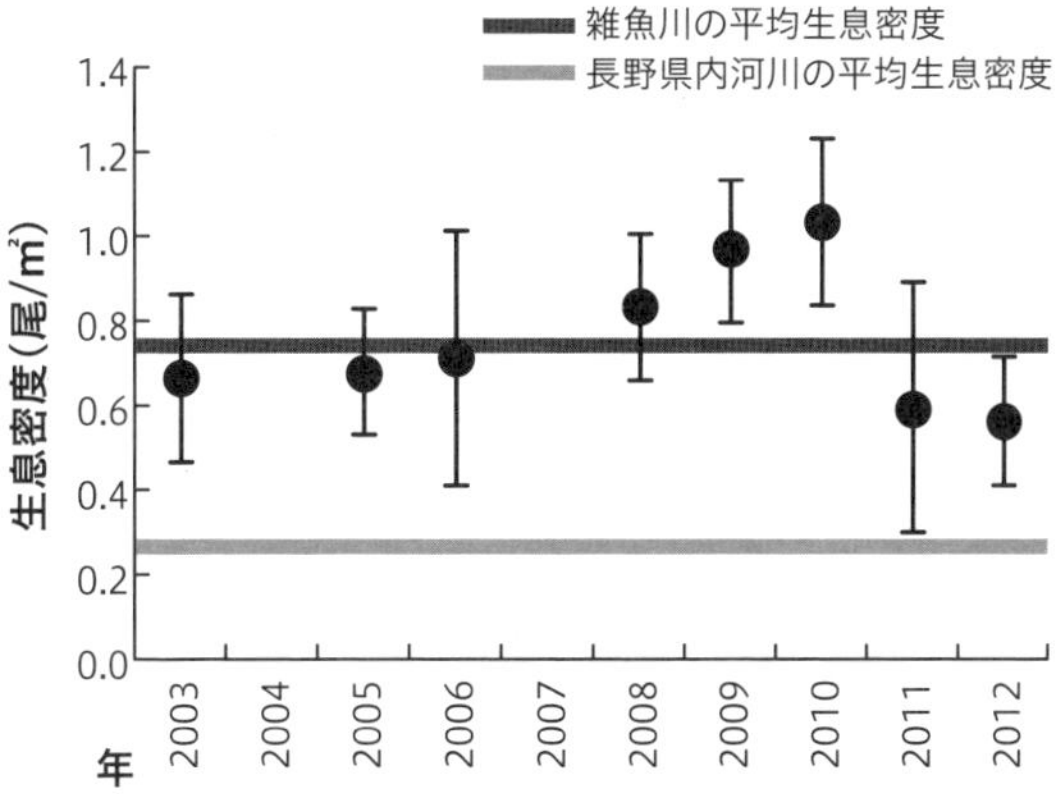

•資料3• 雑魚川のイワナ生息密度

しみ出し効果の数値化で目標増殖量を設定できる？

他方、各漁協に課せられている増殖義務は現在のところ稚魚放流や成魚放流が中心である。理想は禁漁区の、しみ出し効果が増殖義務として認められることだろう。そのためには目標増殖量の提示が重要であり、稚魚や成魚の放流量のように、しみ出し効果を数値化する必要に迫られる。その意味でパンフレットでは、しみ出し効果の計算式を掲載しており、禁漁区の設定を考える漁協にとって有意義なものといえる。

「しみ出し効果を稚魚放流に換算し、数値化することは可能です。たとえば、しみ出し効果を増殖として考えられるようになった際は、換算式があることによって評価しやすくなると考えています」

宮本さんはつまり、しみ出し効果の数値化により正当な評価ができるようになれば、内水面漁協の目標増殖量に組み入れることが可能になると考えているわけである。であれば、各漁協は歩留まりの悪い稚魚放流や成魚放流に縛られることがなくなり、シーズンを通じて魚影の濃い釣り場の実現も見えてくる。

ご存じのように第五種共同漁業権を免許されている内水面の漁協には増殖義務が課せられているが、ここでいう増殖とは人工ふ化放流、稚魚または親魚（成魚）の放流、産卵床造成等の積極的な人為的手段が主であり、単なる漁法や漁期、漁場の制限または禁止といった消極的行為は含まれないとされる。そうなると禁漁区の新たな設定は積極的な増殖と見なされず、増殖計画の一部として認められない可能性も出てくる。

ところが数値化が可能であり、具体的な目標増殖量を提示できるのであればどうだろうか。適切な理由さえあれば調整が可能な場合もあると宮本さんは言う。

「たとえば先ほどの566尾が本流へと移動した長野県の小河川でいえば、稚魚放流に換算すると約1300尾に相当する増殖効果が得られる計算になります。しみ出し効果の数値を提示することができれば都道府県の担当部局も評価しやすくなると思います」

禁漁区の新たな設定とそれを周知するための看板設置、そしてしみ出し効果の換算により、禁漁区から供給される稚魚を目標増殖量に加算することができるのであれば、雑魚川のような満足度の高い釣り場に転換してゆくことは可能だといえる。そうあってほしいものである。

釣獲日誌は漁場のカルテになる

釣獲日誌の作成も漁場を管理するうえで重要になる。栃木県の鬼怒川漁協日光支部では組合員と釣り人が釣獲日誌をまとめることで、野生魚の存在や放流魚の分布などが分かるようになり、増殖の効果も把握できるようになってきたという。

「釣り人1人のデータでは充分とはいえないですが、組合員のほか、その川によく釣りに来る人など複数人に協力してもらうことで、漁場の状態を把握できるようになります。鬼怒川漁協の事例でも想像以上に興味深い状況が分かってきていて、その重要性を再認識しました。いってみれば釣獲日誌は漁場のカルテであり、増殖ももちろん必要ですが、むしろ釣獲日誌のほうが重要

なのではないかと個人的には感じていると
ころです」

釣獲日誌の方法としては、釣った魚の標識（ヒレの一部を切除）の有無を記録することが重要になる。たとえば鬼怒川支流の事例（**P154資料4**）はもともと、下流部で発眼卵放流が実施されてはいるもののイワナの稚魚放流も成魚放流も実施されてこなかった河川。その上流域で稚魚放流を実施するとともに釣獲日誌の記録を始めた。結果、野生魚の存在や放流魚の分布が分かるようになり、増殖の効果も把握できたことになる。特に、ある1つの堰堤を境に野生魚と放流魚とが明確に分かれたところが興味深い。

「12番の堰堤は魚道が設置されていません。その堰堤を境に明確に分布が分かれたことになります。12番から上流は稚魚放流の標識魚のほか少数の野生魚、11番から下流は野生魚または発眼卵放流魚の無標識魚とに分かれました。もう少し稚魚放流の魚が下流に下っていると予想しましたが、そうではありませんでした。我々が想像する以上に堰堤の影響は大きいのかもしれません」

（資料4）

発眼卵放流から育った魚は上下流に広く移動しているが、さすがに魚道のない12番堰堤を越えて上流を目指すことはできない。これは当然である。一方で、上流に生息する稚魚放流の魚は12番堰堤の下流に生息域を拡大していてもおかしくないが、そうなってはいない。意外な結果であり原因は不明ながら、ひとまず釣獲日誌により状況の把握はできたことになる。

「漁場の状態を把握することは、漁場管理や放流場所の見直し、増殖目標の設定に役立つといえます。その意味で釣獲日誌は大きな意味を持つと思います」

釣獲日誌の作成はむろん我々釣り人にも協力できる作業。特にシーズンを通じて同じ川に出掛けるという釣り人は、今後のためにもぜひ協力してもらいたいところである。

看板設置の効果は想像以上

禁漁区の設置、釣獲日誌の作成ときて、次に重要になるのが監視活動や看板設置だ。これは禁漁区の設置について述べた内容と一部重複する。ただし入漁区においても遊漁規則の遵守を徹底するために監視活動は必須。宮本さんは次のように指摘する。

「釣り人と協力して監視活動を実施している漁協もあります。またキャッチ&リリース区間を設定すれば結果的に釣り人自身が監視活動に協力することになり、また禁漁区と同様しみ出し効果も期待できる。禁漁区の代替としてリリース区間を検討する方法もありだと思います」

もちろん看板設置も重要である。岐阜県の複数河川を調査した結果によれば、看板のある禁漁区では看板のない禁漁区に対して1・6倍も生息密度が高かったという。目立つ看板があれば禁漁区ねらいの密漁者もさすがに入渓しにくいということだろう。

右記3つの手法による漁場管理が有効であることは分かったが、問題はその費用である。すでに述べた禁漁区の新たな設定と同様、監視活動や看板の設置なども積極的な増殖と見なされないからだ。そうなると、放流のための経費確保が優先される漁協は別の予算を確保しなければならなくなる。

そのことが禁漁区での密漁に歯止めが掛からないひとつの原因になってきた。

パンフレットではこうした問題点に対し、漁場管理費を確保する方法として各都道府県の漁場管理委員会への要望書提出なども提案している。水産庁が内水面漁協の目線に立って要望書提出を促しているのだから、各漁協にとっては心強いところだろう。

水産庁がこうしたパンフレットを発行するに至ったことは、増殖（放流）一辺倒だった内水面の漁場計画に大きな変化が訪れていることの証であり、増殖ではすでに漁場を維持することが不可能だということにもなる。その原因は放流魚の遺伝的多様性が失われたことに加え、河川環境の悪化がより深刻化していることを示している。今後は河川環境の改善についても漁協および釣り人、そして流域全体で議論してゆく必要があるといえるだろう。

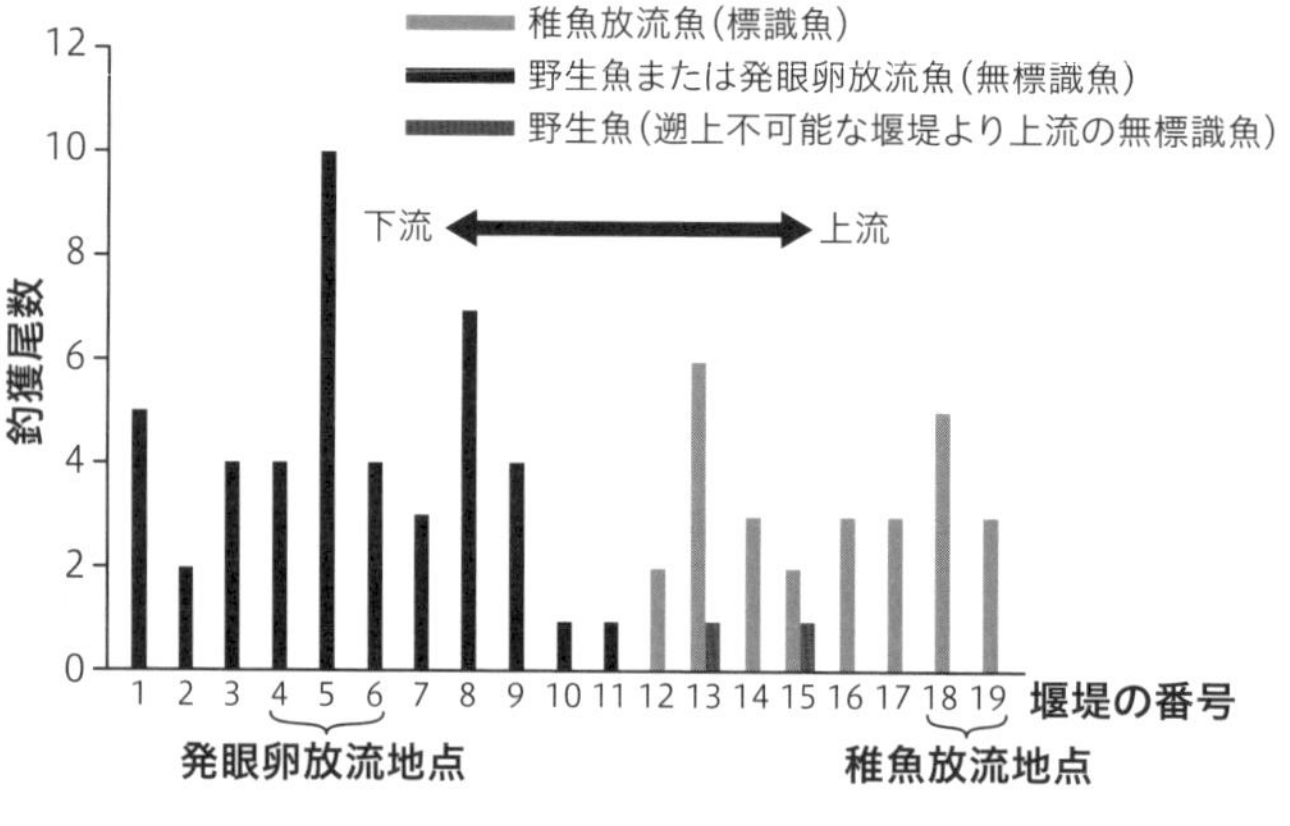

•資料4• 堰堤区間ごとに釣れたイワナの尾数

ひとつのパンフが変える未来
「いつも魚にあえる川」が山間地域に笑顔と魚を取り戻す

2021年春、水産庁は『放流だけに頼らない！　天然・野生の渓流魚（イワナやヤマメ・アマゴ）を増やす漁場管理』と題するパンフレットを作成。これまで放流事業を推進してきた漁場管理を見直し、自然産卵による再生産を促すものとして注目を集めたそして2023年、第2弾として『釣り人、住民、漁協でつくる！　いつも魚にあえる川づくり～渓流魚の漁場管理～』と題したパンフレットが発行され、その内容に関心が集まっている。内水面漁協による漁場管理のみならず、山間地域の地域振興も視野に入れた内容としてブラッシュアップされているからだ。地域振興のモデルとして取り上げられているのは栃木県日光市に近年設定されたテンカラ釣り専用のC&R区。その展望はさておき、まずは新パンフレットの内容、意義に注目してみたい。携わった研究者らに発行の意義や現状について話をうかがった。

月刊『つり人』2023年6月号掲載

増殖優先から環境優先へ

２０２１年2月、とあるパンフレットが水産庁から発行された。『放流だけに頼らない！　天然・野生の渓流魚（イワナやヤマメ・アマゴ）を増やす漁場管理』と題するその中身は、主に内水面漁協による効率的な漁場管理について考察し、渓流魚を増やすことによる漁協経営の維持・存続を提案するものだった。これまで渓流魚の資源維持のために内水面漁協が行なってきたのは稚魚および成魚の放流が中心であり、それらの放流事業は必ずしも歩留まりが高いとはいえないことから、天然魚や野生魚を漁場管理に活用することを推奨したかたちである。それについては、ここまで本書を読み進んできた読者も納得していただけるのではないだろうか。

そして２０２３年2月に発行された第2弾となるパンフレット『釣り人、住民、漁協でつくる！　いつも魚にあえる川づくり～渓流魚の漁場管理～』では、第1弾パンフレットの内容に付加するかたちで山間地域の地域振興も視野に入れている。

これを作ったのは、国立研究開発法人・水産研究・教育機構の宮本幸太さんのほか、山下耕憲さん（群馬県水産試験場）、山本聡さん（長野県水産試験場／当時）、下山諒さん（長野県水産試験場）、岸大弼さん（岐阜県水産研究所）、幡野真隆さん、菅原和宏さん（滋賀県水産試験場）ほか。制作には各漁協も協力しており、パンフレット内にその取り組みが紹介されている。さらに地域振興の面で『地域おこし協力隊』の重要性にも触れている。

パンフレットをまとめた宮本幸太さんの

計らいで関係者らにお話をうかがうことができた。2023年3月の当日、日光市役所会議室には宮本幸太さんほか、栃木県日光市地域振興課の中野祥寛さん、日光市三依地区の地域おこし協力隊（当時）の田邊宣久さん、日光市小来川地区の黒川漁協組合員でもある大出貢さん、そのご子息で『小来川の日光テンカラをつなぐ会』から大出貢平さんが、そしてリモートでは山本聡さん、幡野真隆さん、岸大弼さん、山下耕憲さんが参加してくれた。

第1弾パンフレット『放流だけに頼らない！　天然・野生の渓流魚（イワナやヤマメ・アマゴ）を増やす漁場管理』は全国の内水面漁協および釣り人の間で注目を集めた。それまで各漁協は放流魚を主軸として渓流釣りを維持してきたが、同パンフレットでは野生魚の活用を推奨。関係者にとってショッキングな内容だったからだ。

もちろん釣り人からの注目度も高かった。ネットによる検索で「魚　ふやす　管理」と打ち込んだ場合、このパンフレットが上位に表示されるという。渓流魚に関するものが他の魚種を抑えて注目されることは意外でもあるが、それだけ関心が高い証だといえそうである。宮本幸太さんは言う。

「渓流魚は生産額はとても小さく、水産物として考えるとより重要な魚種はたくさんあるわけですが、一方で（第1弾の）パンフレットが好評だったことからも、渓流魚を増やしたいと思っている人たち、釣り人がいかに多いか、ということだと思います」

つまり生産額、漁獲高のみで重要性が測れるわけではなく、渓流魚の存在は金額などの数値のみでその価値を語るべきではない、ということだろう。

第1弾パンフレットが発行されて以降、第五種共同漁業権における増殖手法にも変化が見られる。

2022年4月、水産庁長官から都道府県知事に対し『海区漁場計画の作成等について』と題する文書が出されているが、そこには新たに以下の内容が加えられた。

「増殖に当たっては、漁場の環境収容力や利用状況に応じて、適切な採捕規制や漁場環境の保全・改善を実施し、これにあわせて（中略）積極的人為手段による増殖行為を行うようされたい」

この文言が意味するところは、必ずしも人為的放流のみが必須条件ではないということである。その意義について宮本幸太さんは次のように話す。

「今までは基本的に増殖（放流）が優先されていました。それが少しずつ変わってきている。今回の文書を読む限りでは、まず採捕規制や漁場環境の保全・改善を行ない、それに合わせて増殖を考える流れになった。こういった変化は内水面の漁場管理においてとても大きな一歩で、（増殖手法を）変えたいと思っている漁協や担当行政の方々にとってはチャンスなんだと思います」

パンフレットの発行によってより効率的な漁場管理へと転換されるのであれば、我々釣り人としても歓迎すべき大きな変化だといえる。

C&R区と禁漁区しみ出し効果が期待できる

そしてようやく本題となる。パンフレットの第2弾『釣り人、住民、漁協でつくる！いつも魚にあえる川づくり〜渓流魚の漁場管理～』では、持続可能な渓流釣りを目指すうえで重要な内容が記されている。

新パンフレットではまず、キャッチ&リリース（C&R）区や禁漁区の設定によりヤマメ、イワナの生息密度を確保し、常に魚が見える川を目指したうえで山間地域の地域振興についても言及していることが特徴。少子高齢化によって地域の人口が減少している昨今、人手がなければ漁場管理はもとより内水面漁協そのものを維持してゆくことすら難しくなるからだ。現実に漁協の存続が危ぶまれている河川は数多くあり、吃緊の課題といえる。

その第一歩として常に魚が見える川をどのようなかたちで実現するのか、その手法についての考察である。

現在の渓流釣りは内水面漁協による人為的放流によって維持されている側面があり、特に都市部からアクセスのしやすい地域ではその傾向が強く、関東地方の渓流は典型ともいえる。

そのため放流なくして渓流釣りの持続が不可能な河川もあれば、支流群が充実している河川では自然産卵による野生魚を活用することが可能な場合もある。それら地域の河川がどのような環境にあるのかを見極めながらどの放流方法を選択するのか、あるいは放流しない選択が可能なのかを判断するなど、それぞれの河川に合致した手法で生息密度を維持してゆく必要があるわけだ。

そのうち、ひとつの手法としてパンフレットが推奨しているのは禁漁区とC&R区の活用である。最大のメリットは禁漁区もしくはC&R区が上流にあることで、下流への、しみ出し効果が期待できることにある。

水産研究・教育機構の宮本幸太さんは次のように話す。

「今までの漁場管理は放流することを考える一方、魚を守ることを考えてきませんでした。なぜかといえば、魚が移動すること、上流（支流）から供給されることが未解明だったことも原因だと思います。たとえば支流を禁漁区として保全しても、それで本当に魚が増えるのか分からなければ漁協さんも懐疑的にならざるを得ない。ところが現在は（しみ出し効果など）研究が進み、さまざまな成果が得られてきました。つまり守るべき場所がはっきりしてきたといえます」

支流から本流、上流から下流における、しみ出し効果については、本書でも長野県雑魚《ざこ》川の事例を紹介している。解説してくれた長野県水産試験場の山本聡さんは当日もリモートで参加。次のように説明する。

「雑魚川の支流（禁漁区・5河川）では、サイズに関係なく下流へとイワナが移動している（しみ出している）ことが分かりました。なおかつそれは増水時にたくさん下るのではなく、いつ下るのか、どんなサイズが下るのかは川によって異なります。いずれにしても、支流からのしみ出しは一般的に起こっている現象であるといえます」

滋賀県でも、しみ出し効果は確認されている。滋賀県では特殊な模様を持つナガレモンイワナが生息している河川において、支流から本流ではなく、上流から下流への移動を調査している。滋賀県水産試験場の幡野真隆さんは言う。

「1つの河川では2021年には13％、2022年には30％が上から降りてきたもので構成されていました。もう1つの調査河川では約50％が上流から降りてきている個体でした。川によって違いはあるものの、下流の資源は上流から降りてくる資源で構成されていること、イワナ資源を保全する上で上流域を守ることが重要であることが分かりました」

さらに岐阜県でも同様の結果が出ている。調査は蒲田《がまた》川と一ツ梨谷で行なわれた。岐阜県水産研究所の岸大弼さんは次のように解説する。

「岐阜県では川幅が8～15ｍの比較的大きめの川で調査を行なっています。この調査ではまず支流で0歳の稚魚に標識をして、次の年に本流で標識個体を探すということを行ないました。しみ出し率を調べてみたところ、支流で産まれた稚魚のうち少なくとも12％が本流へ移動していることが実証されました。またそれらの体長を計測したところ、蒲田川では約18㎝、一ツ梨谷では約17㎝と、本流にしみ出した個体のほうが大きく成長していました」

調査が実施された2つの河川のうち、蒲田川は特にフライフィッシャーに馴染みの深い渓流。しみ出し効果を調査している河川としては他県より川幅が広いといえるが、こうした河川では下流（本流）で標識魚を捕獲するのが難しい。電気ショッカーの効果が限定的だからだ。本流に移動している個体は約12％という結果ながら、取りこぼしが多いとなれば、それ以上の個体が移動している可能性もある。

各県の調査結果が示すように、上流あるいは支流から下流域にイワナ、ヤマメが移動していること、供給されていることが明らかとなった。つまり上流および支流を保全することが重要だということになる。

増殖効果をもたらすC&R区設定

いずれの調査河川も、比較的入渓しやすい河川を対象としている。たとえば東北地方の有名源流のように丸一日歩いてようやくたどり着ける源流とは異なり、車止から少し歩くだけで入渓できる渓が対象となっている。ゆえに釣り人は軽装で気楽に入渓でき、かつ持ち帰りも容易にできてしまう河川だといえる。

そうした区間において、しみ出し効果を期待しようと考えるなら、やはり上流と支流では個体数を減らさない保全対策が求められる。つまり禁漁区あるいはC&R区の設定が必須だというわけだ。

では禁漁区やC&R区に設定すると、どのくらい生息密度は増えるのだろうか。パンフレットでは群馬県内の事例をもとに紹介されている。実際に調査結果をまとめた群馬県水産試験場の山下耕憲さんは言う。

「群馬県のC&R区では、同じ河川内の一般漁場（入漁区・持ち帰りが可能な釣り場）と比較して約1・5倍の生息密度となりました。実際には約2倍の差がありましたが、川の環境が異なるため数学的に同条件になるよう変換しています。その結果が約1・5倍ということです」

同じく禁漁区においても同様の結果が得られている。岐阜県水産試験場の岸大弼さんは言う。

「釣りができる入漁区と禁漁区における魚の生息密度を調べました。調査は岐阜県内の5つの水系のうち226ヵ所の川でデータを取っています。禁漁区は看板がない所とある所の両方があったため、それぞれ分けて解析を行ないました。結果、入漁区の生息密度を1とした場合、禁漁区の密度は看板なしが1・45、看板ありが2・06となりました。当然、禁漁区のほうが生息密度は高いわけですが、特に注目していただきたいのは看板なしとありとの間で1・4倍の差があることです。看板がないと禁漁区に気づかずに釣っていく人がいるらしく、看板の重要性が裏付けられたかたちといえます」

持ち帰りが可能な入漁区に対し禁漁区の生息密度が高いことは予想どおりだが、同じ禁漁区でも看板のあるなしで1・4倍の差があることにも注目したいところ。パンフレットでも看板設置の重要性に触れており、その効果は絶大だということだろう。

ただ、仮に看板がなかったとしても釣り人はあらかじめ確認したうえで入渓するのが鉄則。「看板がないから分からなかった」ではすまされないことを肝に銘じておくべきである。

このほか、栃木県の男鹿《おじか》川支流に設定されたC&R区では、秋の産卵数が入漁区（持ち帰りが可能な釣り場）の10倍以上と推定された。であるならC&R区の設置は野生魚を増やすうえで想像以上の効果が期待できることになる。それが下流にしみ出すとなれば、一般の入漁区においても恩恵は大きいはずである。

釣獲日誌の記録、その積み重ねが大切

パンフレットのタイトルにある「いつも魚にあえる川づくり」を実現するには、むろん禁漁区やC&R区の設定だけでは不可能な場合もある。過疎化・高齢化した地域では漁協としても監視員を確保することす

ら難しく、せっかく設置した禁漁区、C&R区を維持してゆくことが困難だからだ。

そこで推奨するのが釣り人や地域住民との関係性である。つまり釣り人にもできることがある、ということ。そのひとつが釣獲日誌だと前出・山本聡さんは強調する。

「常々釣り人に言っていることは『釣り日誌を付けましょう』ということです。釣り人一人ひとりの情報が漁場管理に役立つことになるからです。また、その川に稚魚はいるのか、自然産卵しているのか、それを確認することも大切です。釣り人にはさまざまな人がいて、放流しないと川にヤマメ、イワナはいないと真剣に思っている人たちがいます。人は守るべきものがなければ守らないわけですが、そういう人たちに対し、そんなことはないんだよ、守るべきものがあるんだよ、と伝えたいですね」

テンカラ釣り専用C&R区が設定された栃木県の小来川《おころ》（黒川）では、黒川漁協小来川支部と地元釣り団体が協力。標識魚（ヒレの一部を切除した魚）をC&R区に放流するとともに、釣った魚の標識を確認して釣獲日誌を記録している。結果、C&R区下流の一般漁場で釣れた魚の約3割が標識魚であることが分かり、C&R区から一般漁場へ魚が供給されていることが明らかとなった。

さらにC&R区では約4割が野生魚であるという結果も出ており、野生魚を活かした漁場管理、その可能性も見えてくるといえよう。

「釣獲日誌による情報は、一般漁場でそれをやると（単なる釣果情報として）みんなが集まって持ち帰るだけになる恐れがありま す。よって、そうした情報を提供したくないという釣り人もいるはずです。でもC&R区ならそれができる。資源が枯渇することもないですし、釣り人も快く協力してくれるわけです」（宮本幸太さん）

これまで述べてきたように、上流域（あるいは支流）に禁漁区またはC&R区を設定することで下流部への資源供給が可能になることが分かった。また禁漁区とC&R区に同様の増殖効果が期待できるのなら、漁協にとってC&R区のほうがメリットは大きいといえる（遊漁券収入が期待できるため）。上流のC&R区だけでなく下流にも魚が供給されるとなれば、持ち帰りの釣り人にも理解は得られやすくなるはずだ。

山間地域の振興策としての渓流釣り

高い増殖効果が期待できるC&R区だが、その導入を前向きに検討する漁協はいまだ少数である。原因は山間地域の過疎化、少子高齢化によって漁協そのものが活力を失っているからだと考えられる。前出・宮本さんは現状について次のように分析する。

「現在の漁協が抱える問題というのは地域の過疎化と少子高齢化によるものです。地域に人がいなくなっているのに漁協だけ人が増えるなんてことはあり得ないわけで、組合員の減少により釣り場の管理が手薄になり、工事の際の交渉もできず魚の減少を引き起こしている。結果、釣り人が減って釣り券（入漁券）の売り上げも減少し、組合員のモチベーションも低下してしまう。いわば負のスパイラルに陥っているわけです」

近年、成魚放流主体の河川では放流後数日で魚影が激減する（釣り切られてしまう）

などの問題を抱えている。年に何度も放流せざるを得ない状況は漁協にとって頭の痛い問題である。

また支流源流部で川沿いに車道が走る山岳渓流などでは、人目につきにくいことをいいことに入漁券を購入しない心ない釣り人も少なくない。宮本さんが言うように人手不足によって監視できない河川では当然、売り上げの減少によって漁協は存続が危ぶまれることになるわけだ。

テンカラ専用区としてのC&R区を設定した栃木県日光市の三依地区、そして小来川地区も、ご多分に漏れず過疎化は深刻である。それればかりか日光市の山間部は大半が過疎地域に位置づけられているという。日光市地域振興課の中野祥寛は説明する。

「日光市は旧五市町村が合併して現在のかたちになりました。先ほどからお話にある三依地区は旧藤原町の1つのエリアに相当します。平成22年当時のデータでは（三依地区を含む）藤原エリアは過疎地域に入っていませんでした。ところが現在は足尾エリア、栗山エリアに加えて日光エリア、藤原エリアも過疎地域に位置づけられています。本庁がある今市エリア以外は法律的には過疎地域になる。それくらい少子高齢化、人口減少が深刻な状況となっています」

そんな過疎地域の1つである三依地区に、地域おこし協力隊として3年前に赴任したのが埼玉県出身の田邊宣久さんだ。テンカラ釣り愛好者でもあることから、地元のおじか・きぬ漁協の組合員になるかたわらC&R区の設定を提案、実現させている。加えて監視活動や看板の設置、釣獲日誌の記録と発信、テンカラ釣り講習会や釣り人との交流会を開催するなど、田邊さんの活動によって同漁協も活性化しつつある。もうひとつのテンカラ専用区である小来川地区にもおじか・きぬ漁協・三依支部のメンバーらと足を運び、標識魚の放流などを手伝っているという。

「私の場合はあちこちの漁協さんの川へ行って釣りをしていますが、地元の漁協の人っていうのは、よほど釣りが好きでない限りは地元の川で釣りがしたいんですよ（他の河川に出掛けることが少ない）。でも他の川へ行くと、ここはうちがいいよね、とか、ここはダメだねというのが分かってくる。特に小来川での作業（標識魚を捕獲&放流）を手伝ったことで、うちの漁協でも今後イベントですとか、いろいろやっていこうという雰囲気になっているんです」（田邊宣久さん）

全国の漁協が遊漁券売上を減収するなか、こうした活動の甲斐あって同漁協ではC&R区設定後も前年度の売上を維持。周辺では民宿や飲食店の売上が増加したという。

渓流釣りで活気を取り戻す山間地域

同じく栃木県の黒川・小来川地区もテンカラ釣り専用のC&R区を設定したことで知られるが、C&R区設定以前、山間地域であることから地区の組合員は高齢化の一途をたどり、遊漁券の売上も減少傾向にあった。

ところがC&R区設定以降、遊漁券売上は約2倍、飲食店の売上も同じく約2倍程度に増加したという。時期によってはなかなか魚影を確認できない状況だったものの、現在のC&R区は常にヤマメが泳ぐ姿を見ることができる。そうした変化がリピーターを呼び込んだといえるだろう。

そうはいっても監視員の確保など人手が足りないことに変わりはない。が、小来川地区ではC&R区の設定に伴い賛同した釣り人と小来川支部の組合員らが『小来川の日光テンカラをつなぐ会』を結成。標識放流や監視活動、看板設置などを手伝っている。漁協組合員として監視活動を行なう大出貢さんもC&R区設定以降、地域の雰囲気が変わったと話す。

「小来川地区の人口は現在600人くらい。多い時で1000人を超えていたと思いますから、かなり減ってしまいました。でも、C&R区を設定してからはリピーターになってくれる釣り人も増えて、釣りとは縁のない人たちも川に関心を持ってくれるようになりました。たとえば近所で散歩している人たちが『最近は魚が殖えましたね』と声をかけてくれたり、スクールバスの運転手が禁漁区で釣りしている人を見つけて教えてくれたり。今までは静かすぎました。人が集まることに対しては大歓迎ですよ」

栃木県日光市の三依地区、小来川地区は渓流釣りによって活気を取り戻しつつあるわけだが、岐阜県にも同様の事例がある。渓流釣り愛好者なら一度はその名を聞いたことがあるはずの石徹白《いとしろ》川だ。

「地区住民はおよそ270人で、そのうち一部の人が石徹白漁協に入っています。増殖事業をやるにもイベントをやるにも人手が足りない。地域の人も自力ではどうにもならないと自覚されていて、釣り人と連携してさまざまイベント行なっています。たとえば人工産卵河川の整備もそのひとつで、またC&R区も外部から来た釣り人が提案して実現したと聞いています。外部の人を

歓迎する風土が成功につながったといえます」（岸大弼さん）

過疎化が深刻となっている山間地域ではすでに、組合員の減少によって漁協が解散する事例が報告されており、そうした河川では都道府県が河川を管理することになる。しかし現実的に都道府県職員が山間地域にまで足を運び管理することなど不可能。となれば違法漁業などの問題が生じることから、その対策として禁漁措置を行なう事例が出てきている。つまり漁協の消失は釣りができなくなることを意味しており、釣り人にとっても深刻な問題だということになる。

一方、ここで述べたように外部から訪れる釣り人と協力しながら漁場管理を行なう河川もあり、そうした事例を水産庁が発行するパンフレットで紹介されていることは大きな意味がある。

「地域振興的には関係人口といいますが、山間地域の人たちが関係人口と呼ばれる人たちをどれだけ取り込んで一緒になって盛り上げていけるか、今後はその視点が重要になるのかもしれません」（中野祥寛さん）

どこか特定のお気に入りの河川がある釣り人はぜひ、その地域、漁協と係わってみてほしい。関係住民ならば組合員になるのもよし、遠方だとしても放流事業や看板設置など協力できることは多岐にわたる。我々一般の釣り人が山間地域に活力を与えることができるとしたら、それは実に素晴らしいことである。

水産庁が新たに発行したパンフレット『釣り人、住民、漁協でつくる！　いつも魚にあえる川づくり〜渓流魚の漁場管理〜』。表紙の写真は小来川の日光テンカラをつなぐ会の大出貢平さんが担当

取材時に集まった関係者の面々。写真右から日光市地域振興課の中野祥寛さん、水産研究・教育機構の宮本幸太さん、日光市小来川地区の黒川漁協組合員でもある大出貢さん、小来川の日光テンカラをつなぐ会から大出貢平さん、そして写真後中央に栃木県日光市三依地区の地域おこし協力隊の田邊宣久さん

第2章・まとめ

ダムや護岸工事などによる渓流環境の悪化は生息する魚類の減少をもたらしている。その代償とでもいうのか、内水面漁協は課せられた増殖義務により渓流釣りを継続するためにヤマメやアマゴ、イワナなどの渓流魚を放流している。放流されている多くは養魚場で育てられた稚魚であり、歩留まりの悪さが指摘されている。いくら放流を繰り返しても個体数の安定にはつながっていないのである。

これまで課せられた義務として稚魚放流を実施してきた各地域の内水面漁協は、放流経費が経営を圧迫するかたちとなり、厳しい経営状況に陥っている。2023年に漁業権の一斉切替が行なわれたが、次の10年で解散する漁協が続出すると危惧する声もある（2033年が次の一斉切替となる）。そして、内水面漁協の経営を圧迫しているもの、その要因のひとつが無券の釣り人であるという。

内水面漁協が管理する渓流で釣りを楽しむ際に必要不可欠なものといえばもちろん遊漁証（遊漁承認証／遊漁券／入漁券）である。これを取得（購入）せずに無許可で釣りを行なった場合は密漁となるが、そのことを知っているはずの釣り人が、無券のまま釣りをする事例が後を絶たないのだ。

釣り人が遊漁券を購入しなければ各漁協の経営が悪化するこ

渓流域のヤマメやアマゴ、中流域のアユ等は内水面漁協に課せられた増殖義務（主に稚魚放流）が行なわれている。自然産卵と天然遡上が可能な川を再生すべきだが、その施策の主体となるべき内水面漁協が今や解散の危機に陥っている

とは自明である。それでも増殖義務が課せられている漁協は何らかの方法（主に稚魚放流）で増殖に努めなければならない。そのうえ、山間地域の人口減少は深刻で組合員数は減少の一途をたどっている。

結果、内水面漁協が解散してしまった場合どうなるか。その後の管理は各都道府県となるわけだが、当然遊漁（渓流釣りの維持）に充てる人材はいない。ならば禁漁に、という図式が見えてくる（実際に禁漁となった河川もあるとされる）。

幸い、といってよいのか分からないが、近年は渓流でのルアーフィッシングが人気であるという。実は無券率が低い（遊漁券を買っている）のがフライフィッシングやルアーフィッシングを楽しむ釣り人であり、こうした良識ある釣り人がより増加することになれば、漁協経営も、いくぶん改善される可能性が見えてくる。

第3章

川を壊すダム

川の流れを遮断するダムが、魚にとって有益なはずはない。特に遡上魚にとっては、その影響は甚大だ。はたして日本の川に、これほど多くのダムは必要なのだろうか？　そして、ダムは水害から私たちを守ってくれるものだと、多くの人が信じているはず。しかし全国各地にダムのない川などほとんどない今、なぜ水害はなくならないのか？　さらにいえば、もしかしたらダムがあることで、より多くの被害が出ているのではないか——。この章では川を壊してしまうダムの正体と、それを改善するための方策についてまとめた。

激甚災害！　2019年台風19号の教訓を活かす
〝安くて効果的な〟堤防は、なぜ採用されないのか？

月刊『つり人』2020年1月号掲載

2019年、関東甲信から東北にかけて広い範囲で甚大な被害をもたらした台風19号は、これまで進めてきた治水対策の問題点を露呈することになった。注目すべきは71河川で140ヵ所もの堤防の決壊が確認されたこと。いかに堤防が脆弱であるかを知らしめることになった。今後の治水対策はどうあるべきか。予算が限られるなかでこれまでどおりダムに依存するのか、あるいは堤防を強化するのか……。進むべき方向について考えてみたい。

堤防の脆弱性が露呈した台風19号被害

2019年10月12〜13日、台風19号に伴う記録的な大雨は、特に関東甲信越から東北地方にかけての広範囲にわたって甚大かつ深刻な被害をもたらした。政府はこの台風被害に対し「激甚災害」の適用のほか、大規模災害復興法の「非常災害」、さらに台風としては初めてとなる「特定非常災害」の適用を行なった。

この台風被害による死者は全国で96名、行方不明者1名となり、負傷者は484人に及ぶ。また河川氾濫による住宅への床上浸水は2万6774棟、床下浸水3万2264棟とされ、全壊・半壊・一部破損を含めると8万7768棟が被災したことになるという(内閣府『令和元年台風19号に係わる被害状況について』より)。

注目すべきは河川堤防の決壊が相次いだことだろう。国土交通省によれば71河川、140ヵ所の決壊が確認されたというのだから、これもまた過去に例のない異常事態といえそうである。

この140ヵ所はあくまで堤防の決壊であり、「越水」と「溢水」は含まれない。ちなみに越水とは堤防のある区間で増水した水が堤防を乗り越えた氾濫を指し、溢水とは堤防が未整備の区間での氾濫を指す。決壊および越水、溢水を含めた浸水面積は国管理河川だけでも約2万5000haにおよび、2018年の西日本豪雨の約1万8500haを超えたという。

最も危険な氾濫は堤防の決壊である。越水や溢水とは比較にならないほどの水量が流れ込み、住宅ごと流されてしまうような甚大な被害に発展してしまう。その決壊が140ヵ所にも及んだのだから、いかに今回の台風が危険なものであったのか、被災しなかった地域の人もある程度は想像できるのではないだろうか。

関東地方のいくつかに注目してみると、埼玉県では2河川、荒川水系の越辺《おっぺ》川と都幾《とき》川(東松山市と川越市)で堤防が決壊したほか、荒川本流でも各地で越水が発生し市民生活に混乱をもたらした。栃木県では永野川(栃木市)や秋山川(佐野市)などの13河川で決壊。茨城県では那珂《なか》川（那珂市・常陸大宮市）、久慈《くじ》川（常陸大宮市）など4河川で決壊が確認されている。たびたび報道された多摩川左岸の氾濫は決壊ではなく溢水であり、堤防が未整備だったことが原因とされる。

それにしても、堤防の決壊があまりにも多いことに愕然とさせられる。日本の治水対策はこれまで何をしていたのか。ダム建設を強行に推し進めてきた反面、肝心要の堤防は土を盛っただけの脆弱なものだった。この台風被害を契機に、治水対策を抜本的に見直す必要があるといえるだろう。

似て非なる「スーパー堤防」と「フロンティア堤防」

ダム問題に携わってきた市民団体のもとには台風19号以降、ダム建設に異論を唱えてきたことへの苦情が寄せられているという。苦情を寄せる彼らはおそらく「ダム反対派の市民団体＝反対するだけの団体」だと勘違いしているからだろう。一律に「反対派」だと報道してきたメディアにも責任はありそうだが、実際にはダム建設に反対する市民団体のほぼすべてが代替案を提示してきたのだ。

もうひとつ、ダムに反対する市民団体のことを素人集団だと思い込んでいる人もいるようだが、昨今の市民団体にはかつてダム建設を推奨してきた河川工学者などが参加している。つまり専門家集団なのだ。

そんな彼らが提案するダムに代わる治水対策、ダムよりも効果の高い治水対策を採用しないのは不可思議なのだが、ダム計画が進行中の河川において河川管理者らは聞く耳を持たず、同様にメディアが積極的に報じることもなかった。そうした事情により反対するだけというイメージが定着してしまったのだろう。

その代表的なものが耐越水堤防の整備、いわゆる堤防強化である。遠く離れた上流に建設されるダムよりも、市街地に近い堤防を強化するほうが治水対策としてははるかに効果が高く、専門家ならずともその有効性を理解している人は多い。そこで「まずは堤防を!」と訴え続けてきたわけだ。

水源問題全国連絡会(以下・水源連)の共同代表、嶋津暉之さんは次のように話す。

「ダムの水位低減効果というのは下流にゆくほど減少します。よってダムから遠く離れた地域ではその効果が薄れてしまい、過度な期待は禁物です。重要なのは流域住民の身近なところにある堤防であって、それが洪水に耐えられないのでは意味がない。どうしてもダムが必要だというのなら、まずはしっかりと堤防を整備してから行なうべきだったといえます」

嶋津さんは国交省など河川管理者の持つデータを活用したうえで堤防高など現状を分析し、堤防整備が必要な箇所を提示するなどしてさまざまな提言を行なってきた。それでも門前払いされてきたのが現実なのである。

実は国交省(旧建設省)内部でも耐越水堤防が検討された時期がある。呼び名はさまざまだが、通称「フロンティア堤防」と呼ばれるものがそれだ。ちなみに「スーパー堤防」(高規格堤防)とはまったくの別モノであり、フロンティア堤防は安価かつ短期間で整備が可能なうえ、越水しても決壊しにくいという数多くのメリットがある。

一方のスーパー堤防は河川沿いに暮らす人々を立ち退かせた後に街があった場所全体を嵩上げし、都市を再開発するというもの。いわば災害対策の名を借りた再開発事業であり、ゼネコンのための利権そのものだと批判されてきた。

一部ネットでは、民主党政権下の事業仕分けでスーパー堤防が廃止されたことから（後に復活）、台風19号の被害を民主党による人災だと指摘する声もある。が、これも明らかな見当違いなのである。

スーパー堤防は１９８７年、利根川と江戸川、荒川、多摩川、淀川、大和川の５河川において計８７３㎞が計画された。ところがこの計画は都市の集団移転が必要になる。再開発されるまでの間、都市機能は失われ、土建業界以外の経済活動は停止することになりかねない。そうした事情から事業は遅々として進まず、開始から22年が経過した２００９年時点の進捗率はわずか１％。単純計算すると事業完成まで約２０００年を要することが指摘された。また会計検査院の調査によれば総事業費は最大で66兆円にまで膨らむとの試算が出ていたのだ。

このため民主党政権の仕分けにより、いったんは廃止が決定。しかし事業規模を計１１９㎞に大幅縮小して復活させたのもまた民主党政権（野田政権）だった（予算を計上したのは後の安倍政権）。前出・嶋津暉之さんは言う。

「結局、下流部分だけの１１９㎞が復活してしまいました。その現行計画も現在の進捗速度だと完成までに約７００年が必要な計算になる。仮に完成しても実施区間の隣は普通の堤防ですから、治水対策にはなりません」

来年の台風に今すぐ備えたいということの時に700年も待たなければならないのがスーパー堤防であり、それもほんの一部分のみの計画では治水対策とはいえない。そこで急を要する昨今の現状に合致するのは、越水しても破堤しにくい堤防、かつて国交省（旧建設省）が検討していたフロンティア堤防（耐越水堤防）なのである。

耐越水堤防の普及が急務！

旧建設省が発行する建設白書では1996年から2000年までの間、耐越水堤防に関する記述が見られる。

たとえば平成8年度（1996年）版では「越水や長時間の浸透に対しても耐えることができる幅の広い高規格堤防（スーパー堤防）や、破堤しにくい質の高い堤防（フロンティア堤防）の整備が求められる」とある。

平成12年度（2000年）の建設白書ではフロンティア堤防の名称こそなくなったものの「越水・浸水への耐久性が高い堤防の整備を行う」とあるように、耐越水堤防の必要性を考慮していたことがうかがえる。

ところが平成13年度（2001年）以降になると耐越水堤防に関する記述は削除され、残ったのは高規格堤防（スーパー堤防）のみ。実現不可能で効果の低い巨大事業が残り、人命を守る事業がないがしろにされたのがこの時である。

旧建設省土木研究所元次長の石崎勝義さんが「ダム建設の妨げになると思った建設省河川局OBの横やりがあった」と語っているように（東京新聞2019年11月6日

付『ダム建設より安価な堤防強化・旧建設省元次長・石崎さん・決壊防ぐ工法、再開を』より)、ダム建設への批判が高まっていた当時、旧建設省の焦りが本来行なうべき治水対策を歪めてしまったのだと想像できる。

同様に前出・嶋津さんもダムとの関係を推察する。

「旧建設省は2000年に『河川堤防設計指針』を発行しました。この指針により耐越水堤防の普及を図るとしていたわけです。ところが2001年12月から始まった熊本県の川辺川《かわべ》ダム住民討論会で、耐越水堤防を整備すればダムが不要になると指摘されたことで、耐越水堤防の存在がダム推進の妨げになると考えたのでしょう。2002年には河川堤防設計指針を廃止し、耐越水堤防の普及を中止してしまいました」

結果、ダムとスーパー堤防の2本立てで治水対策を進めてゆくことになった。が、その是非はあえて語るべくもない。台風19号の被害が教えてくれている。

「ダムとスーパー堤防の予算を耐越水堤防に回していれば……そう思うと残念でなりません」(嶋津さん)

耐越水堤防にはさまざまな工法があり、代表的なのが裏法(市街地側の法面)を遮水シートと連接ブロック等で保護し、越水による洗掘を防ぐアーマーレビー堤防(鎧型堤防)である。洪水は越水した際に河川の反対側、すなわち市街地側の法面が洗掘され、浸透した水とあいまって破堤に至るケースが多いとされる。これに対し裏法面を強化することによって、越流しても破堤の危険性は大幅に回避されるという。全国の9河川で施工事例のある工法なのだが、現在はお蔵入り状態となっている。

このほか鋼矢板で補強する工法、ソイルセメントを堤防中心部に設置して強化する工法も効果的といわれるが、現在の国交省は否定的だ。嶋津さんは言う。

「堤防は土で造る土堤が基本なのだそうです。特に鋼矢板やソイルセメントを用いた工法は異物が入るという理由で採用を拒んでいます。ただし、かつて旧建設省の土木研究所が推奨していた工法（アーマーレビー堤防）なら実績はありますし、安価でもあるため施工に時間もかからない。事業費はスーパー堤防が1mあたり3000～5000万円もかかるのに対し、耐越水堤防は1mあたり50～100万円で整備可能だといわれています。こうした工法による耐越水堤防を整備していれば、140ヵ所の決壊なんて事態にはならなかったはずです」

耐越水堤防の事業費は当然のことながら工法によって増減がある。前出・旧建設省土木研究所元次長の石崎勝義さんは「1mあたり30～50万円で整備可能」だと指摘。また数時間の越水に耐えればよいという簡易的な堤防強化なら「1mあたり約6万円で済む工法もある」（大熊孝・新潟大学名誉教授／パワーブレンダー工法）と言う。

ではなぜ、財政負担が少なく、かつ治水対策としてより有効な耐越水堤防を普及させないのか。

「ダム事業は本体工事だけでなく、さまざまな関連工事が付いてきます。たとえば八ツ場《やんば》ダムは本来工事だけならおよそ620億円ですが、設計や測量、水源地対策、環境調査、代替の道路工事など関連工事を含めた総事業費は6500億円です。つまりダムは業界に喜ばれる事業だということ。であれば当然、官僚の天下り先も増える。耐越水堤防が必要なことは分かっていても、やろうとしないのはそういうことなんでしょう」（嶋津さん）

要するにこれまで行なってきたダム優先の治水対策は土木業界や官僚の都合によって進められてきたということだ。しかしながら台風19号による被害で堤防の脆弱性が明るみになり、ダムがあっても堤防が決壊しては意味がないことを国民は知ったはず。治水対策の大転換が必須であることは自明といえる。

台風19 号が通過した直後の荒川本流（埼玉県桶川市）。支流で堤防が決壊したほか、本流でも越流によって床上・床下浸水などの被害が発生した

荒川支流の越辺川（おっぺがわ）では都幾川（ときがわ）との合流点付近で堤防が決壊（写真右側）。10月17日時点ですでに復旧工事が行なわれていた（黒い土が盛られた部分が決壊箇所）。我が国の堤防は土堤（土を盛るだけの堤防）を基本としており、越水により侵食されやすい。台風19号は関東・甲信・東北の71河川で計140ヵ所が決壊する惨事となった

荒川支流の越辺川は決壊地点より下流でも浸水被害が広がっていた。圏央道の坂戸インター出入り口は水浸しとなり、通行止めとなった

貯水できたのは「たまたま空だった」おかげ
八ッ場ダムは本当に洪水から街を守ったのか？

月刊『つり人』2020年2月号掲載

台風19号が関東甲信から東北地方に大きな爪痕を残した直後、ネット上には八ッ場《やんば》ダムを称賛する声が相次いだ。しかし、たまたま試験湛水中で空に近かったことが幸いしたとの指摘がある。仮に本格運用されていれば同ダムは緊急放流を余儀なくされ、下流部は急激な増水に見舞われたかもしれないのだ。そして八ッ場ダムよりも役に立った治水設備がある。実は遊水地こそが、中下流部を守った立役者といえそうである。

幸運に恵まれた八ッ場ダム、過度の期待は禁物

前項で書いたように、２０１９年の台風19号は全国71河川で１４０ヵ所の堤防決壊をもたらした。これまで進めてきたダム優先の治水対策、その問題点を露呈したかたちといえる。

ダム建設に異論を唱えてきた市民グループらはこれまでも、耐越水堤防の普及が先決だと主張してきた。ところが国の政策は莫大な予算を要するダムおよびスーパー堤

防に固執し、低予算で効率のよい耐越水堤防に関心を示すことはなかった。仮にダム予算のいくらかでも耐越水堤防に回していれば、これほど被害は拡大しなかったと専門家らも指摘している。

一方で、試験湛水中だった八ッ場ダムも注目を集めることになった。ネット上で「八ッ場ダムが利根川の氾濫を防ぐのに役だった」、「大惨事を防いだのは八ツ場ダムの洪水調節効果があったからだ」などと話題になったほか、10月6日の参議院予算委員会でも、赤羽一嘉国土交通大臣が氾濫を防ぐのに役立ったとの認識を示した。しかし本当にそうなのか。

台風が縦断した当日、八ッ場ダムは本格運用を前に10月1日から試験湛水を開始した直後だった。このためダムは〝たまたま〟空に近い状態であり、実力以上の水を貯め込む結果となった。そんな単なる幸運で評価してよいものだろうか。では本来の実力はどの程度なのか。

「利根川中流部の水位は、たしかにかなり上昇していましたが、決壊寸前というほどの危機的な状況ではありませんでした」

こう指摘するのは、前項でも登場していただいた水源問題全国連絡会（以下・水源連）共同代表の嶋津暉之さん。

「加須市に近い利根川中流部・栗橋地点（久喜市）の水位変化を見ると、最高水位は9・67mまで上昇し、計画高水位の9・9mに近づきました。ただし堤防高は計画高水位よりも2m高いため、まだ充分な余裕があったといえます」

ここでいう「計画高水位」とは堤防の安全が保てなくなるとされる水位を指し、避難など氾濫発生に対する警戒を求める段階の水位を「氾濫危険水位」と呼ぶ。利根川の栗橋地点における計画高水位は9・9mとされるが、氾濫危険水位はそれよりも1m低い8・9mに設定されている。対して、実際の堤防高は左岸が11・45m、右岸が12・17mあることから、越流するまでには2mほどの余裕があったことになる。

では八ッ場ダムはどの程度、水位を下げることができたのか。同ダムが2m以上の水位低減効果を発揮したのであれば、氾濫を防いだといえるのかもしれない。しかし実際は、ネットで騒がれるほどの高い治水効果を発揮したとはいえないようだ。

水位低減効果、八ッ場ダム17㎝、河床掘削70㎝

嶋津さんは次のように話す。

「八ッ場ダムの治水効果については2011年に国交省が行なった詳細な計算結果があります。それによれば、栗橋地点での洪水最大流量の削減率は3％程度。台風19号の洪水はこの程度の規模だったと考えられます。実際はどうだったのか。今回の最高水位9・67mから最大流量を推測すると約11万7000㎥／秒。八ツ場ダムの最大流量削減率が3％であるなら、同ダムの効果がなければ最大流量は12万060㎥／秒になっていた。この流量に対応する水位を水位流量関係式から求めると9・84mです。台風19号の最高水位は9・67mですから、八ッ場ダムの水位低減効果は17㎝、さほど大きな数字ではありません。実際の堤防高は12m前後あり（越流するまで）約2mの余裕があったことを考えると、本洪水で八ツ場ダムがなかったとしても、利根川中流部が氾濫する状況には至らなかったといえます」

栗橋地点で17㎝水位を下げただけの八ッ場ダムだが、実はもっと注目すべき案件があると嶋津さんは言う。河床の上昇に伴う流下能力低下のほうが問題だというのだ。

「本来実施すべき河床掘削作業が充分に行なわれず、利根川中流部の河床が上昇してきています。利根川上流から流れ込んでくる土砂によって中流部の河床が上昇して、流下能力が低下しているんです。河川整備計画に沿った河床面が維持されていれば（河床掘削を行なっていれば）、今回の洪水ピーク水位は70㎝程度下がっていたと推測されます」

全国的に見ると河川の河床高は低下する傾向にある。貯水ダムや砂防ダムが流下する礫を止めてしまうため、礫が供給されないダム下流部は河床高が低下するわけだ。それらの礫が運ばれるということは、下流のどこかに堆積することを意味する。上流部の礫が土砂供給不足により掘削されて運ばれる先、それは河川の傾斜が緩くなる平野部である。利根川でいえば群馬県から埼玉県に入った辺りだと考えられ、嶋津さんがいう河床上昇もうなずける。

河床が上昇すると流下能力が低下する。利根川はそれが顕著であり、掘削を行なっていれば台風19号の出水時でも水位は70㎝下がっていたというのだ。ゆえに河床掘削は八ッ場ダムの17㎝よりもはるかに有益だというわけだ。

本格運用後は緊急放流を伴う事態に

台風19号が縦断した当日、八ッ場ダムが

試験湛水開始直後だったことも忘れてはならない。仮に完成が遅れることなく本格運用されていたらどうなっていたのか。その検証がとても重要になるだろう。

　八ツ場ダムの総貯水容量の内訳は計画堆砂容量１７５０万㎥、利水容量２５００万㎥（洪水期）、洪水調節容量６５００万㎥（洪水期）で、総貯水容量は１０７５０万㎥となる。ダム放流水の取水口は計画堆砂容量の上にあることから、実際に運用で使える有効貯水容量は９０００万㎥となる。

　関東地方整備局の発表によれば本洪水で八ツ場ダムが貯留した水量は７５００万㎥とされ、洪水調節容量６５００万㎥を１０００万㎥上回っていた。理由はいうまでもなく試験湛水開始直後だったからだ。たまたま空に近い状態だったことから、実力以上の能力を発揮したことになる（それでも下流部の水位を17㎝下げたのみ）。では、本格運用されていたらどうなっていたのだろうか。嶋津さんは言う。

「洪水調節容量の６５００万㎥を超えているわけですから、本格運用されていればダムは満杯になり、緊急放流する事態に陥っていたといえます」

　ダムの緊急放流による被害は２０１８年７月の西日本豪雨が記憶に新しい。愛媛県・肱《ひじ》川の野村ダムと鹿野川《かのがわ》ダムで緊急放流が実施され、西予市と大洲市で大氾濫が発生、被害を拡大させた。この経験も影響しているものと思われるが、台風19号に関する報道も盛んに緊急放流の可能性について警告をしていた。メディアもようやくダムの恐ろしさに気づき始めているのだろう。

　そして気になるのが今後の運用である。台風19号と同じ規模の降雨に見舞われた場合、八ッ場ダムは限界に達して緊急放流する事態が明白となったのだ。

心配はほかにもある。

先ほど八ッ場ダムの洪水調節容量を6500万㎥とお伝えしたが、それはあくまで洪水期の話。国土交通省は同ダムの運用に際し7月1日~10月5日を洪水期、10月6日~6月30日を非洪水期と定めており、洪水期には治水、非洪水期には利水を主な目的として運用することとしている。

数値で見てみると、有効貯水容量9000万㎥に対し、洪水期は利水容量が2500万㎥、洪水調節容量が6500万㎥であるのに対し、10月6日以降の非洪水期は利水容量として9000万㎥を確保することになっている。

有効貯水容量9000万㎥に対し利水容量9000万㎥、つまりすべてを利水に回してしまうのだ。

台風縦断時の10月12日は本来であれば非洪水期である。本洪水では7500万㎥を貯めた八ッ場ダムだが、本格運用されていたなら洪水期の6500万㎥を割り込み、貯留できる容量はさらに少なくなっていたに違いない。

このように考えてゆくと今後が心配だ。仮に9月下旬から10月初旬にまとまった降雨でもあった場合、マニュアルどおりの運用ならダムはその水位を維持しようとするだろう。そこに再び台風でも上陸しようものなら、洪水調節容量がゼロという最悪のシナリオも想定できる。その際、八ッ場ダムは緊急放流を余儀なくされる危険なダムに様変わりするのだ。引き続き、八ッ場ダムの動向に注目するとともに、緊急放流への警戒が必須といえそうである。

遠く離れた上流ダム群よりも近くの遊水地が有効

「ダムの洪水調節効果は下流に行くほど小さくなります。ほかの支流から洪水が流入して、その水が河道で貯留されることによって、ダムの洪水ピーク削減効果は減衰してしまうんです」

嶋津さんはこのように話す。前例として記憶に新しいのは2015年9月の鬼怒《きぬ》川水害。

「鬼怒川水害では上流の4ダム（五十里ダム、川俣ダム、川治ダム、湯西川ダム）でそれぞれルールどおりの洪水調節が行なわれました。ダムに近い地点での洪水ピーク削減量は2000㎥／秒ありましたが、下流の水海道地点（茨城県常総市）ではわずか200㎥／秒、1／10にまで減衰しました。結果、鬼怒川が氾濫して甚大な被害をもたらしたわけです。中下流部の安全を守るという意味においてダムを過大評価するのは危険だといえます」

そこで重要になってくるのが、耐越水堤防（スーパー堤防ではない）などの堤防強化案（前項参照）、そして遊水地の存在である。

実のところ、台風19号でもダムより遊水地のほうがはるかに洪水調節効果は高かった。利根川においていえば栃木、群馬、茨城、埼玉の4県にまたがる渡良瀬《わたらせ》遊水地は約33㎢と広大な面積に洪水を引き込み、約1億6000万㎥の水を貯め込んだ。同じ利根川水系にはこのほか3つの調整地があり、これらも遊水地として機能することで9000万㎥の水を貯めた。渡良瀬遊水地と合わせて計2億5000万㎥を貯留したことになる。

遊水地は平野部に整備されるその性格上、ダムのように保全対象から遠く離れた治水設備ではない。よって洪水調節能力が減衰することなく、効率的に洪水を抑制したといえる。

鶴見川下流域を水害から守った多目的遊水地

前項で書いたように、関東地方でも各地で堤防が決壊した。埼玉県では荒川水系の越辺川と都幾川、栃木県では永野川や秋山川など13河川、茨城県では那珂川、久慈川など4河川で堤防の決壊が確認され、東京都は多摩川左岸の溢水（堤防未整備による氾濫）が被害をもたらした。そうしたなか、洪水被害をまぬがれた河川がある。

東京都町田市を水源として神奈川県横浜市鶴見区で東京湾に注ぐ鶴見川である。全長42・5㎞、流域面積235㎢と決して大きな河川ではないが、流域内人口密度は全国109水系の一級河川で第1位の8000人／㎢とされ、流域の8割以上で市街地化が進む都市河川である。上流部にいたるまで市街地化が進むうえ、地形的にもダムなどの治水設備に適さないことから流域に巨大ダムはない。それでも台風19号による浸水被害をまぬがれたのだ。

では、もともと水害の少ない穏やかな川なのかといえば、そうではない。昭和の高度経済成長期には下流部でたびたび氾濫を繰り返し、暴れ川として知られるほどだったという。

都市河川の弱点は宅地化による保水力の

低下があると指摘される。かつて農地だった場所などが宅地化されるとアスファルト等によって雨は浸透しにくくなる。結果、より多くの雨水が川へと流れ込む。鶴見川はその典型だった。狩野川台風(1958年)では2万戸が床上浸水するなど、たびたび水害に悩まされ続けてきたのだ。そんな暴れ川の鶴見川だが、台風19号では浸水被害が発生しなかった。なぜなのか。

最大の要因に遊水地の存在がある。特に2003年から運用が始まった鶴見川多目的遊水地（横浜市港北区）の役割が際立ったようだ。そんなものいったいどこに?と思うかもしれないが、日産スタジアムや新横浜公園がある場所、といえば分かる人も多いはず。通常時は周辺住民の憩いの場になっているその場所が、洪水時は遊水地として機能するのである。

最大貯水容量は394万㎥。台風19号が縦断した際、同遊水地史上3番目に多い94万㎥を貯留したという。国土交通省関東地方整備局京浜河川事務所によると、同遊水地がなかった場合、鶴見川の水位は「約30㎝上昇していた」と推測する。

もちろん多目的遊水地のみが仕事をしたわけではない。鶴見川は「総合治水対策」の先駆け的存在でもあり、多目的遊水地だけでなく河床の掘削や堤防の整備、緑地の保全、さらに小規模ながらも多数の遊水地が各地に整備されている。流域全体を見据えた総合治水の考え方が洪水を未然に防いだといえそうだ。

他方、上流にダム計画を抱えている河川ではこれまで、堤防の整備すらままならない状況が続いていた。不思議なことに、ダムが完成するまでの間、他の治水対策の進捗は鈍化してしまうからだ。国が湯西川ダム建設に没頭している間、茨城県内の堤防整備が遅々として進まなかった鬼怒川がその典型といえるが、鶴見川とは実に対照的である。

繰り返しになるが、鶴見川は流域人口密度1位の都市河川。市街地化が著しい河川は治水対策を行なううえでさまざまなハードルがあるわけだが、その鶴見川が実現できた遊水地など総合治水の理念、それを地方の河川が実現できないはずはない。近年注目され始めている田んぼダム（緊急時のみ水田を遊水地に活用）も可能なはずである。

台風19号の教訓が、そうしたさまざまな治水対策を複合的に活用する方向へ舵を切るきっかけになれば……。そう願わずにいられない。

八ッ場ダムの洪水調節容量は洪水期で6500万㎥。台風19号ではたまたま試験湛水中だったこともあり、実力以上の7500万㎥を貯留した。つまり本格運用されていた場合、緊急放流を余儀なくされたことは確実となる

10月6日以降、八ッ場ダムは非洪水期の運用を始める。その際、洪水調節容量は洪水期の6500万㎥を割り込み、貯留できる容量はさらに少なくなる。まとまった降雨が続いた場合、最悪のシナリオとして洪水調節容量がゼロになる可能性も否定できない。たまたま試験湛水中だった幸運をよそに称賛する人たちは、こうした運用方法を知らないのだろう

八ッ場ダム直下の吾妻峡。濁り水が痛々しい状況となっていた。今後、八ッ場ダムには上流から流下する堆積物が貯まってゆくことになるが、それらが攪拌されるとダム湖は濁りが長期化する。吾妻川合流より下流の利根川本流は環境悪化が懸念される

渡良瀬遊水地は栃木、群馬、茨城、埼玉の4県にまたがる日本最大の遊水地。その面積は約33㎢と広大である。台風19号の襲来時、約1億6000万㎥の水を貯め込み氾濫を防いだ

鶴見川

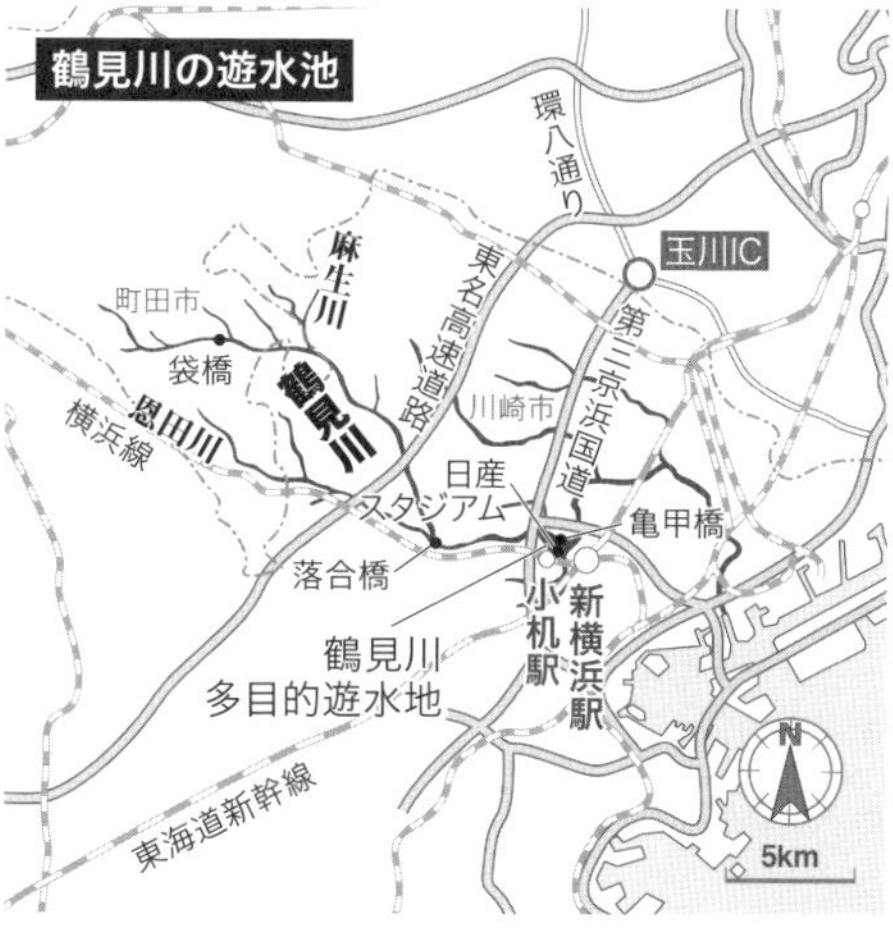

かつて暴れ川だった鶴見川も近年は氾濫がなくなっている。その要因となっているのが鶴見川多目的遊水地をはじめとする遊水地群や河道掘削、緑地保全であるという。これら複合的に治水を考えるのが総合治水の理念。全国の手本になる事例といえる

約3000基のダムがあってもなくならない水害 日本の治水政策はどこで間違えたのか?

日本には約3000ものダムがあるという。ここまでダムを建設し続けてきたのなら、すでに水害とは無縁な国になっているはずである。ところが現実は一向に水害被害はなくならない。日本の河川政策はどこで何を間違ってしまったのか。大熊孝・新潟大学名誉教授の著書とともに検証する。

月刊『つり人』2021年5月号掲載

ダムを造り続けてもなくならない災害

これまで日本の治水対策はダム建設に重点を置いてきた。それは現在も一向に変わることはないのだが、全国の河川のありとあらゆる場所にダムが増殖する一方で洪水被害は減る気配を見せていない。結果的にダムが治水対策として有効でないことを物語っているわけだが、ダム建設を推し進める側の人々はどうやら、そのことに気づきながら気づかないふりをしているようである。

たとえばアメリカと比較して次のような記述が用いられることがある。日本には約3000基もの貯水ダムがあり、世界第3位のダム保有国であるという。ところがすべてのダムを合わせても総貯水量は約200億㎥であり、アメリカのフーバーダム（コロラド川／約400億㎥）1基の半分程度でしかない（ちなみにアメリカのダムの合計は約6150億㎥）。

日本の3000基のダムがアメリカのたった1基のダムにかなわないという現実。なぜこれほどまで差が開くのか。それは、日本の川は急流でありアメリカの川は緩流だからである。急峻な地形においてダムの貯水量が少なくなるのは必然。よって日本の河川にダムは不向きだということになる。

ところがダム偏重型の治水対策を推す人々のなかには「フーバーダム1基にも満たないのだから、まだまだダムが必要だ」と論じる者もいる。冷静さを欠いているといわざるを得ないが、優秀であるはずの識者でさえも翻弄させてしまう、それがダム信仰の現実でもあるわけだ。

しかしながらすべての河川工学者がそうなのかというと、そうではない。どのような治水対策が有効であるのか、常に中立的視点で検討してきた人々もいる。中立である以上、最終手段としてダムを肯定することもあるかもしれないが、より効果的な方策があるならばそちらを選択する。そうした河川工学者こそ信頼に足るといえるわけだ。

大熊孝・新潟大学名誉教授もそのひとり。専攻は河川工学および土木史であり、2020年には著書『洪水と水害をとらえなおす』（農文協）で第74回毎日出版文化賞（自然科学部門）を受賞している。

本書は単に現代河川工学の技術を紹介するものではなく、自然との共生を体現してきた日本人がなぜ自然を破壊する治水計画を選んでしまったのか、その本質に迫る内容となっている。

自然と折り合いをつけてきた「民衆の自然観」

本書のタイトルには「洪水と水害」とある。双方を同一視する向きもあるだろうが、実は明確な違いがある。著者は「洪水」を川の流量が平常時よりも増水する自然現象とし、対する「水害」は人の営みにともなう社会現象としている。つまり洪水が発生しても人の営みがなければ「水害」とはいわないからだ。であれば当然、人々がどのような認識で川の傍で暮らしてきたのか、その自然観を検証することが重要になる。

本書において特に興味深いのは日本人の自然観に関する記述である。近代科学技術を輸入した明治期の問題点に切り込みつつ、日本人が積み上げてきた伝統的な自然観を重要視しているのだ。次のような一節がある。

人々の生活が地域の自然と深くかかわるなかで育まれてきた『民衆の自然観』というべきものが、近代化とともに国家運営のための自然観へと変貌し、（中略）その『国家の自然観』を支えたものが、明治時代以降に輸入された近代的科学技術であった。西洋近代科学技術文明はヨーロッパの長い歴史の上に築かれ、自然と共生する側面も有する奥行きの深いものであると考えるが、日本の場合、その表層だけが『近代科学技術文明』として輸入され、明治時代以降の殖産興業、富国強兵、経済成長に中央集権的に活用され、自然を支配し、その恵みを

収奪してきたのである。
こうした自然観の転換や近代化は、自然と密着して生計を立ててきた民衆を自然から引き剥がさずにはおかなかった。

ある程度の洪水を是として受け入れ、自然と折り合いをつけてきたのが「民衆の自然観」であるのに対し、国家のために自然を支配しようとするのが「国家の自然観」であるという。そして明治以降、前者を否定し後者を優先する政策がとられた。自然との共生を排除する河川政策により人々は自然とは無縁な生活を求められたが、人は自然から逃れて生きていられるわけではない。著者は次のようにも記す。

民衆はすでに、自然から乖離していることに快適性を憶え、自然との煩わしい付き合いを望まなくなっている。しかし、その快適性は見せかけのものでしかない。（中略）
日常の見せかけの快適性は、非日常の災害時に、何の準備もなく強烈なしっぺ返しを受けているのである。

本書は「洪水」と「水害」を解説するなかで、「民衆の自然観」と「国家の自然観」、その違いを説いているわけだが、もうひとつ興味深い記述が、自然観の背景にある仏教との関わりについての部分である。

『山川草木悉皆成仏《さんせんそうもくしっかいじょうぶつ》』と『山川草木悉有仏性《さんせんそうもくしつうぶっしょう》』

日本人の伝統的な自然観の背景には『山川草木悉皆成仏』あるいは『山川草木悉有仏性』という言葉で表わされる共通認識が

あると著者は言う。『山川草木悉皆成仏』とは人間や動植物のみならず、土や石、水など自然界のあらゆるものが仏になりうるという考え方で、『山川草木悉有仏性』はあらゆるものが仏の心を持つというもの。本書では次のように解説する。

この思想の本質は、自然のなかのあらゆるものがすべて平等であるとともにすべてが関係しあって存在しているということである。そのなかで、人間だけが〝我〟があり、〝欲〟があり、その関係性から外れ、他の命をむやみに収奪する〝うしろめたい存在〟であるという考え方である。（中略）ここで大切なことは、人間が自然を支配する、征服するといった近代文明的な考え方ではなく、人間は汚れた存在で、その穢れを自然に還っていくなかで浄化されるといった考え方をもっていたということである。

こうした考え方を持ちつつ自然と向き合えば、災害への対処も変わってくる。自然に対して謙虚であること、洪水も「恵み」の一部と考えることができるというわけである。

稲作農家にとって、10年に1度程度の氾濫は許容範囲だった。肥料となる新たな土を運んでくれたからだ。川の瀬と淵は洪水によって礫が運ばれることにより形成される。そうした変化なくして魚類ほか水生生物の営みは持続しない。かつて川が大切な漁場であった人々にすれば、洪水そのものが恵みだったのかもしれない。そのような現実により、かつての日本では自然と折り合いを付ける伝統技術が展開されてきたと著者は言う。

もともと日本には自然の摂理にかなった謙虚な社会がそれぞれの地域に形成されていたと考えていい。（中略）しかし、結局、明治政府の新しき指導者たちは、それまでの社会のあり方を全否定し、急速な近代化を進めるため、自然を対立物とみなして、自然の恵みを収奪し、災害は可能なかぎり克服する道を選んだのであった。

では、近代技術は洪水を完全に封じ込めることができているのか。説明するまでもなく否である。いくらダムを造り続けても洪水による水害はなくならない。であるなら、氾濫を許容して被害を最小限にする施策が有効ではないのか。

その考えから、著者の大熊孝さんは越流しても破堤しない堤防の強化を常々提言してきた。が、その主張が国の施策として取り入れられることはなく、結果、２０１９年10月の台風19号により関東・東北の７県で計71河川１４０ヵ所の堤防が決壊する大惨事となったのである。

ダムに搾取され続けた信濃川と阿賀野川

新潟大学で教鞭をとってきた大熊孝さんは、現在も新潟県在住である。そのため著書のなかでも新潟県内の河川についての記述は多く、長野県から新潟県へと流れ下る信濃川水系、福島県から新潟県の日本海へ注ぐ阿賀野《あがの》川水系のダム群についても触れている。

信濃川ではかつて河口から約２９０㎞

上流の長野県松本まで、阿賀野川でも約250㎞上流の奥只見まで鮭や鱒が無数に遡上しており、川沿いの住民にとって、縄文時代以来、重要な食糧となっていた。それが絶滅させせられたのである。

阿賀野川には17基のダムが建設されており、そのうち最初に建設されたのが鹿瀬《かのせ》ダム（1928年竣工）だという。当初はまだ、サケ科魚類が流域住民にとって重要な食糧であるとの認識が残っていたのだろう。そのため鹿瀬ダムには遡上が可能かどうかは別にしても魚道が設置されており、その後もいくつかのダムには魚道が整備されたという。

ところが戦後、上流の只見《ただみ》川に建設されたダム群に魚道が整備されることはなかった。冒頭の「国家の自然観」がしだいに浸透してゆくと、食糧としてのサケ科魚類の有用性に関心を寄せる人々も少なくなっていったのかもしれない。あるいは人々の声を黙殺することに躊躇しなくなったともいえる。

信濃川も阿賀野川（只見川）も、建設されてきたダムのほとんどが発電を目的としている。その電力が運ばれている先はいうまでもなく東京など関東圏である。電力が地元で消費されることはなく、そのうえサケ科魚類など川の恵みが絶滅させせられたのだ。それでも大きな反対運動には発展しなかった。なぜなのか。

信濃川や阿賀野川の発電主体の開発状況について多くの越後人は認識が弱く、むしろ関東に電力を送っていることを誇りにさえ思っていたのであった。

川の恵みを奪われ、水を奪われ、それでも関東に電力を送っていることに誇りを持つ感覚とはいかなるものか。到底理解しがたいものだが、似たような話が群馬県にもある。

信濃川や阿賀野川と同じく利根川水系もダムの標的となり、そこで生まれる電力の大半は東京へと運ばれている。そして1947年（昭和22年）に発行された『上毛かるた』の「り」の項目に次のような一節があることを思い出した。

「理想の電化に電源群馬」

初めて上毛かるたの存在を知った時、この一節の意味が分からなかった。群馬県民は東京のためのバッテリーだといっているようなものであり（事実そうなのだろう）、搾取される側が搾取されていることに誇りを持てというのであれば理不尽極まりない。

が、群馬県民がその理不尽さに違和感を覚えないまま歳月が流れた現在、利根川の恵みは消失してしまった。これもまた「民衆の自然観」を蔑ろにし「国家の自然観」を優先させた結果なのかもしれない。

洪水調節用ダムはすべて撤去すべき

大熊孝さんは著書『洪水と水害をとらえなおす』のなかで、洪水時に越流しても数時間なら持ちこたえられる堤防の整備を説いている。連続地中壁工法と呼ばれる堤防強化なら、費用は1mあたり50万円程度。100㎞の堤防を強化したとしても500億円で済むという。

対して利根川水系の支流・吾妻《あがつま》川に2019年竣工した八ッ場ダムは借入金などの金利を含めると1兆円にも達するとい

う。加えてダムは堆砂という致命的欠陥が付きまとう。堆砂によっていずれは洪水調節機能を失うことはもとより、堆積した土砂を取り除こうにもそれ相応の予算が必要になる。さらにダムの機能が失われた時、あるいはコンクリートの劣化による寿命を迎えた際は撤去費用が加算される。ゆえに堤防強化のほうがはるかに安価で現実的だというわけだ。

しかも、ダム地点の計画洪水流量（洪水時にダムに流れ込む流量）を全量貯留できるダムは日本に皆無だという。冒頭で述べたように急流河川の多い日本のダムは貯水容量が小さいからだ。全量を貯留できないダムは、雨が降り続けた際に緊急放流を余儀なくされる。そして下流部に急激な増水という人為的災害をもたらす可能性が高まることになる。

そうした現状に対し、著者は次のように断言する。

ダム地点の計画洪水全量を貯留でき、ほとんど操作の必要のないダムでないかぎり（洪水調節用ダムは）すべて撤去すべきである。

河川工学の第一線に身を置きながら日本古来の土木技術を探求してきた識者の言葉は重い。河川管理に携わる人のみならず、釣りというまったく別の視点で川に身を置く釣り人にも熟読してほしい一冊である。

ダム建設により洪水を抑え込もうとしていた近代河川工学だが、結果的に水害は減ることなく、むしろ被害が増大していると言わざるを得ない。2019年10月の台風19号では関東・東北の7県で計71河川140ヵ所の堤防が決壊する惨事となった

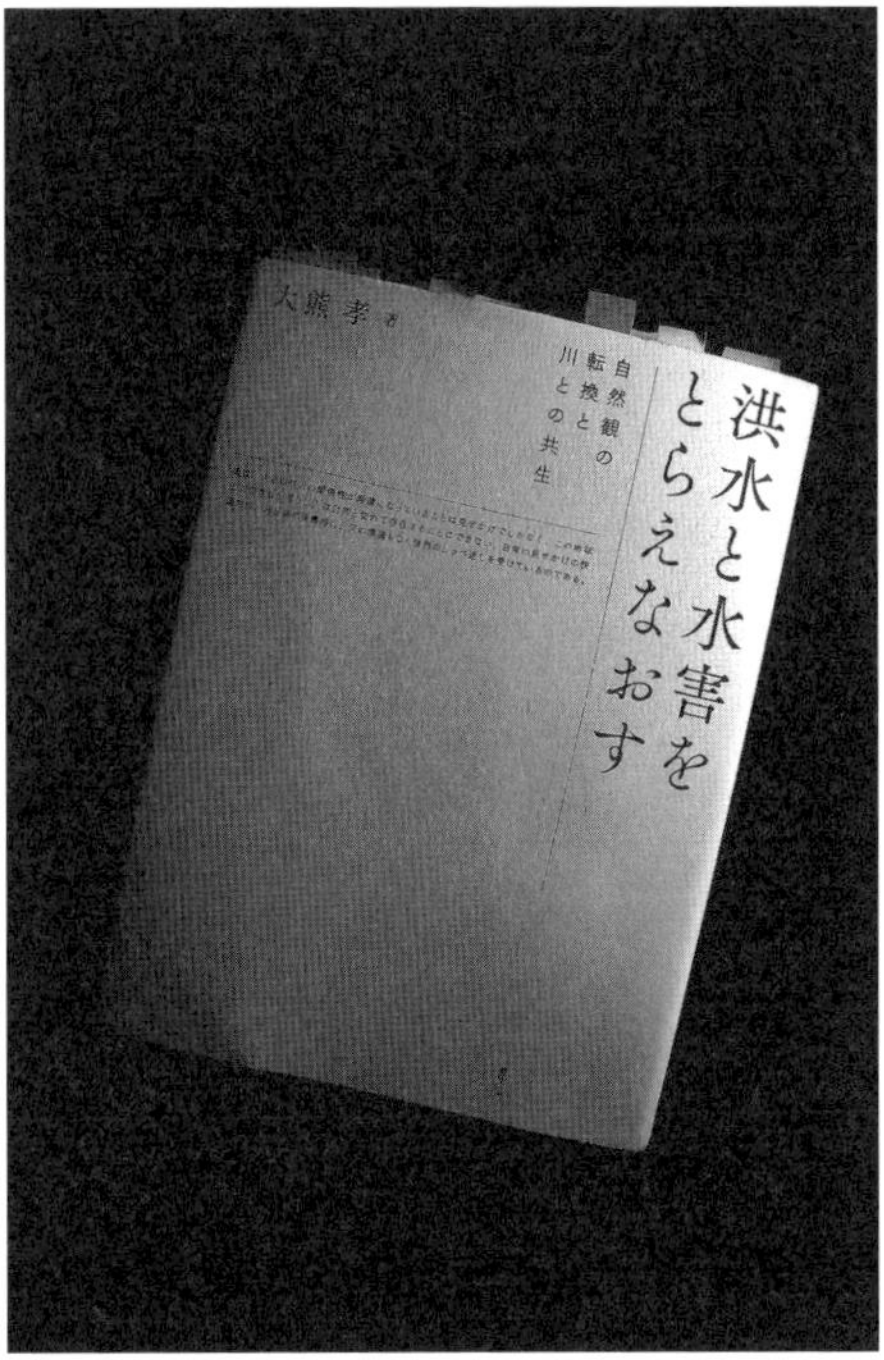

大熊孝著『洪水と水害をとらえなおす』（農文協）は、人間と自然との関係性を問い直すための一冊。人は川からさまざまな恩恵を受けながら、時に洪水という災難に見舞われてきた。しかしその洪水も上流から肥料となる新たな土を運んでくれる不可欠なものだった。被害を最小限に抑えながら洪水を許容してきた日本人だが、現在は洪水を近代技術で完全に抑え込もうと躍起になっている。が、水害は一向に減る気配をみせない。そんな状況下にあって、今後我々はどのような自然観で川と向かうべきなのか。考えさせられる良書である

川の動脈瘤を引き起こす日本のダムを考える

繰り返しになるが、日本には約3000基もの貯水ダムがあるものの、すべてのダムを合わせても総貯水量は約200億㎥。アメリカ・コロラド川のフーバーダム1基の半分程度でしかない（フーバーダムの貯水量は約400億㎥）。3000基が1基にも及ばないのなら洪水調節にダムは不向きだと判断すべきだと思うが、今後も治水のためと称してダムを増やし、川を壊し続けるのか？　いつになればダム建設に終止符が打たれるのか？日本のダムの歴史を振り返るとともに考えてみたい。

月刊『つり人』2021年12月号掲載

日本のダムはかんがい用水確保から始まった

前項で触れたとおり、日本にはすでに約3000基ものダムがあるとされる。ただし正確な数値ははっきりせず、一般財団法人・日本ダム協会が集計した2755基（建設中含む）のほか、国土交通省の地方整備局の情報では3091基（建設中含む）という数字も見られる（いずれも2023年時点での数字）。このほか一般社団法人日本大ダム会議が国際大ダム会議ダム台帳・文書委員会に提出した3045基という数値もあり、はたしてどれが正確なのかは不明。約3000基と記されるのはこうした事情からだろう。なお、3000という基数はそのほとんどが貯水ダムであり、砂防堰堤や治山堰堤は含まれない。この両者を含めると数十万基、あるいはそれ以上の数となる。

ちなみに、ここでいうダムとは堤高15m以上のものであり、それ以下は堰や堰堤と呼ばれる。堰も英訳すればDAMであり、15m以下の比較的小さなダムでも河川環境に多大な悪影響を与えている。その点において堤高で区別するのは解せないものの、便宜上致し方ない面もある。

日本の河川法では法令上・技術基準上の要件が課されており、その一例として15m以上のダムには水位・流量の観測や操作規程が定められている。より厳格な規定によって運用されていると考えるなら、ひとまず納得できるといったところか。

ひと言で貯水ダムといっても建設目的はさまざまで「かんがい用水や水道用水、工業用水の確保および利用」、「発電」、「洪水調節」などが挙げられるが、用水の確保や発電をまとめて「利水」、洪水調節を「治水」と呼ぶこともある。

日本の貯水ダム、その歴史を振り返ってみると、当初は、かんがい用水の確保を目的とした小規模な溜め池（主材に土を使用するアースダム）が大半であった。明治後期に入って日本初のコンクリートダム（布引五本松ダム／兵庫県神戸市）が建設されるが、これも水道用水の確保、すなわち『利水』を目的としていた。

大正に入るとコンクリート製ダムが次々

と建設されるようになる。当時は重工業の発展により水需要のみならず電力重要も高まっており、同じ利水目的でも発電が重要視され、電力供給のための水力発電ダムが次々と建設されてゆく。

ちなみに栃木県の鬼怒川に建設された黒部ダム（1912年竣工）が日本初の発電専用重力式コンクリートダムであり、同ダムを皮切りに発電用コンクリートダムの建設ラッシュが始まったといえる。

お気づきのように、その当時貯水ダムに求められる主な機能は水源開発と発電であり、洪水調節は重要視されていない。というのも1896年（明治29年）に制定された旧河川法において治水事業は河川改修（堤防整備）を主体としており、ダムを洪水調節に活用するという発想はなかったからである。古いダムほど利水を主眼に置き、治水能力が乏しいのはそのためだと思われる。

ダムの目的として洪水調節（治水）が注目され始めるのは昭和に入ってからであり、むしろ近年のダムは治水対策が主要な建設目的になりつつある。

人口減少に伴って水余りが顕在化している昨今、利水のみを掲げていては「ダムは不要だ」と判断されかねない。そこで治水対策を前面に打ち出してきたともいえそうだが、温暖化により各地で洪水が頻発しているとなれば「まだまだダムが必要だ！」とする論法に耳を傾ける人もいるのだろう。しかし、本当にダムは水害を防いでくれるのだろうか。

日本にあるダムのすべてに治水効果（洪水調節能力）があるわけではないものの、主に戦後になって建設された貯水ダムは多目的ダムであるため洪水調節容量が確保されている。また利水専用ダムも近年の頻発する水害への対応として事前放流を推進しつつある。有効貯水容量のうち一部をあらかじめ放流しておくというもので、既設ダムにおける対応策としては一定の評価はできる。とはいえその洪水調節容量は決して多くないだけに、焼け石に水といった感が否めないのである。

洪水調節に不向きな日本のダム

ダムにより洪水調節を行なう際、充分な効果を発揮するためには貯水容量（洪水調節容量）の大きさが重要になってくる。容量が多ければ上流から流入する洪水をすべて封じ込めることも可能かもしれないが、日本のダムは総じて容量が少なすぎるのだ。繰り返しになるが、日本にある約３０００基の貯水ダム（数では世界第3位）すべてを合わせても、総貯水量は約２００億㎥。アメリカのフーバーダム（コロラド川／約４００億㎥）の半分程度でしかない、ちなみにアメリカのダムの合計は約６１５０億㎥である。この現実を前にしても「まだまだダムが必要だ」とするダム信奉者もいるようだが、３０００基のダムがアメリカのたった1基のダムにかなわないとなれば、もはやダムによる治水はあきらめるべきであろう。

なぜこれほどまで差が開くのか。それは、日本の川は急流でありアメリカの川は緩流だからである。急峻な地形においてダムの貯水量が少なくなるのは必然。貯水量が少なければ洪水調節容量も少なくなるだけに、数ある治水対策のうちダムを優先する理由は見当たらない。よってダムによる洪水調節に過度な期待は禁物となるが、短い距離で大きな落差が生じる急流河川ゆえに発電には適していたといえる。発電ダム中心の大正時代は理に適っていたものの、治水効果を求めたあたりから道を誤ってしまったのかもしれない。

河川工学および土木史を専門とする前出の大熊孝・新潟大学名誉教授は、著書『洪水と水害をとらえなおす』のなかで、次のように説いている。

「ダム地点の計画洪水全量を貯留でき、ほとんど操作の必要のないダムでないかぎり（洪水調節用ダムは）すべて撤去すべきである」

河川工学者ですらダムによらない治水を提唱し、かつ撤去にまで言及する。なぜか。

ダム地点の計画洪水流量（洪水時にダムに流れ込む流量）を全量貯留できるダムは日本に皆無だからである。貯水容量の少ない日本のダムは、洪水時に流入する全量を貯水できずに緊急放流を余儀なくされ、被害を拡大させてしまう可能性すらある。そんな危険をはらんだ治水対策に莫大な予算を投じるよりも、堤防の強化に力を注ぐべき、というわけだ。ところがダムに固執する河川管理者は堤防の強化をかたくなに拒んできたのである。

河川管理者にとって汚点ともいうべき出来事があった。それが２０１９年の台風19号による甚大な被害である。関東甲信から東北にかけての71河川で１４０ヵ所もの堤防の決壊が確認され、過去に例を見ない災害となった（P１７４参照）。

日本のダムが治水対策に適さないことは、専門家ならずとも理解していた人が多いはず。そのためダムに懐疑的な専門家などは越水しても破堤しにくい耐越水堤防の普及を求めてきた。

古くは国土交通省（旧建設省）でも耐越水堤防の必要性に着目していた。国交省が発行する建設白書では1996年から2000年までの間、耐越水堤防の記述が見られたが、2001年以降の白書ではその記述が削除され、残ったのはダム建設と実現不可能な高規格堤防（スーパー堤防）である。当時はダム建設への批判が高まっていた時期と重なるだけに、耐越水堤防の普及がダム建設の妨げになると考えたのだろう。本来行なうべき治水対策を怠った結果が140ヵ所もの堤防決壊。これはもはや河川管理者の怠慢による人災といえるだろう。

環境にやさしくない流水型ダム

ここまでは貯水ダムの建設目的として「利水」と「治水」について述べた。近年ではこのふたつに加え、もうひとつ「流水の正常な機能の維持」を建設目的に掲げるダムも登場している。

流水の正常な機能の維持とは渇水時にダム下流へと水を供給するもので、渇水を防ぐという意味で河川環境の保全につながるのだという。しかし環境悪化の元凶であるダムが環境を保全するという理屈は本末転倒であり、同目的を主要な建設理由に掲げているダムは不要ダムの筆頭だと思って間違いない。

その典型的事例が愛知県の豊《とよ》川水系で建設中の設楽《したら》ダムである。有効貯水容量9200万㎥のうち洪水調節容量はわずか

1900万㎥ながら、流水の正常な機能の維持には6000万㎥を確保している。渇水時における下流環境の保全につながるというのだが、完成するとダム下流部は水質の悪化や河床の粗粒化（アーマー化）などさまざまな悪影響が出ることは必至。そんなダム建設に国民の貴重な税金が約2400億円も投じられることになる。

次に治水専用ダムについても触れておく。水余りの近年、利水目的でダムを建設することが難しくなったことで、治水のみを目的とするダムが登場するようになった。それが全国にまだ数例しかない流水型ダム（穴あきダム）である。

流水型ダムにもさまざまな形状があるものの、現在推進されているのはダム最下部の河床付近に数m四方の洪水吐き（穴）をあけておき、平水時は水を貯めずにそのまま流し、洪水時にのみ貯留するというものである。

国内の本格的な流水型ダムは島根県の益田川《ますだがわ》ダム（2005年竣工）が最初とされるが、これまでの環境調査によればアユなど溯河性魚類の移動は阻害されており、また土砂の移動にも変異をもたらすことが分かっている。

普段は通常どおり水が流れるといっても、洪水時には洪水吐きから勢いよく水が吐き出される。その勢いを減衰させるためダム直下に副ダム（減勢工）が設置されることになり、魚類など河川内を移動する生物にとってそれらを越えることは容易ではないのだ。

流水型ダムで最も危惧されているのが洪水吐きの閉塞である。益田川ダムの洪水吐きは2門あり、それぞれの大きさは4・5m

×3・4m。流木止めのスクリーンなどが設置されているとはいえ、土砂などが到達した場合、閉塞する可能性も否定できない。閉塞すれば2018年7月の西日本豪雨災害における肱川の野村ダムや鹿野川ダムのように、ダム流入水が一挙にダム下流へ流出することになり、急激な増水によって下流住民は避難する時間も失われかねない。

山形県の最上小国川《もがみおぐにがわ》ダムも流水型ダムであり、2020年に竣工した。同ダムの洪水吐きは1・6×1・7mが2門となっており、益田川ダムのそれよりもかなり小さい。より閉塞しやすいと考えられるだけに、想定外の降雨量にならないことを祈るほかない。

熊本県の球磨《くま》川水系川辺《かわべ》川でも、再びダム建設が復活しつつあり、これもまた流水型ダムの構想が持ち上がっている。ただ少し異なるのは、開閉式ゲートを備えた流水型ダムを国交省が提示していることだろう。開閉式ゲートによって水量を調整しやすくなるとのことだが、裏を返すと国交省ですら既存の流水型ダムには何らかの懸念があるとも受け取れる。

今後もまだダム建設の時代は続きそうな勢いだが、そろそろダムへの執着を捨て、3000基ものダムがあっても水害を防ぐことができない現実を直視すべきだろう。日本の川を壊し続ける行為に終止符を打つ転機、その訪れを待ちたい。

河川勾配とダム貯水量の関係
（急勾配河川は貯水量が少ない）

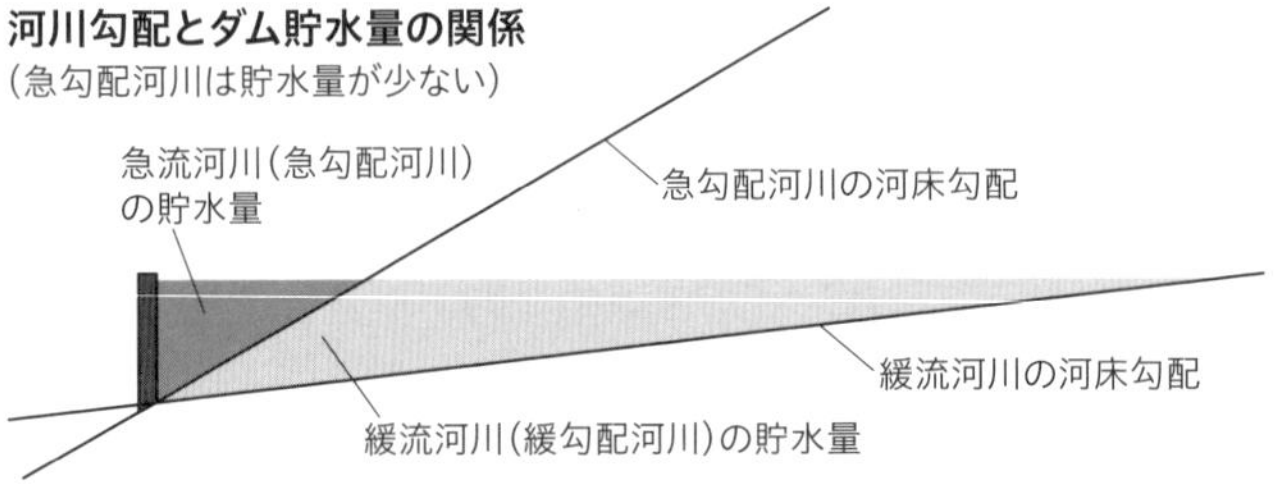

•資料1• 日本と世界の河川の比較

ダムによる洪水調節機能は貯水量の大きさでその能力が決まる。貯水量が小さければ洪水調節に使える容量も小さくなるため、ダムによる洪水調節に課題な期待は禁物。ちなみに、国内のダムのすべての貯水量を合計してもアメリカのフーバーダム1基の貯水量にも及ばない。日本の治水対策はダムに頼るのではなく、堤防の整備（強化）などの河道改修あるいは遊水地の増設などが理想だといえる

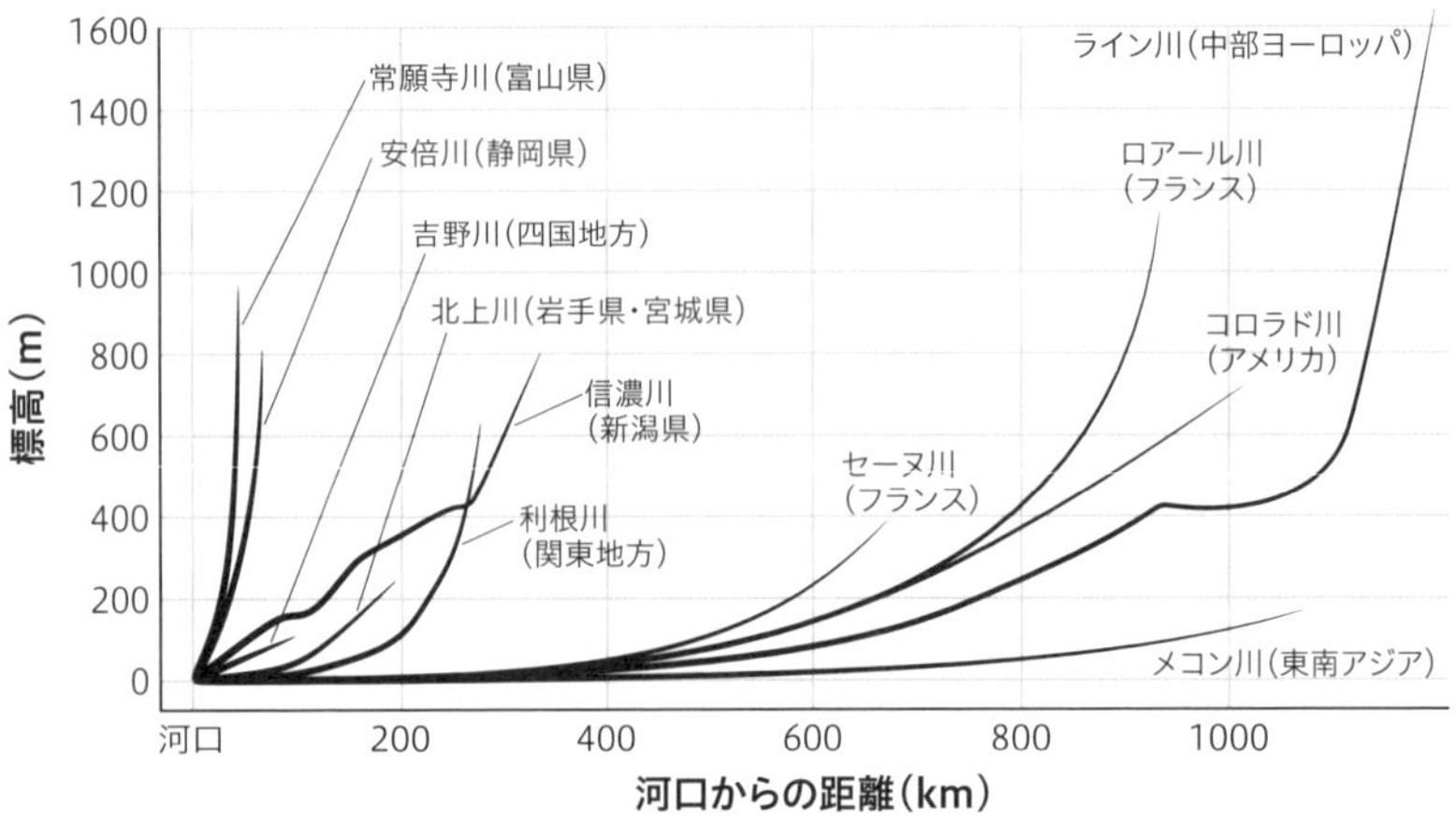

•資料2• 河床勾配とダム貯水量

日本の河川は勾配が急であることが特徴で、その状況を伝える図解説明がたびたび用いられる。急流河川であるがゆえに短時間で洪水のピークを迎えると説明されるが、だからダムが必要との主張は飛躍しすぎだろう。急勾配であればダムの貯水量は小さく洪水調節能力も小さくなることから、むしろ緊急放流の危険性を周知すべきである（出典／国土交通省ホームページ）

魚が移動できるだけじゃない スリット化のメリット

日本の渓流には隅々にまで砂防堰堤、治山堰堤が整備されており、渓流魚の生息環境を悪化させてきた。その対策として用いられる魚道は、たしかに魚類の移動を可能にするものもある。しかし堰堤がもたらす影響は遡上障害だけでなく多岐にわたる。それら山積する数々の問題点に対し水産系の研究者らは積極的に研究を重ねており、山梨県水産技術センター所長（当時）の大浜秀規さんもそのひとり。論文のタイトルにもなっている「堰堤と渓流魚の共存」について、大浜さんの知見を元にその可能性を探ってみたい。

月刊『つり人』2020年11月号掲載

堰堤と渓流魚共存は可能なのか？

現在、日本の渓流には土砂災害を防止するための河川横断構造物が多数建設されている。それは砂防事業や治山事業による砂防堰堤、治山堰堤、床固工《とこがためこう》、谷止工《たにどめこう》、落差工などを含む構造物であり、釣り人の多くはわずかでも落差のあるものを堰堤と呼んでいる（施工する側の用語としては堤高15m未満を堰堤、15m以上をダムと呼ぶ）。

そのうち、国土交通省もしくは都道府県の土木部などが砂防を、林野庁もしくは都道府県の林務部などが治山の事業主体となる。砂防と治山でそれぞれ堰堤が建設されているが、ほとんど見分けはつかない。いずれにせよ、こうした堰堤群が渓流魚に対して多大な影響を及ぼしてきたことは間違いない。特に釣り人は、イワナ、ヤマメ、アマゴなどの渓流魚が減少していることを常に肌で感じてきたはずである。これら堰堤群の影響を取り除かない限り、放流魚に頼る渓流釣りの現状は一向に改善されないといえそうだ。

こうした問題に対し、標題に用いた『堰堤と渓流魚の共存は可能なのか?』（２００９年）と題する論文がひとつのヒントになるだろう。まとめたのは山梨県水産技術センター所長（当時）の大浜秀規さん。同氏は、同じく堰堤に着目した論文として『透過型堰堤における魚道としての機能』も発表している（いずれも複数著者。Ｐ８で紹介した坪井潤一さんも著者のひとり）。

近年は水産系の研究者が堰堤など河川横断構造物について研究することは珍しいことではない。魚類の移動のみならず堰上流の河床環境の悪化、堰下流の露岩化（露盤化ともいう）による産卵床の消失など、水産系研究者らの調査・研究によって堰堤がもたらす河川環境への影響が明らかになってきた。

裏を返せば、これらの研究を工学系だけに任せるのは心もとないともいえる。そもそも工学系研究の場でもっと生態学の知見が活かされていれば現在のような荒廃した河川環境にはならなかったはずであり、このように考えてゆくと水産系研究者らの考察なくして防災と環境の両立は不可能だともいえるわけだ。

大浜秀規さんは、堰堤と渓流魚との関係における研究における第一人者。特に山梨県内の事例について詳細に把握しており、実際の工事手法に対してもさまざまな提言を行なってきた。その大浜さんが以前から注目してきたのが透過型堰堤であり、既設堰堤のスリット化である。

魚道がいらない堰堤

論文をまとめるにあたり、大浜さんら調査グループの面々はまず、山梨県内の堰堤数の把握に努めた。

堰堤等構造物は砂防と治山とに分けられ、山梨県土木部砂防課と国土交通省関東地方整備局が砂防堰堤、山梨県林務環境部治山林道課と林野庁関東森林管理局が治山堰堤の主な事業主体になる。それらに対し聞き取り調査を行なったところ、山梨県内には2244基の砂防堰堤があり、治山堰堤は正確な基数の記録がないものの、過去の資料等から数万基と推察した（2009年）。この点について論文で次のように指摘している。

「これは砂防1100基、治山3万5000基の北海道に匹敵または上回る数で、北海道と山梨県の面積比が17：1であることを考えると、非常に高密度に設置されていた」

なだらかな地形だと思われがちな北海道も、堰堤数で見ると47都道府県のなかで中盤に位置するほど数は多い。しかし面積は山梨県よりもはるかに大きいことから、密度ではいかに山梨県が異常であるかよく分かる。

そもそも、落差が生じる堰堤は渓流魚に対しどのような影響を及ぼしているのか。

一般的には上流に移動できなくなる遡上障害のみが注目される傾向にあり、その対策として用いられるのが魚道である。しかし過大な期待は禁物。魚道では解決できない問題が数多くあるからだ。大浜秀規さんは言う。

「堰堤が魚類に与える影響はまず、よくいわれる落差による遡上障害があります。実はそれだけではなくて、落下による衝撃の影響、堰堤上流の河床勾配緩和による河床材料の小粒径化と淵の消失、さらに堰堤下流側では大きな礫が供給されないことに加え、出水ピーク後に小粒径の礫（砂など小さな礫）が流下することによるハマリ石（石が砂などに埋まっていて隙間のない状態）の増加と淵の消失、そして分断による生息域の縮小などがあります。魚道はたしかに遡上障害に対しての選択肢のひとつではありますが、それ以外の影響が改善されることはないといえます」

仮に魚道により渓流魚の移動が可能になったとしても、その他の問題は解決しない。それだけのために既設堰堤に魚道を新設するくらいなら、別の方法を模索すべきだというわけである。しかも土砂を貯める砂防や治山などの構造物では魚道そのものが土砂に埋まってしまうことも多い。機能していない魚道は我々釣り人にとって見慣れた光景でもある。

こうした問題を解決しようと考えた時、最も有効なのは堰堤の撤去だが、それはなかなか難しい。そこで妥協案として考えられるのが既設堰堤の透過型への改修である。大浜さんはこれを「魚道がいらない堰堤」と呼んでいる。

「もし完璧な魚道があるとすれば、それは従来の河床形態に限りなく近いもの、となります。であれば当然、河床勾配も従来のままなので堰堤は落差がない施設になり、上下流における環境変化も生じないはずです。つまり完璧な魚道とは、魚道がいらない施設、魚道がいらない堰堤なんです」

それを可能にするのが透過型堰堤というわけである。

ほんのひと工夫で渓流魚への影響を軽減

上流からの土砂、そのすべてを止める（貯める）ことを目的とした旧来型堰堤（不透過型堰堤）に対し、透過型は大規模な土石流発生時のみ土砂を捕捉する構造となっている。堤体に大きな切り込みがあることで平常時は土砂が流れるのが特徴ともいえる。

大浜さんは言う。

「一般的な堰堤（不透過型）は小規模なものでも落差が生じますが、透過型なら落差をまったく生じさせない設計も可能です」

ひと言で透過型といってもいくつかの種類があり、コンクリート堰に縦溝スリットを入れたタイプのほか、鋼製スリットと呼ばれる太い鋼製のパイプで土石流を補足するもの、大きな穴の開いた大暗渠タイプなどさまざまだ。しかし普及率で見ると到底一般的とはいえず、多くは土砂を貯めて落差を生じさせる不透過型のままである。

大浜さんらの調査によると、山梨県内の砂防堰堤2244基のうち透過型はわずか103基、治山堰堤は数万基のうち30基とさらに少なかった。また透過型であっても遡上が可能だとは言い切れず、可能だと判断されたのはわずか17％弱にすぎなかったという。

落差を生じさせない透過型でありながら、そのほとんどが遡上不可能とは極めて残念な結果だが、原因はそもそもの目的にあるといえる。透過型堰堤は本来、災害時には土砂を捕捉し、平時は流すことで土砂調節量を増やすことを目的としている。よって考慮されているのは防災面が主であり、魚類など河川生物への影響緩和はほとんど考慮されていない。ただし「ほんの少しの工夫で渓流魚への影響を軽減できる」と、大浜さんは言う。

「山梨県内では渓流魚のために（透過型へと）改修した事例があります。富士川水系の大柳《おおやな》川では、落差1・6m程度の床固工ですが、堤体に逆台形型のスリットを入れる工事が行なわれました」

結果、どうなったのか。落差が比較的小さい床固工とはいえ、堰上流の堆積区間は小さな礫が多く流れは単純化する傾向が見られる。スリット化後はそれら堆積物が下流に流れ、堰上流は多様な流れに戻ったという。

「スリット化により魚の移動が可能になったことはもちろんですが、堰上流の底質が大粒径化（大きな石が増えた）したことも確認しています。床固めが捕捉していた土砂の95％には変化がなく、施設本来の機能低下も少なかったといえます」

大柳川のほか、同じく富士川水系の楮根《かぞね》川にも事例がある。透過型堰堤（鋼製スリット）が新設される際、水産技術センターでは魚類の移動についてアドバイスを求められた。

当初計画ではスリット部の最下部に魚道のような澪筋を固定する溝が数本計画され

ていたが、そのままではいずれ落差が生じる可能性があった。そこで大浜さんらは全体を掘り下げるよう提案。結果、鋼製パイプの根本部分を中心に上流からの土砂が堆積し始めており、落差も皆無な状態が保たれている。まさに「ほんのひと工夫」で渓流魚への影響が軽減された事例だといえるだろう。

しかしながら、渓流魚と共存できる透過型堰堤、その普及率は低い。

「よいものが1基できたとしても、なかなか次につながらない。原因のひとつは(土木の)担当者の異動です。魚類に関心を持ってくれて、積極的に動いてくれた人も3年程度で異動してしまいます。実際の設計をするのはコンサルの人たちですが、民間の彼らは幸い異動が少ない。でも、指針や技術基準に明記されていないと実施しにくいといわれてしまいます。次に続かないのは人の動き、そしてマニュアルにも原因があるというわけです」

事業主体や河川管理者の都合だけでなく、川と関わりを持つ人々、釣り人や流域住民の認識についてはどうだろうか。

「昔はどこの川でも、ここで泳いだんだっていう人たちがいました。潜るとここに大きな石があって、その周りには魚がいっぱいいて……なんて話をしてくれました。川本来の姿を知っていて、その川で泳いだ経験、遊んだ経験のある世代がいたんです。ところが現在はどうか。川といえば小さい石しかなくてアシで覆われた流れ、そう思っている人が多いのかもしれません。そんな状況で、若い技術者たちにどうやって本来の川を知ってもらうのか。それも今後の課題ですね」

川の本来の姿を知らない技術者、釣り人、流域住民。ダムや堰で変貌してしまった人々が川に対してどんな展望を抱くのか。彼らに川の素晴らしさを知ってもらう意味でも、魚道のいらない施設、その普及を急がねばならないだろう。

富士川水系大柳川では、堤体に逆台形型のスリットを入れる工事が行なわれた。スリット化により魚の移動が可能になり、小さな礫が多かった堰の上流も大きな石が見られるようになり、渓流環境は大幅に改善したといえる

富士川水系楮根川では透過型堰堤（鋼製スリット）のスリット部分の最下部を全体的に掘り下げるよう提案。結果、落差のない状態が保たれている（写真提供：大浜秀規）

スリット部分を掘り下げたことで、鋼製パイプの根本部分にはすでに上流からの土砂が堆積し始めている。もちろん渓流魚の移動も容易。心配なのは大規模出水時に鋼製スリットが閉塞する可能性があることだろう。その際は適宜流木や土砂を撤去する必要がある（写真提供：大浜秀規）

釣り人の力で川をよみがえらせる北海道砂防ダム・スリット化の事例

ダムによる下流部への土砂供給の減少、それにともなう河床低下は河川環境にさまざまな悪影響を与えている。河床低下が深刻になると河岸の崩壊を引き起こすことになり、護岸や道路、橋脚の崩落などの二次的災害につながることも指摘されている。この河床低下問題について、北海道全域の河川で現状を観察してきたのが写真家の稗田一俊さん。市民グループ『流域の自然を考えるネットワーク』メンバーのひとりとしても警鐘を鳴らし続けている。

『North Angler's』2023年2月号、3月号掲載

土砂供給の遮断が川を壊す

「淵が土砂で埋まり、水深が浅くなってしまった」

「渓相が変わって以前の面影がない」

渓流釣りをしていてよく聞く台詞である。

近年、釣り人が感じているこうした印象はもはや全国的な現象だといえるかもしれない。たしかに、かつて河畔林に覆われて緑豊かだった渓流は土砂で埋まり、淵などの深場、平瀬などの浅場が点在した複雑な流れは姿を消している。彼らの言葉を額面ど

おりに受け取ると、洪水時に上流から流れてきた土砂によって淵などが埋まったのだろうと考えることだろう。また温暖化による不安定な天候、局地的なゲリラ豪雨によって荒廃したのだと信じて疑わない釣り人も多いはずだ。

ところが……人為的構造物のない源流部におもむくと、さほど変化は見られない。記録的豪雨の直後は淵が埋まってしまうこともあるが、その土砂はしだいに下流へと流出し、いずれは回復する。人の手が入っていない源流域なら自然治癒力によって再生し、10年ぶり、20年ぶりに訪れた際も記憶のまま流れていることはよくあるものだ。

ではその下流、人為的構造物が目立つ区間はどうだろうか。源流部とは対照的に回復は見られず悪化の一途をたどっている。なぜなのか。

北海道の八雲町在住の稗田一俊さんは、道内のありとあらゆる河川を長年観察してきた写真家である。荒廃する河川を憂うかたわら、市民グループ『流域の自然を考えるネットワーク』のメンバーとして警鐘を鳴らしてきた。同氏は「荒廃の原因はダムにある」と言う。そして最大の要因はダムによる「下流域への土砂供給不足が引き起こす河床低下」だと指摘する。まずはそのメカニズムについて解説しておく必要があるだろう。

河床低下と河岸崩壊のメカニズム

たとえば人の手が入っていない源流域に樹齢数十年の河畔林があったとする。樹種にもよるが幹の直径は50㎝、あるいはそれ以上に生長しているはずであり、なかには樹齢100年以上のまさしく大木を見ることもある。そして、大木と呼べるまでに生長した樹木がそこに存在する意味は、川の流れが安定していたがために生長の過程で流出せずにすんだということ。そして一定の生長を遂げた大木は、仮に豪雨が降ったとしてもそうたやすく流されることはない。こうして渓流沿いに渓畔林が形成されてゆくことになる。

しかしながら、それらの木々がわずかな期間で川へと倒れかかり、今にも流出しそうになっているとしたら……。近年よく見る光景であるが、そのほとんどがダム下流域（砂防ダム、治山ダムを含む）で発生している。状態をよくよく観察してみると、根元が浸食されて根そのものが露出している場合が多く見受けられる。河床の礫（石や砂利）が浸食によって流出し、河床高が下がり続けているのがその原因。こうした光景を見た時に疑うべきは、ダムの有無となる。稗田さんは言う。

「本来、上流から流れてくる土砂と下流に流される土砂、そのバランスが保たれているからこそ河床高は安定しています。ところがダムができて土砂供給が絶たれると、ダム下流部は浸食されて河床がどんどん下がってしまうわけです。土砂の供給が絶たれたダム下流部ではまず、流されやすい細かい砂利が吸い出されるように流されます。すると支えを失った小石が流れるようになり、比較的大きめの石のみが残る状態、アーマー化現象（粗粒化ともいう）が見られるようになります。そして残った石も増水時は転がるように流されてしまい、河床はどんどんと下がってゆく。結果、岩盤が露出してしまう例も少なくありません。また、上流からダムに流入する土砂量よりも、常にダム下流に流れ出す土砂量のほうが上回っていると思います。満砂になれば流れてきた土砂の全量が下流へ流れ出すと主張する人もいますが、そうはなっていません。また土砂を量ではなく質で見ると、ふるい分けられて小ぶりな石や砂・シルトが多量に下流へと流れ出ていく。そうした点にも注目すべきだと思います」

さらに問題なのは河岸が崩壊することだと稗田さんは言う。

「河床低下が始まると両岸の勾配はきつくなり、岸は削られてそこにある石がずり落ちてきます。この状態のまま次の増水に見舞われると河畔林の根元は砂利が抜かれることで根が露出し、しだいに川に倒れ込む。そしてついには立ち木そのものが流出してしまうのです」（P241資料1参照）

河畔林を失った川がどのような姿になるかといえば、瀬や淵が連続していた変化に富んだ流れを失うことを意味する。川幅が広がり、しだいに単調な渓相へと変貌してしまうというぐあいだ。

冒頭で触れた「土砂で埋まった」、「水深が浅くなった」といった釣り人の声は、河岸崩壊によって川幅が広がり浅くなった単調な流れが要因だと思われる。単に土砂で埋まったのではなく、河床低下による河岸崩壊で川幅が広がり、変化の乏しい流れに変貌したことで、埋まったように見えるのかもしれない。

こうなればむろん渓流魚の生息に適した環境とはいえない。当然エサとなる水生昆虫の生態にも影響を及ぼし、また産卵床に適した河床も消滅する。ダムは魚類の移動を阻害するだけでなく、河床低下という副作用によって生息できる環境そのものをも奪っていることになる。

魚道の整備では何も解決しない

貯水ダムや砂防ダムなどが魚類に与える影響として、釣り人の多くは移動阻害（遡上あるいは降下ができるかどうか）にのみ関心を寄せる傾向がある。しかし稗田さんの指摘は移動阻害だけでなく、より深刻で広範な問題をはらんでいるといえそうだ。よって「魚道を設置すれば解決するというのは大きな間違い」（稗田さん）となるわけだ。

渓流釣りのフィールドで釣り人が目にするダムは貯水ダムだけではない。むしろ渓流の上流域に建設されてきた砂防ダム、治山ダムのほうが頻繁に遭遇するはずだ。

渓流に分け入る機会が多い我々には信じられないことだが、世間一般には砂防ダム（および治山ダム）を見たことがない、あるいはその存在すら知らない人までいるのが現実。河川の上流域、特に山岳渓流に建設されるものだけに無理もないが、このような低い認知度の陰で砂防ダムは今も増え続けている。

呼び名は関係行政の違いによって区別され、国土交通省および都道府県の河川担当部署が管理するダムを「砂防ダム」。林野庁と都道府県の林務担当部署が管理するものを「治山ダム」と呼ぶ。その機能は若干異なるとされているが構造的には酷似しており、河川環境への悪影響という意味では大差ない。もちろん河床低下と河岸崩壊を引き起こす点でも共通している。

ちなみに、国交省管轄における砂防ダム

の整備数は実に9万6447基とされるが、このデータは2002年度まで。現在はおそらく十数万基まで膨れあがっているものと思われる。またこの数値に治山ダムは含まれていない。

治山ダムは小さな枝沢にまで建設されている関係上、その総数を林野庁ですら把握できておらず、砂防ダムの数倍あるいはそれ以上とも指摘される。このため砂防ダムおよび治山ダムのない河川は今やほぼ皆無だといってよい。

稗田一俊さんの地元、北海道の道南地方も砂防ダム（および治山ダム）が数多く建設されてきた。その影響による河川環境の荒廃はすさまじく、サケ科魚類をはじめ多くの魚類が減少の一途をたどっているという。

八雲町の市街地を流れ内浦湾に注ぐ遊楽部《ゆうらっぷ》川。その支流にあたる砂蘭部《さらんべ》川では1977年に砂防ダム建設が始まって以降、渓相に大きな異変が見られるようになった。以前は巨石が点在する変化に富んだ流れだったが、砂防ダム建設後は河床の巨石や砂利が流出し、岩盤が露出するまでに河床が低下したのだという。

「ここは以前、今立っている位置から普通に川を渡ることができたんです」

その場所は見るからに崖といった様相だ。河床高は、5mは下がっているだろうか。区間によってはおそらくそれ以上の河床低下になっていると思われた。

周囲は牧草地などもある平野部なのだが、川はまるで源流部に見られるような狭窄部（ゴルジュ帯）と化していた。河床低下が著しい区間では川に降りようにも足もとは崖になっており、ロープがなければ降りることは不可能。しかも河床低下はいまだ進行中とのことだった。

河床低下に伴う河岸崩壊も著しい。その影響により各所で農地崩壊、町道崩壊を招いており、深刻な二次災害を発生させているのだ。

砂防ダムができる以前の砂蘭部川は、両岸に水辺林がまさに水際まで迫っていたという。そのため水辺に立つと適度な日陰が形成され、魚類の生息にも最適な環境だったと想像できる。ところが現在の流れにその面影はなく、増水のたびに河岸が崩れ、川が広がっていくありさまである。

しかしながら行政の対応はほぼ皆無。砂防ダムが原因との認識はなく、単なる水害として別の財布（災害復旧事業）により新たな工事（護岸や道路の復旧）を実施しているにすぎない。


流出する河畔林は下流域に被害をもたらすことになる。橋脚などに衝突すれば橋を崩落させる可能性も高まるし、堆積して水位を上昇させた場合、堤防からの越流（氾濫）を引き起こす可能性すら考えられる。

「洪水時に出た流木は（本流の）遊楽部川河口にまで達しています。根が付いたままの流木が河口に転がっている。漁業者からは漁具被害が報告されていますが、残念なことに地元沿岸の漁協はスリット化に関心はないようです」

流木被害を食い止めるにはダムが止めている礫を下流に流すほかない。つまり砂防ダムのスリット化が必須となるわけだが、河川行政が進めているのは「流木と化してしまうなら伐ってしまえ」という乱暴な施策。それは全道的、全国的な傾向でもあり、流木の発生原因や発生地点を特定することなく闇雲に河畔林の伐採を推し進めている。

「河畔林が流木となってしまうのはダムによる河床低下が原因のひとつですが、そうした根本原因には目もくれず伐採してしまおうというのですから、あきれるほかありません」

そのような河川行政に河川を管理する能力、資格はないといえるかもしれない。嘆かわしい限りである。

既設ダムのスリット化とその展望

近年、砂防ダムや治山ダムでは下流部の河床低下問題に絡み、土砂供給を促進させる試みが全国各地で進みつつある。そのひとつの手法が既設ダムのスリット化である。

これはダム本体に縦溝のスリットを入れることで堆積した土砂を流すとともに、災害時における大規模な土石流はしっかり捕捉するというもの。山形県の直轄砂防（国交省が管理する砂防ダム）から始まり、今では北海道を含む全国各地で見られるようになってきた。スリット式砂防ダムは透過型砂防ダムのひとつとされ、新設の場合も透過型が増えつつある。

新設はともかく、問題なのは大量の土砂を貯め込んでいる既設の不透過型砂防ダム（旧来型砂防ダム）である。そうした既設ダムのスリット化が実現していけば、河川環境の改善が見込まれる。

スリットをダム堤最下部まで切り落とすことができれば魚類の移動は可能となり、防災効果も維持できる（土砂調節量が増大するため防災効果が高まるといわれる）。同時に下流への土砂供給が遮断される確率が低くなるため、河床低下や河岸崩壊の解決策になり得るというわけだ。

ところが道南の砂蘭部川ではなかなか進まないと稗田さんは嘆く。この川には最上流に治山ダムが1基、その下流に2基の砂防ダムがあり、一部スリット化に着手したダムもある。

「今のところ1号砂防ダム（3基中の中間に位置するダム）に1m程度のスリットを入れたのみです（2022年10月現在）。ダム堤最下部まで切り下げるよう要望していますがなかなか進まないのが現状です。そのさらに上流には治山ダム、下流にはスリット化していない2号砂防ダムがありますが、これら3基のダムすべてにスリットが入るのはしばらく先かもしれません。ただ、河床は今も下がり続けているため、悠長に構えていると下流部で被害（橋脚の被災や道路崩壊など）が出てしまうのではと心配しているところです」

市民グループとしてだけでなく流域住民のひとりとしてもスリット化を要望してきた稗田さんだが、河川管理者が積極的でない理由については次のように推察する。

「おそらく、スリット化によって河川や沿岸の環境が改善すると困るのでしょう。荒廃させてきた原因が砂防ダムにあるとハッキリしてしまうわけですからね」

砂蘭部川では遅々として進まない既設ダムのスリット化だが、同じ道南地方でも日本海側に注ぐせたな町の河川では既設ダムのスリット化が完了し、沿岸漁業の回復が報告されている。スリット化がもたらす恩恵、それは想像以上の効果があるようだ。

ダムのスリット化に尽力した釣り人たち

道南の日本海側に位置する、せたな町では、2011年に小河川において治山ダム4基のスリット化が実現した。また同町最北部の須築《すっき》川では2020年に砂防ダム1基のスリット化が完了している。

スリット化を実現させるうえで、その立役者のひとつになったのが地元の釣り人グループ『一平会』だった。同グループは砂防および治山ダムに設置されていた魚道の清掃活動を1990年代から続けてきたが、その活動が後にスリット化の要望へと発展したかたちである。

釣り人ならばご存じだと思うが、砂防ダムの魚道は土砂で埋まり機能していないものが大半を占める。その現状を見るに見かねた一平会の面々が自発的に魚道清掃を行なってきたのだ。同会の大口義孝さんは言う。

「最初は会員個人が小規模に始めましたが、後に会として大掃除するようになりました。清掃後は魚類の遡上が確認され、その成果を感じることができました。でも……」

ひと雨降ると元の木阿弥。出水のたびに埋まってしまうため年に2、3回、スコップを手に現地に通わなければならなかったという。しかも魚道が機能したとしてもダム下流の河床低下や河岸崩壊が改善されることはない。大口さんも「河川全体の荒廃をなんとかしなければ意味はない」と考えるに至ったという。

そこで必要になるのが、ダムに堆積した土砂を積極的に流下させる施策である。アメリカのようなダム撤去が一向に進まない我が国において、最も現実的だと思われたのが既設ダムのスリット化だった。渓流がそのまま海に流れ込むような小河川が多い道南地方では、たった1基であっても魚道清掃と比較にならない大きな効果が期待できると考えたのだ。

他方、ダムの影響による漁獲高減少に頭を悩ませていたのが、せたな町の漁業者らである。サケやサクラマスの漁獲が激減していたことから、地元の、ひやま漁業協同組合も砂防ダムへの問題意識が高かった。２０１１年には、ひやま漁協の漁業者と地域住民、釣り人（一平会）らが協同で『せたな町の豊かな海と川を取り戻す会』を結成。活動は地域全体に広がった。

ところが須築川の砂防ダムについて河川管理者が提示してきた案は魚道改修のみだったという。同砂防ダムには一応魚道が整備されていたものの出水のたびに土砂で埋まり、特に渇水期は遡上が困難な状況になっていたからだ。魚類が遡上しやすい魚道になるなら……と、地元のひやま漁協もいったんは魚道改修に承諾したものの、後にスリット化を求める姿勢に転じることになる。

「魚道改修案に乗らなくてよかった……」

須築川の砂防ダムは河口から約３㎞に位置する。１９６９年に建設され、高さ９ｍの落差の堤体が半世紀もの間、魚類の行く手を阻んできた。２０２０年にスリット化は完了したが、それは紆余曲折を経てのことである。

ダムができる以前、サクラマスやサケの

漁獲は安定していたが、ダム完成を境に激減。漁獲高は15分の1にまで落ち込んだ。そのため漁業関係者らは二十数年も前から河川管理者の北海道渡島総合振興局函館建設管理部（当時・函館土木現業所）に対し申し入れを行なってきたが、行政がその声に応じることはなかったという。そして2011年、ようやく返答があったものの、それは「魚道の改修なら応じる」というものだった。

漁業者らは「いくらかでも状況が改善するのであれば」といったんは魚道改修に同意したが、その後すぐに撤回。スリット化を実施するよう再検討を求めたのである。ひやま漁協理事の斉藤誠さんは次のように話す。

「魚道改修案に我々漁業者も当初は同意して、予算も付いていた。でも稗田さん（前出）と宮崎さん（流域の自然を考えるネットワーク代表の宮崎司さん）に『スリット化じゃないと意味がない』と聞かされ、魚道改修案ではなくスリット化を要望することにしたんです」

その判断が功を奏したかたちとなった。斉藤さんは続ける。

「魚道改修のみだったら何も変わらなかったと思う。あの時、そういう知恵をもらわなかったら魚道付けて終わりさ。今はスリット化して本当によかったと実感していますよ」

ひやま漁業協同組合は、1995年に檜山支庁管内8漁協が合併して誕生した。自治体単位では北から、せたな町、八雲町熊石（旧熊石町）、乙部町、江差町、上ノ国町にまたがる。砂防ダムや治山ダムのスリット化以前、管内全域においてサケの漁獲高は例に漏れず減少の一途をたどっていた。が、せたな町の河川でスリット化が実施されて以降、劇的な回復傾向が見られると斉藤さんは言う。

「いい意味で、恐ろしいほどの変化です。このところ日本海側のサケも漁獲高は減少傾向でしたが、ひやま管内は好調です。好調ななかでも、(せたな町、熊石、乙部町、江差町、上ノ国町のうち)せたな町管内だけで8割を占める。スリット化のおかげでサケの親魚が川に遡上できるようになり、自然産卵由来のサケが大幅に増えた。その差が明暗を分けたのだと思います」

スリット化は須築川以外の小河川でも実施されており、それらの河川では多くのサケが遡上し、自然産卵による再生産が期待できるまでになっている。土砂供給が復活した恩恵はサケの漁獲だけではない。斉藤さんは海の変化にも注目する。

「ワカメがものすごく大きく育つようになって驚きました。河口も玉石ばかりだったのが今は砂浜になってサンダルで歩けるようになった。自然というのは計り知れない力がある。ほんと、恐ろしいもんだ。学者でもぜんぜん想像つかなかったと思いますよ」

いい意味での例えながら「恐ろしい」という言葉が漁業者の口から飛び出した。想像を超える変化、驚きを如実に物語っているといえよう。我々が考える以上に自然の再生力は大きいといえそうだ。

稗田一俊さんは次のように話す。

「スリット化された他の河川もそうですが、沿岸では海藻の再生が顕著です。漁協の斉藤さんも言っていましたが、ワカメが大きく育つなど目に見えて改善している。須築川でも同様の変化を期待しているところです」

わずか数基の治山ダム、砂防ダムがサケやサクラマスを激減させ、河口沿岸の海も海藻が生えない磯焼け状態に変貌させた。が、スリット化後はそれらが劇的に改善され、サケの漁獲もせたな町管内は好調を維持している。

こうした事例が全国に広がってくれたなら、河川および沿岸の自然再生にも展望が拓けるというもの。漁獲高の回復は高齢化が深刻な漁業従事者の若返りにもつながり、それは地域振興のうえでも大きなメリットになるだろう。北海道のせたな町に限定される取り組みではなく、全国レベルに発展してもらいたいと切に願う。

2010年撮影

2012年撮影

2022年撮影

遊楽部川では2010年の時点ですでに河床低下が深刻化しており、河岸崩壊にともなって樹木が川面に覆い被さるように傾いていた。2012年はさらに悪化し数年後に流出。その後、簡易的な護岸工事を試みるも、河床が下がり続けている状況では護岸も崩落寸前となり、2022年もまた対処療法的な護岸工事を実施するありさまである。道の河川管理担当者のなかには「業者に仕事を回すのも我々の仕事の一部だ」と豪語する職員もいるとか。終わらない工事はたしかに業者にはおいしい?のかもしれない

スリット化前と後の須築川砂防ダム。スリット幅が狭いため閉塞の心配がつきまとうものの、ダム下流域に堆積していた土砂が供給されるようになった（写真上：2011年撮影／下：2022年撮影）

流域の自然を考えるネットワーク会員の稗田一俊さん（左）と、ひやま漁協の斉藤誠さん（右）。スリット化後の変化について斉藤さんはいい意味で「恐ろしいほどの変化」と語っていたのが印象的

2011年にスリット化された、せたな町の小河川では、すでに沿岸の海藻が回復している。以前は他の地域と同様に深刻な磯焼け状態になっていたが、現在は徐々に海藻のある海域が拡大しつつある

●資料1● 河床低下に伴う河岸崩壊のメカニズム

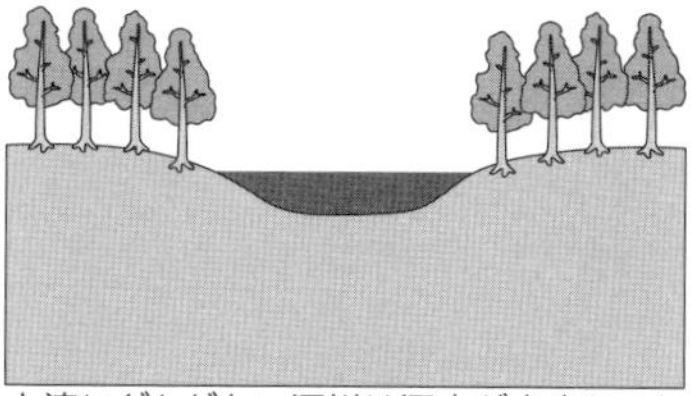

上流にダムがない河川は河床が安定しており、水辺まで渓畔林が発達している

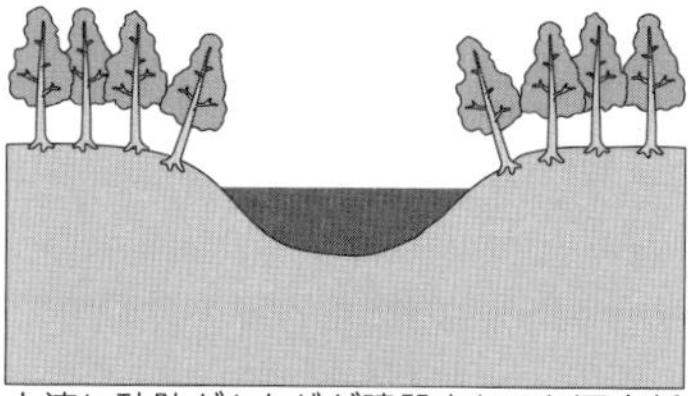

上流に砂防ダムなどが建設されると河床低下が始まり、渓畔林が傾き始める

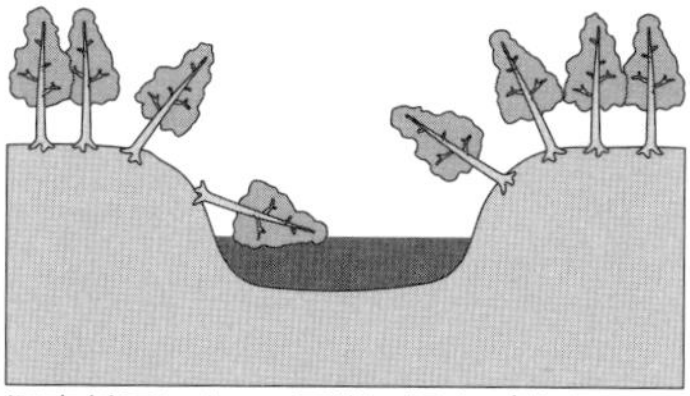

河床低下によって両岸の浸食が始まり、河岸の崩壊が進行する

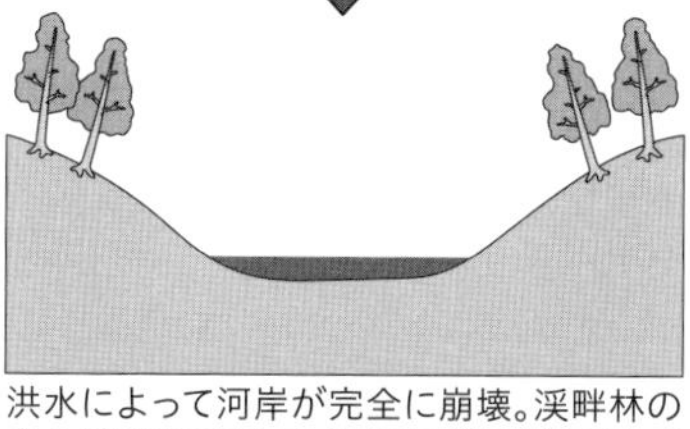

洪水によって河岸が完全に崩壊。渓畔林の多くが流されてしまう。川幅が広がることで水位が低下し、変化の乏しい流れとなる

砂防ダムによる河床低下のメカニズム

砂防ダムが満砂すると、すべての土砂が供給されるためダム下流部で進行していた河床低下は終息する。砂防関係者はそのように主張するのだが、実際にはダム満砂後も河床が下がり続けているケースが散見される。実は満砂後も河床低下が治まらず、深刻化している事例は少なくないのだ。原因はどこにあるのか。そのメカニズムについて、筆者なりに考察してみた。

月刊『つり人』2023年4月号掲載

ダムを造る側の論理と釣り人の反論

旧来から建設されてきた砂防ダムおよび治山ダムは不透過型とも呼ばれ、上流から運ばれてくる土砂をダムに貯めることで下流部への土砂供給を阻害してきた。そんな不透過型を、スリット化により透過型へと改修することで自然回復が期待できることは、すでに本書で書いているとおりである。

不透過型の砂防ダムは、ダム下流部において河床低下と河岸崩壊という深刻な弊害をもたらす場合がある。もちろん魚道が土砂で埋まってしまうことによる魚類の移動阻害も問題だが、ここではダム下流の河川環境を荒廃させてしまうことに焦点を当てたい。

既設ダムにスリットを入れる事例はすでに各地で報告されるようになってきたが、

その効果は絶大のようである。北海道は道南地方、日本海側の小河川では、スリット化によってダム下流の河床低下や河岸崩壊も治まりつつあり、河口付近の海域では海藻類が復活。サケの漁獲高も好調だという。環境が好転したその事例を見ても分かるように、既設砂防ダムのスリット化が各地に波及することになれば、防災と環境は両立が可能だといえるのかもしれない。

しかしながらスリット化を実現した河川はほんの一部である。大半はかたくなにスリット化を拒み続けており、その下流部は河床低下と河岸崩壊が今も進行中だ。

スリット化に応じない理由は、造る側の人々が信じて疑わない砂防ダムの機能にあると思われる。砂防ダムは「満砂してからも機能する」というのが造る側の論理となっているからだ。

対する釣り人は満砂ダムを前にした時、次のような印象を持つ人が多い。「すぐに土砂が貯まってしまい、機能を失ってしまう」と。しかし造る側の論理は真逆。どちらが正しいのだろうか。

砂防ダム下流部の住民が期待することといえば、いうまでもなく防災効果。土石流を止めてほしいというものだろう（※注1）。ところが満砂状態のダムに貯砂量と呼べるような容量は残っておらず、土石流のすべてを止めることなど不可能である。その意味で釣り人の主張は至極もっともだといえる。

造る側が主張する満砂後の機能のひとつは、勾配を軽減することで得られる効果のこと。満砂した砂防ダムはその満砂域に限り傾斜が緩くなる（ダムがない場合と比較）。これにより土石流発生時の勢いを緩和することも目的に掲げられているのだ。

次に調節機能である。満砂したダムに上流から新たな土砂が流れ込むと、満砂域の上に緩やかな傾斜をもって土砂が堆積する。この土砂は流出と堆積を繰り返すとされ「下流に流れる土砂を調節している」、「調節機能がある」との主張がなされる。そしてこの調節機能によって「満砂ダムは下流に土砂を供給している」と喧伝するのだ。

※注1　砂防事業の考え方には「地先砂防」と「水系砂防」とがあり、ダム直下に直接的な防災対象（住居など何らかの施設）があるものが地先砂防と呼ばれる。対する水系砂防は砂防ダム群によって河床勾配を緩やかにするなど、複数の効果で土石流の力を小さくして、下流の被害を軽減するというもの。防災対象および効果ともに曖昧な印象を受ける。釣り人が普段から見ている砂防施設はその大半が水系砂防である。

満砂すると河床低下は止まるのか？

砂防理論でいう調節機能を真に受けるなら、たしかに満砂後に堆積した土砂はいずれ流れるかもしれない。しかしそれはあくまで量の話のみであり、質を見ていない。彼ら造る側の人々は石の大きさなどどうでもいいらしい。

ここで、満砂したダムにどのような質の礫がどの位置に堆積するのかを考えてみたい。渓流の勾配は満砂ダムによって急激に緩やかとなるわけだが、勾配が緩くなれば土砂を運ぶ流れの強さ（**※注2／掃流力**）は小さくなる。そして急に掃流力が小さくなるのはダムの流れ込み付近。まずはこの地点に比較的大きな石や岩が捕捉される。

質量の小さい石や礫は満砂域の中央付近にまで運ばれるが、ダム堤体付近に到達するのは質量がきわめて小さい砂利や砂。つまり造る側がいう下流へ供給される土砂は、その大半が砂であるということになる。

満砂ダムはすべての土砂を下流に運ぶの

ではなく、軽い砂ばかりをふるい分けて下流に流してしまうのだ。これを粒径調節効果と呼ぶらしいが、末尾に「効果」を付ければ正当化されるわけではない。この粒径調節が下流部に悪影響をもたらしていることを認識してもらいたいところだ。

特に北海道では、満砂ダムの下流でも河床低下が進行しているが、その原因もまた粒径調節効果にあると考えられている。大きな石が流れず砂ばかりであったなら、河床が掘削され河床高が下がり続けるのは当然だからだ。浮き石がなくなり、石の隙間が砂で埋まる現象も粒径調節効果により説明できる。

満砂ダムに土砂が貯まり続けることはあり得ないのだから、流れ込み付近に堆積した大きな石もいずれは下流に流れる……。砂防関係者のなかにはこのような主張を行なう人もいるが、それらの石が下流へと運ばれるのは大規模出水時だろう。砂防の本分を考えた時、災害につながりかねない大規模出水時に流れたとあっては本末転倒。何のための砂防なのか疑念は増すばかりだ。

また出水時となれば、掃流力はすさまじい。とどまるべき場所を通り過ぎてさらに下流にまで運ばれてしまうことも考えられ、河床低下問題の解決につながるとは考えにくい。満砂後も河床低下が治まらない理由はその点に原因があると思われる。

※注2　「掃流力」とは水の流れが土砂を運ぶ力のこと。流砂水理学の分野にさまざまな計算式があるものの、砂防ダムを造る側の人たちに対し「なぜ砂防ダムが満砂した後も河床低下が進行するのか?」と質問しても、明確な答えは返ってこない。それどころか「満砂すればすべての土砂が下流に流れる」、「河床低下は止まるはずで、止まらないとすれば砂防ダム以外に原因があるはず」と返答される。が、原因は「分からない」らしい。

ダムの満砂後も河床低下は進行する

北海道の事例をここで簡単に紹介しておくが、道南地方の遊楽部《ゆうらっぷ》川支流の砂蘭部《さらんべ》川をはじめ、札幌市内を流れる豊平川支流の真駒内《まこまない》川、そして十勝川支流の渋山《しぶさん》川は、河床低下が一向に終息しない河川の典型的事例といえる。いずれの河川も砂防ダム（治山ダムや小さな落差工含む）は満砂状態にあるが、ダム下流の河床高は低下し続けている。

こうした現実を前に、「満砂したダムはすべての土砂を下流に供給する」、「満砂すれば下流の河床低下は止まる」と力説しても説得力はない。また「堆砂域の上に土砂が貯まり続けることはあり得ないのだから、いつかは流れる」と言われても、前述したように流れる土砂が河床低下区間を通り過ぎてしまえば、依然としてその区間の河床低下は継続してしまうだろう。

これらの河川はいずれも上流の砂防ダム（落差工含む）が満砂しており、それでも河床低下は進行中だ。十勝地方の渋山川は特に顕著で、およそ10mは河床高が下がってしまっただろうか。この地域は100万年ほど前に流下・堆積した超巨大火砕流の堆積物だといわれ、そうした軟弱な地層、岩盤の河床を堆積する礫（土砂・砂利や石）が浸食から守ってきた（礫河床は浸食を防ぐ効果がある）。

ところが砂防ダムが建設されて以降は礫の供給が止まり、ダム下流部の河床に堆積していた礫は流出し軟弱な岩盤が露出。以降、岩盤そのものが浸食されて河床が下がり続けている状況である。

北海道帯広建設管理部主催の『平成29年

度・第3回北海道の管理河川の川づくりワーキング』の会議では次のような発言がなされている。
「渋山川については20年くらい前に調査に入り、その後もずっと関わり、観察会を行なってきた。流入排水路でかなりの河床低下が起きているが、10年間で進んだものである。当初、砂防ダムが原因だといわれていたが、堆砂量はそれほど多くなく、その証拠はない。本当の原因は今でも謎である。本格的な調査の結果があったらぜひ聞きたい」（北海道十勝総合振興局HPより）
この発言はおそらく砂防の専門家ではないと思われるが、だとしても「証拠はない」と断言はできない。満砂ダム下流で河床低下が継続している複数河川の共通性、そして先に述べた粒径調節効果ともあいまって、むしろ「砂防ダム以外に考えられない」といえるのではないか。
以下、そのメカニズムについて考察してみたい。ただし筆者はあくまで砂防の専門家ではない。専門家以上に全国のありとあらゆる河川で砂防ダムを観察している自負はあるも、砂防学を学んだ経験はないことから素人にすぎないことを明言しておく。以下の考察に異論がある場合はその根拠を分かりやすく論理的に解説いただきたいと考える。

満砂ダムによる河床低下その原因を考察

満砂ダムの下流で河床低下が治まらない要因だが、次のように考えてみた。
考察を述べる前に、前提について説明しておく。礫（砂利や石などの土砂）を水が下流に運ぶ力を専門用語では「掃流力」と呼ぶが、平水時から大規模出水時までの掃流力を10段階に分ける。基準点をC地点とし、この地点の河床高が満砂ダムによってどのように変化するのかが考察の要点である。

P251資料1は、ダムがない状態での河川断面図（河床勾配図）である。河床勾配を急傾斜（A～B区間）、中傾斜（B～C区間）、緩傾斜（C～D区間）に分け、それぞれの区間における掃流力を大規模出水時、中規模出水時、平水時（通常時）で設定。また上流から流下する基準となる粒径の石がA地点から動きだす際に必要な掃流力を6以上と仮定する。

次に平水時の掃流力だが、平水時ではA～Bの掃流力を5、B～Cを3、C～Dを1とした。その場合、A地点にある石は掃流力が小さいことから動きださないことになる。

P252資料2は中規模出水時の河川断面図（砂防ダムなし）である。中規模出水時はA～Bの急傾斜区間で掃流力が8になるためA地点の石が動きだす。B～Cの中傾斜区間も掃流力は6であるため石は流れ、掃流力が小さくなるC地点付近に堆積する（C地点に供給される）。

資料3は大規模出水時の河川断面図（砂防ダムなし）である。大規模出水時はA～B区間で掃流力が10、B～C区間で8、C～D区間で6となるため、A地点の石はD地点よりもさらに下流へと移動する。またC～D区間の掃流力が6であることから、もともとC地点にあった石も流下する。

ただし砂防ダムがない状態なら、雨がやんだ後、流量はしだいに少なくなるため掃流力も徐々に小さくなる。よって中規模出水時と同様にC～D区間の掃流力が5以下になるタイミングで石が供給される（C地点にとどまる）。

次に**P253資料4**の中規模出水時における満砂ダムがある状態での河川断面図を見てほしい。満砂ダムの堆砂域は河床勾配が緩やかになるが、この傾斜がC～D区間と同程度だと想定した場合、中規模出水時の掃流力はC～D区間、堆砂域ともに3となることから、もともとC地点にある石はその場所にとどまり（動かない）、A地点の石は流下するもののダム堆砂域で止まり下流に供給されないことになる。

そして**資料5**の大規模出水時における満砂ダムがある状態はどうか。砂防ダムが満砂した状態で大規模出水が発生した場合、A地点の掃流力は10であるため当然流下することになる。ダム堆砂域の掃流力も6と高いため（C～D区間と同じ）石はダム下流に流下。掃流力8のB～C区間は当然通過することになり、さらに掃流力6のC～D地点も通過してD地点のさらに下流まで移動してしまうだろう。同様にC地点にとどまっていた石も流下することになる。つまりC地点の河床はダム満砂後も低下し続けると予想される。

この図解ではC～D区間とダム堆砂域を同じ勾配と仮定しているが、いうなれば砂防ダムが完成して満砂すると、C～D区間と同じ状態の区間がダムの堆砂によって上流部に再現されるようなもの。するとダムなし状態でC地点にとどまっていた石は、上流において人工的に創出された疑似C～D区間（ダム堆砂域）で止まることになるわけだ。

たしかに大規模出水時はすべての土砂が下流に流れるのだろうが、石はC地点を通り過ぎてより下流に運ばれてしまう。

大規模出水から中規模出水に移行する状態ではどうか。堆砂域が疑似C～D区間になることで上流からの石の供給はここで捕捉されてしまう。つまり満砂ダムの存在によってC地点という一定区間で河床低下が進行したままになる、という考察である。

もちろん、粒径がより大きな石を基準に考察すると河床低下ポイントはB地点になるかもしれないし、粒径がより小さければD地点が河床低下ポイントになるかもしれない。いずれにせよ満砂ダム下流のどこかのポイントで河床低下が継続することが予想されるというわけだ。

本来供給されるべき基準点（この考察ではC地点）を通り過ぎてしまった礫は、より下流域の平野部で捕捉されると予想される。C地点で河床低下が継続するのとは対照的に、C地点から流された礫が堆積する平野部では河床上昇が引き起こされることになる。これは洪水時の（礫ではなく水の）流下能力を低下させることにもつながり、治水安全度が悪化することも考えられる。砂防ダムが引き起こす中流部での河床低下が、実は下流部において洪水被害を増大させている可能性も考慮する必要があるといえるのだ。

専門家の目から見れば、計算式を用いないこの考察はかなり大雑把なものとして映るかもしれない。しかし「砂防ダムは満砂すればすべての土砂が下流に流れる。だから河床低下は止まる」と安易に解説してしまう人に比べればずいぶんとマシなはずだ。

もちろん見落としている部分もある。た

とえば、その流れに大きな岩があるのか、ないのか、どの程度蛇行しているのかなど、考慮していない部分も多岐にわたることから、この論理のみで河床低下のメカニズムを説明できるわけではない。ダムが満砂した後もその下流部で河床低下が進行している河川の現状、その原因のひとつとして、このような現象が生じているのではないか、という可能性のひとつを示したにすぎないわけだ。ゆえに、専門家と呼ばれる人たちには、ぜひとも多面的な検証をお願いしたいところである。

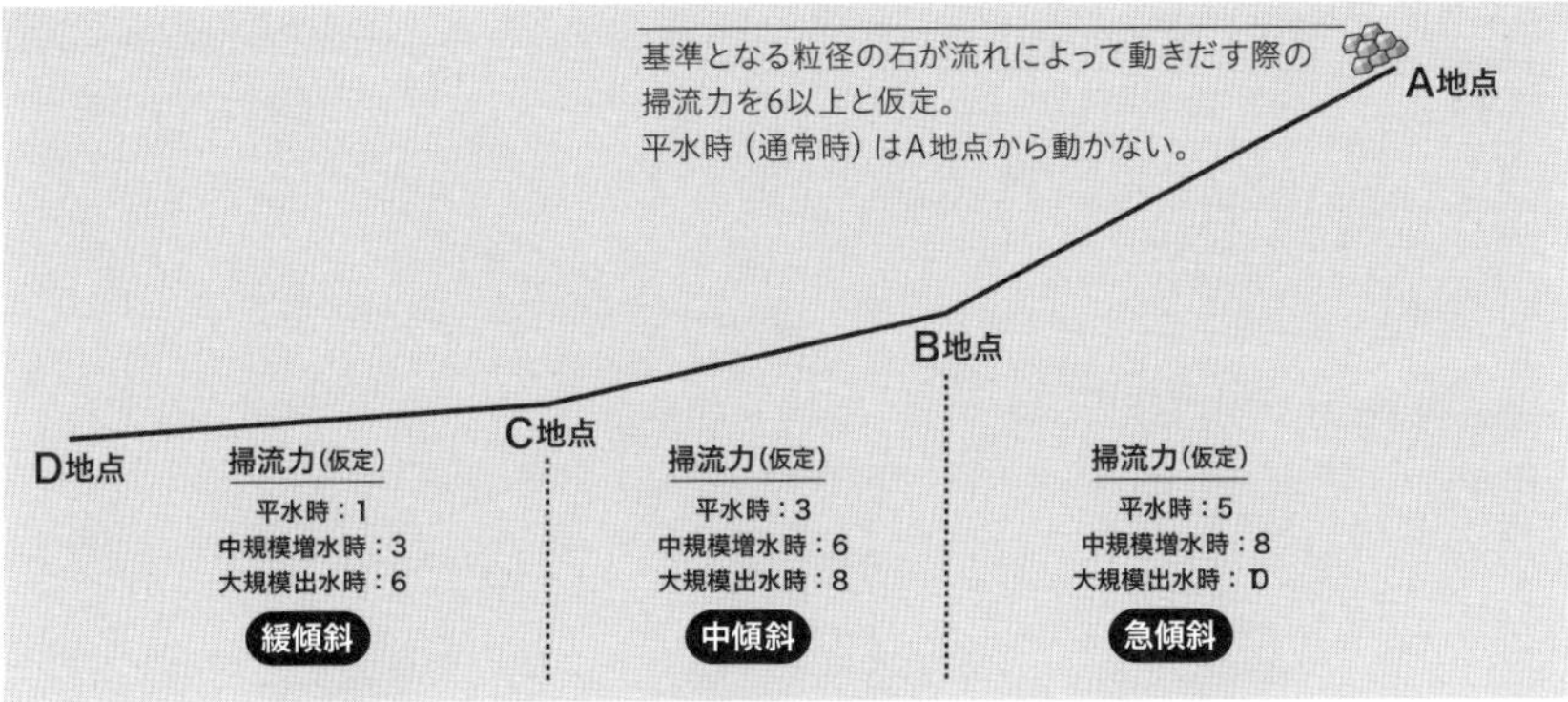

•資料1• 平水時（通常時）／砂防ダムがない状態

掃流力を1〜10までの10段階とし、河川勾配を急傾斜と中傾斜、緩傾斜とに分け、かつ大規模出水時、中規模増水時、平水時における掃流力の強さを設定。基準となる石は掃流力6以上で動きだすこととする。

平水時はA〜Bの急傾斜区間であっても掃流力5であるためA地点にとどまったまま。よってB〜C区間、C〜D区間に到達することはない。

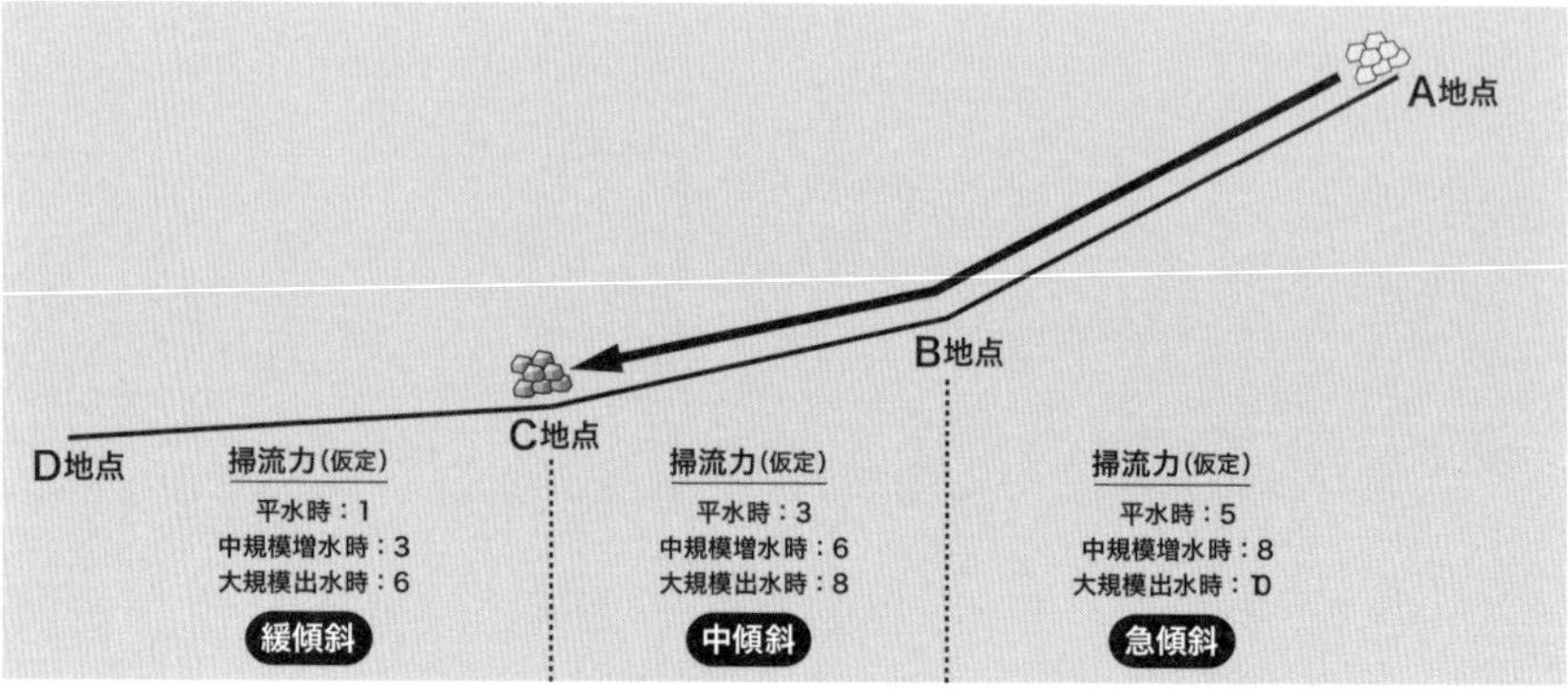

•資料2• 中規模出水時／砂防ダムがない状態

中規模出水時はA～Bの急傾斜区間で掃流力が8になるため、A地点の石が動きだす。B～Cの中傾斜区間も掃流力6であるため石は流れ、掃流力が小さくなるC地点に堆積する（C地点に供給される）。C地点を基準点と仮定し、この地点の石が流出、あるいは供給されるかどうかが重要になる。砂防ダムが建設されることにより流出するのみになった場合は、河床低下が進行する（ダム満砂後も河床低下は止まらない）。

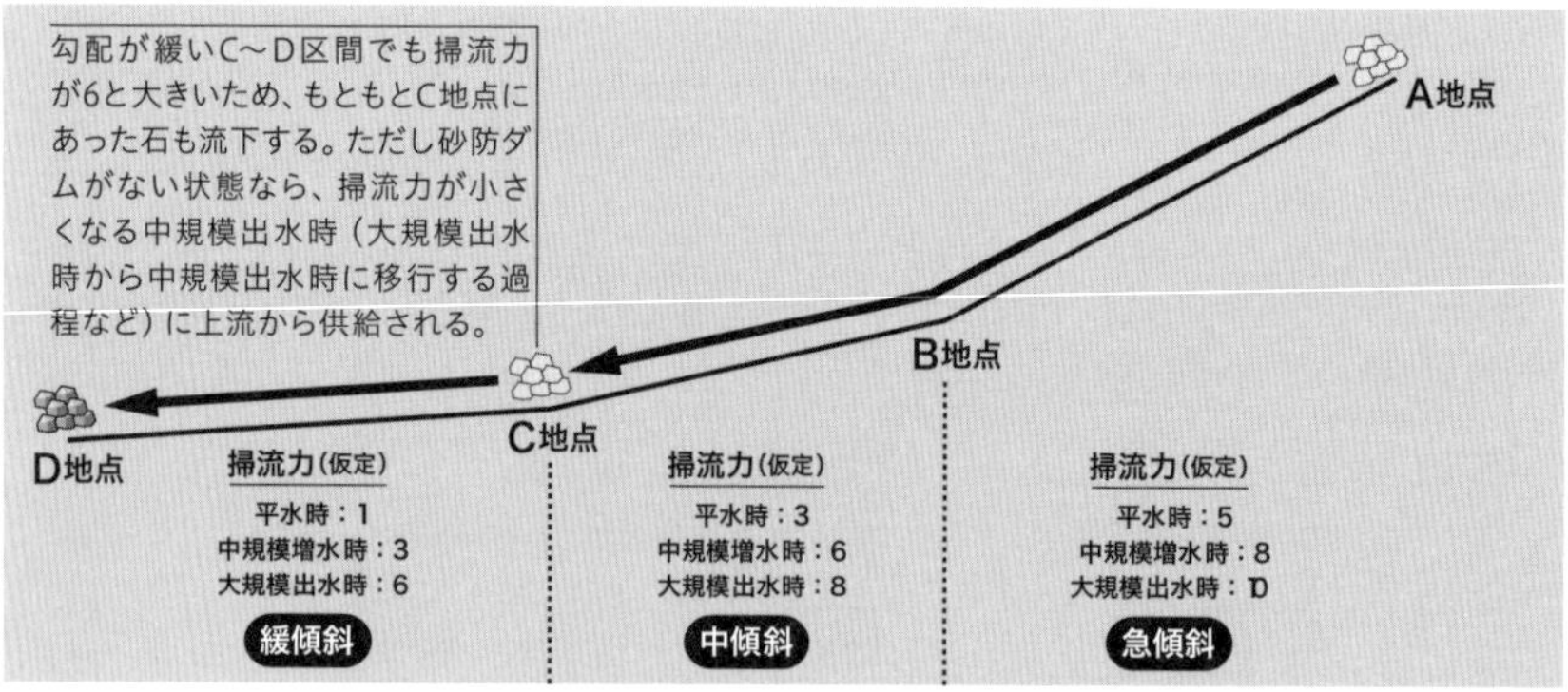

•資料3• 大規模出水時／砂防ダムがない状態

大規模出水時はA～B区間で掃流力が10、B～C区間で8、C～D区間で6になるので、A地点の石はD地点よりもさらに下流へと移動する。

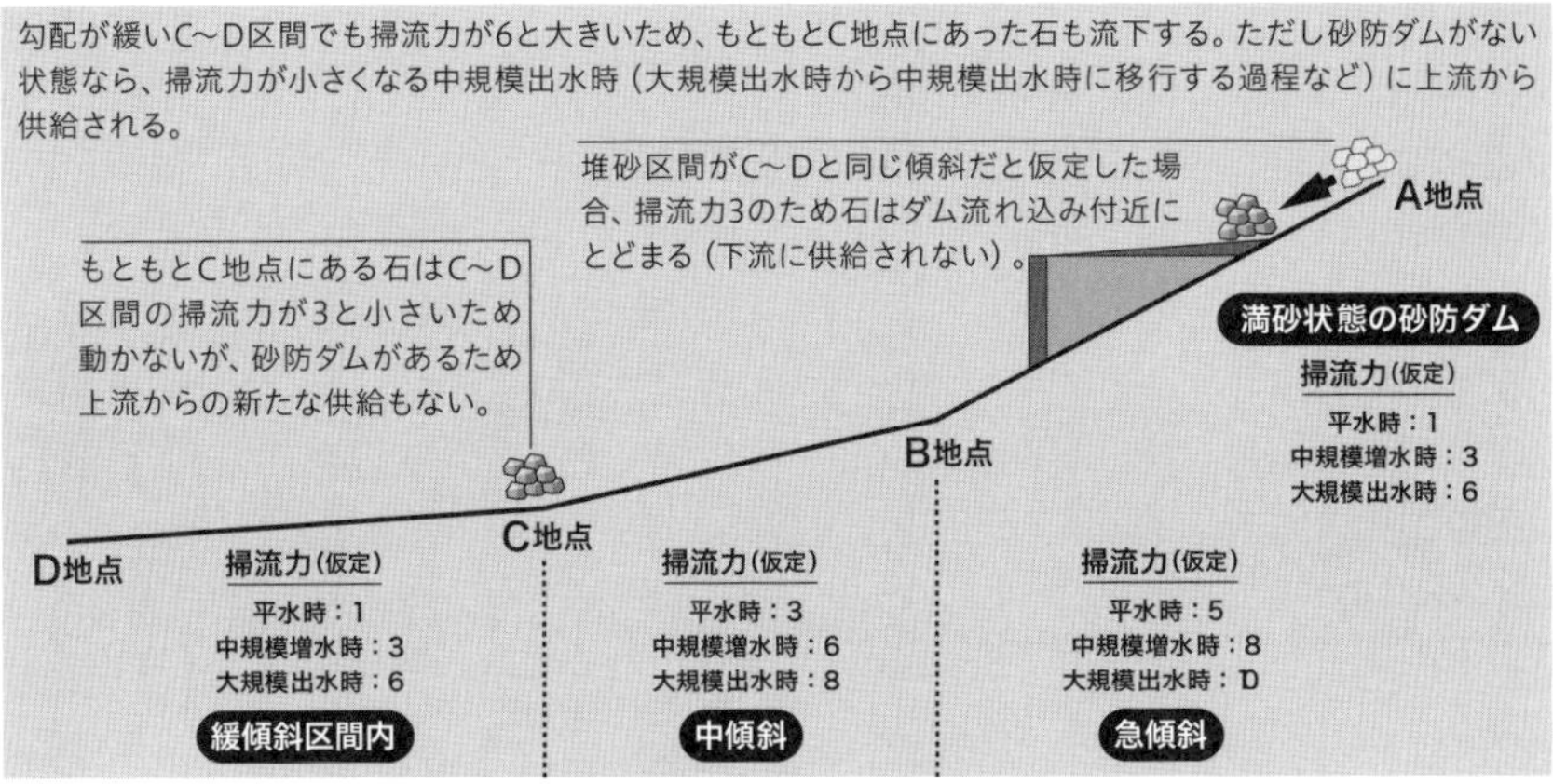

勾配が緩いC～D区間でも掃流力が6と大きいため、もともとC地点にあった石も流下する。ただし砂防ダムがない状態なら、掃流力が小さくなる中規模出水時（大規模出水時から中規模出水時に移行する過程など）に上流から供給される。
堆砂区間がC～Dと同じ傾斜だと仮定した場合、掃流力3のため石はダム流れ込み付近にとどまる（下流に供給されない）。
A地点
もともとC地点にある石はC～D区間の掃流力が3と小さいため動かないが、砂防ダムがあるため上流からの新たな供給もない。
満砂状態の砂防ダム
掃流力（仮定）
平水時：1
中規模増水時：3
大規模出水時：6
B地点
C地点
D地点
掃流力（仮定）
平水時：1
中規模増水時：3
大規模出水時：6
緩傾斜区間内
掃流力（仮定）
平水時：3
中規模増水時：6
大規模出水時：8
中傾斜
掃流力（仮定）
平水時：5
中規模増水時：8
大規模出水時：10
急傾斜

•資料4• 中規模出水時／満砂した砂防ダムがある状態

砂防ダムが建設され、そのダムが満砂状態になった場合、河川勾配は緩やかになり掃流力は小さくなる。ここでは堆砂区間の傾斜がC～D区間と同じと仮定。すると中規模増水時における堆砂区間の掃流力は3であるため、石はダム下流に供給されないことになる。

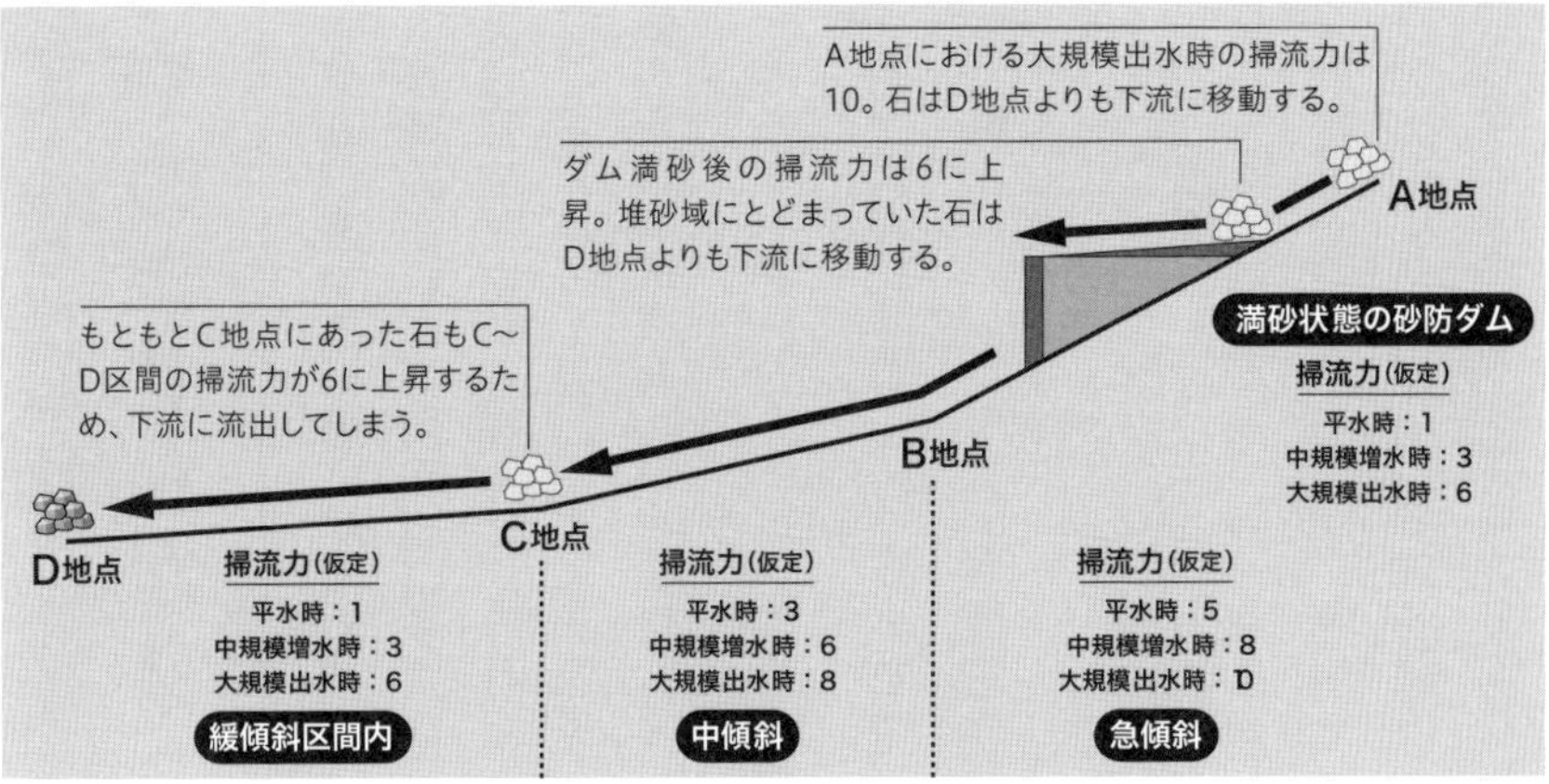

A地点における大規模出水時の掃流力は10。石はD地点よりも下流に移動する。
ダム満砂後の掃流力は6に上昇。堆砂域にとどまっていた石はD地点よりも下流に移動する。
A地点
もともとC地点にあった石もC～D区間の掃流力が6に上昇するため、下流に流出してしまう。
満砂状態の砂防ダム
掃流力（仮定）
平水時：1
中規模増水時：3
大規模出水時：6
B地点
C地点
D地点
掃流力（仮定）
平水時：1
中規模増水時：3
大規模出水時：6
緩傾斜区間内
掃流力（仮定）
平水時：3
中規模増水時：6
大規模出水時：8
中傾斜
掃流力（仮定）
平水時：5
中規模増水時：8
大規模出水時：10
急傾斜

•資料5• 大規模出水時／満砂した砂防ダムがある状態

砂防ダムが満砂状態で大規模出水が発生した場合、石はダム下流に流下するものの、C地点を通り過ぎてさらに下流まで移動してしまう。また中規模出水時にC地点にとどまっていた石も同時に流出する。つまりC地点の河床はダム満砂後も低下し続けると予想される。

砂防ダムを造り続けて130年……この愚行、そろそろやめませんか？

河川における公共事業といえば巨大な貯水ダムが真っ先に思い浮かぶ。しかしその陰で数多くの砂防ダム、治山ダムが建設され、河川環境に多大な影響を及ぼしてきた。山間地であるがゆえに目立たない存在だが、それらの事業にいち早く注目し、問題点を指摘してきた釣り人がいる。『渓流保護ネットワーク・砂防ダムを考える』代表の田口康夫さんに話を聞いた。

『North Angler's』2023年12月号掲載

砂防ダムがもたらすさまざまな副作用

全国各地でさまざまな問題を生じさせているダム事業。報道などで知ることができるのは主に巨大な貯水ダムであることが多い。一方で比較的小規模な砂防ダムや治山ダムがクローズアップされることは少なく、人知れず、そして確実に日本の川を蝕んできた。それは現在に至るまで変わっておらず、今こうしている間も建設され続けている。

砂防ダム、治山ダムは小さな枝沢にまで建設される関係上、渓流魚に対しさまざまな影響を及ぼしている。海から遡上してくるサクラマスやアメマスに対してはもちろんだが、陸封されたヤマメやイワナをはじめあらゆる河川生物に対する移動阻害をもたらしている。また生息域の分断による多様性の破壊は深刻だ。

土砂を貯めるという性格上、魚道を設置しても機能しない場合が多く、残念なことに土砂が堆積し水が流れていない魚道が釣り人にとってのごく当たり前の光景になっている。そんな現状を前に、本来は河川管理者が行なうべき魚道清掃をやむを得ず実施している釣り人グループもあるが、ひとたびまとまった雨が降ると〝元の木阿弥〟となるのが実状である。

問題は生物の移動阻害ばかりではない。土砂移動を阻害することから、ダム下流部では河床低下および河床低下を起因とする河岸崩壊も問題視される。とくに北海道はそれが顕著であり、護岸や橋脚の崩落、河畔林の流出など二次的災害をもたらしていることも指摘されている。

このように河川生態系に対してさまざまな副作用をもたらす砂防ダムと治山ダムだが、人々の関心は残念ながらあまり高くない。それは市民グループにおいても同様である。貯水ダムに関しては全国各地でその問題に取り組む市民グループがあるものの、砂防および治山ダム専門の団体はきわめて少ないのだ。

ひとつは北海道の『流域の自然を考えるネットワーク』（代表・宮崎司さん）。同団体スタッフの稗田一俊さんが積極的に現地を視察し、ホームページ等で現状を伝えている。そしてもうひとつが長野県に拠点を置く『渓流保護ネットワーク・砂防ダムを考える』である。

必要性は本当にあるのか？

『渓流保護ネットワーク・砂防ダムを考える』の代表を務めるのは、長野県松本市在住の田口康夫さん。同氏が砂防ダム問題に関心を持つに至ったきっかけは実に明快。自身が無類の釣り好きだったからだ。

「大学入学を機にいったんは東京に出ました。そして就職も東京。しばらく松本から離れていたわけですが、帰省すると渓流釣りに出掛けていました。そして30歳の頃だったと思いますが、砂防ダムが増えていることが気になり始めたんです」

当時、高度経済成長期からバブル時代に差し掛かる端境期ではあるものの、日本経済が好況期であったことはいうまでもない。さまざまな公共事業が推し進められており、それは平地のみならず人里離れた山間地にまで及んでいた。砂防ダム、治山ダムも次々と増設されていた時代である。

不景気が続く現在も砂防ダムは建設され続けているが、すでにダムだらけの渓流に新設される昨今に対し、当時は自然豊かな渓流に、こつ然と砂防ダムが姿を現わした。今以上にその存在は異彩を放っていたに違いない。

「砂防の専門家や砂防工事事務所に話を聞きにいったんですが、納得のゆく説明はありませんでした。造る側は一応、論理はしっかり持っている。でも本当に災害を防げるのか、この点を関連付けて説明してくれる人はいませんでした」

砂防ダムの目的はいうまでもなく防災である。土砂災害を防ぐことが目的だが、はたしてそれが可能なのか。可能であるとするならその根拠があるはず。行政はとかく数字でものを考える。ならば「土砂災害防止を裏付ける数字があるはずだ」と田口さんは考えていた。

ところが砂防を造れば安全になるという根拠を明確なかたちで示してくれる人はついぞ現われなかった。そこで田口さんは実際に土石流災害の発生事例等を調べ始めた。1980年前後、30代前半の頃である。

砂防ダムの限界を知る

「砂防ダムによって安全が担保されるのか。とても疑問に感じました。というのも、どこでもそうですが、土石流災害が発生している場所にも砂防ダムはすでにあったからです。当時、砂防事務所も大学の専門家も『必ずしも土石流を止められるとは限らない』と認めていました。つまりコントロールしきれない、と。じゃあ、なぜ造るのか。いつまで続けるのか。砂防によって安全になるのか、ならないのか。その結論に近づくために整備率について考えるようになりました」

整備率とは想定される土砂量に対する砂防施設の割合のこと。目指しているのは当然100%ということになるが、そもそも流下してくる土砂量の算定は難しく、曖昧な予測値をもとに整備率も決定される。とはいえこうした目標値がなければ砂防事業を進めることができないため、便宜上用いられる数値だといえそうだ。全国平均の整備率はいかほどなのか。

「私が砂防問題に取り組み始めた頃、整備率は20%程度でした。2023年現在でも22%にすぎません。明治の頃からものすごいお金と時間を掛けてやってきたけれども、この程度です。たとえばあと１００年かけて40％に持っていこうとしても、それまでに造ってきたものは壊れてゆく。コンクリートの寿命を考えると今後も20％台から引き上げることは難しいと思います」

砂防事業は砂防法制定（明治30年）よりも前、明治20年代から続けられてきたといわれる。現在まで１３０年以上の歳月を重ねてきたことになるが、それでも整備率はまだ22％。報道では過去の経緯に触れることなく数値のみが一人歩きすることがある。その場合、22％では不充分！　整備率が低いのだからもっと砂防を！といった世論誘導につながりかねない。しかし、ほんの少し考えれば22％という数値こそが砂防事業の限界を証明していることになる。

さらにもうひとつ別の視点もある。田口さんは言う。

「海洋プレートの沈み込みの影響で南北アルプスは隆起していて、その速さは南アルプスが1年で数mm、北アルプスは10年で数mmといわれています。北アルプスで考えると隆起が始まったのは数千万年前から。単純計算で、１０００万年で３０００ｍです。日本列島が隆起し始めたのが約２０００万年前といわれているので、現在の３０００ｍ級の山々は本来６０００ｍを超える計算になります」

山々の隆起は造山運動と呼ばれることもあるが、少しだけ捕捉すると太平洋プレートとフィリピン海プレートの沈み込みによってユーラシアプレートが押し上げられ、その影響により北アルプス、南アルプスは隆起を続けていることになる。であるなら、北アルプスは計算上６０００ｍ級の山々に囲まれていても不思議ではない、ということ（南アルプスはそれ以上）。ところが現在の北アルプスに6000m級の山は存在しない。浸食や風化によって隆起した分の土砂が崩れ落ちているからだ。田口さんは続ける。

「つまり、3000m分の山体が下流域に移動したことになります。我々人間は膨大な土砂の移動経路（沢や谷や川付近、山の裾など）の上で生活していることになり、そうした土塊の移動現象を人間ごときが止めることなどできようはずもありません。要するに砂防・治山ダムはこのような自然現象に対して無駄に抗する事業だということ。その現実を認識すべきなんです」

では、どのように土砂災害を防止すればよいのだろうか。

「土地利用（の規制）という視点が必要です。実は国交省もその考えを持っていて、1990年代の終わり頃、ハード（砂防ダム建設）だけでなくソフト（転居や避難態勢など）も重要だと言い出した。また2001年には土砂災害防止法が施行され、危険な場所については住民に周知するようになりました。とくに危険だとされる場所（特別警戒区域）については住宅建設の規制のほか転居を促すことになっています。その理念は大賛成なんですが、安倍政権以降、おかしな方向に進んだように思います。土地利用について国交省はあまり言わなくなった。砂防ダムを造りたいがため、土砂災害防止法の理念が歪められているような気がします。平均砂防整備率をこれ以上高めることができていない現状では、本気で土地利用規制を考えなければ、2021年の熱海のような大災害が繰り返されるのではないでしょうか。現状の河床低下や海岸線後退などの諸現象を考慮するならば、すべての砂防ダムのスリット化、渓流復元化などを実施し、その後再度土砂流出の収支を実測し、砂防ダムや貯水ダムの影響評価をやっても遅くはないと思います」

歪められる理念の陰で新たな砂防ダムが次々と建設され、古いダムが壊れてゆく。実際に劣化あるいは被災によって壊れているダムはどのくらいあるのだろうか。

「砂防ダムのデータではありませんが、1964年からの4年間に全国で769基の治山ダムが壊れていたことが分かりました。この現実を知った時、自分の考えが間違っていないことに確信が持てました」

田口さんが砂防問題に取り組み始めたのは1994年頃。松本市内の環境市民グループ『水と緑の会』（1992年に結成）の砂防専門部として現状調査に専念した。同会は松本市周辺の問題に取り組むことを基本とするが、砂防は市レベルの事業ではなく国あるいは県の事業であることが多い。そこで全国の問題として取り組む必要性を感じたという。

牛伏《うしぶせ》川の渓流再生事業

1998年、砂防ダム問題を専門とする市民グループ『渓流保護ネットワーク・砂防ダムを考える』を発足させた田口さんは、翌1999年から本格的に砂防問題に取り掛かった。

発足時、近々の課題は長野県内に計画中の砂防ダム問題だった。梓《あずさ》川支流の島々谷《しましまだに》川上流に巨大砂防ダムが計画されていたのだ。

ハードの限界は数値からも明らかであり、

土石流災害を防止できる保証はない。それでいて膨大な予算を浪費してしまう。そうした視点で行政に説明を求めるとともに要望書を提出するなど、地道な交渉が続いた。そのかいもあって島々谷の砂防ダム計画は幸いにも中止となった（正確には休止状態）。

新規建設を阻止した同ネットワークだが、砂防事業計画に反対するだけの団体では決してない。実は環境の改善にも尽力しており、その成果のひとつが信濃川水系・奈良井川《ならい》支流の牛伏川《うしぶせ》における床固工群改修事業（牛伏川渓流保全型工法）だといえる。

牛伏川は過去に繰り返された工事により床固工（落差の低い堰堤）が連なる人工流路となっているが、1990年代初頭まで一部の区間に限り自然の流れが保たれていた。ところが1990年代後半、わずかに残る自然区間にコンクリートを多用した落差1～7mの床固工群（9基）と帯工（10基）の建設が始まり、イワナもほぼ絶滅してしまったという。それはまるで死の川の様相を呈していたが、数年後、牛伏川に劇的な変化がもたらされる。

2002年、人工的な床固工群を改修し、流れを再生させる試みが始まったのだ。田口さんは振り返る。

「当時の長野県は田中康夫知事時代。行政も我々の意見に耳を傾けてくれました。そこで行政、コンサル、施工業者との間で協議を繰り返し、周辺の自然渓流にも出掛けては石の組み方や流れの変化を観察した。その結果、自然渓流と同じような石の配置、流れを再現することができたわけです」

床止工の落差はほぼ解消され、水生昆虫の増加に伴いイワナも復活。自然再生の試みとして数少ない成功例になったといえる。

「砂防ダム等によって環境が荒廃した河川では、それを改善させるための方法は大きく分けて2つあります。ひとつは牛伏川のように既設の床固工を自然石に置き換える改修。もうひとつはダムのスリット化改修です。どちらの工法がよいかは流域住民の皆さんが決めるべきですが、現場の状況や予算によって工法を選択するほかないと思います」

すでにスリット化の技術は確立されており、各地で既設ダムのスリット化が実施されている。一方で牛伏川のような石組みによる改修は技術者のレベルに左右される一面もあり、事例は少ない。その意味でひとまず後者（スリット化）が無難な提案だといえるが、理想は牛伏川の事例だろう。

自然渓流と遜色ない流れを再現している牛伏川には、全国各地から技術者や行政関係者、市民グループ等が見学に訪れている。しかし……。

「牛伏川の工法は魚道とは次元が違う発想で施工されたもので、渓流環境復元工法の位置づけです。そのためか、見学したほぼすべての人が次のような感想を述べてくれます。『これが人工的な改修だとは驚き』、『どう見ても自然渓流そのものに見えます』と。そうした評価をいただくのはありがたいことです。が、率直な気持ちとしては、見学するだけでなく帰ってから自分たちの周りの砂防ダム改修にも役立ててもらいたい、ということ。牛伏川だけで終わらせてはいけないと思うんです」

かつて床固工（一見すると小さな砂防ダム）が階段状に乱立していた死の川を見事に再生させた牛伏川。その事例を参考に各地で同様の改修が実施されることになれば、日本の渓流環境は飛躍的に改善することになる。次の世代にバトンを渡したい、それが田口康夫さんの願いである。

コンクリート構造物である宿命として考えるなら、当然のように砂防ダムにも寿命はある。砂防事業が始まってから130年もの歳月が経過しているが、現在の砂防整備率は平均で22％程度。造っては壊れる、その繰り返しであることが分かる。写真は山形県内の最上川水系野川の砂防ダム。大規模出水により崩壊し、スリット式砂防ダムのようになっていた。土砂が下流に供給されたことで、下流部の河床環境はむしろ改善している（2023年撮影）

牛伏川で実施された再生事業では、砂防堰堤の落差を石組みによって解消している。全国から見学者が訪れるものの、このお手本的な改修がほかで実施された事例は聞こえてこない

第3章・まとめ

森と海とをつなげていたはずの川は、貯水ダムや砂防ダム等の河川横断構造物によって物質循環が封じられている。魚類の移動ができなくなるのはもちろんのこと、栄養塩の流下を妨げ、下流に供給されるべき礫（土砂）もまた、海に届かなくなっている。土砂移動の阻害は海岸侵食を引き起こすだけでなく河床高の低下を招き、河床低下に伴う河岸崩壊は道路陥没など二次災害をも引き起こしている。

防災を目的に次々と追加される人工構造物だが、それらが新たな災害を引き起こしているとなれば、矛盾を感じずにはいられない。

日本にはすでに3000基以上ものダムが建設されているという。であるなら水害は軽減されるはず——そう考えるのが自然だ。ところが現実はそうなっていない。原因のすべてを温暖化原因説で片付けようとする向きもあるが、おそらくは水害が頻発した時代は戦後まもなくの昭和20～30年代だと思われる。戦後復興による森林の大量伐採が行なわれていたからだ。現代の治水計画に影響を与えたカスリーン台風（利根川水系／昭和22年）やアイオン台風（北上川水系／昭和23年）、三六災害（天竜川水系／昭和36年）などがその代表例である。

当時と現在を比較すると、拡大造林によって森林面積は増

2019年に完成したサンルダム（北海道・天塩川水系）。本当に必要だったのか？　工事がほしかっただけではないのか？　そんな疑念が付きまとう

加しており（放置人工林という新たな問題も浮上しているが……）、ダムは３０００基以上を数えるまでになっている。であるなら水害は過去のものになっていてしかるべきなのだが、そうはなっていない。

そして近年、単一の水害被害として過去最大とされるのが令和元年（２０１９年）の台風19号である。関東甲信から東北地方にかけての71河川で１４０ヵ所もの堤防の決壊が確認され、甚大な被害をもたらした。

ダムは、水害を防いでくれるのではなかったのか？　苦渋の決断としてダム建設を受け入れた流域住民のなかにはそう考える人も少なくないはず。結局、ダムに依存する洪水対策は期待したほどではなかったというわけだ。

そもそも我が国においてダムは本当に有効な治水対策だといえるのか。日本の河川は急流河川だからダムが必要だ！と考える人もいるようだが、冷静に考えると真逆の結論に至る。

ダムによる洪水調節能力を決定づけるのはいうまでもなく貯水容量（洪水調節容量）である。貯水容量が大きければ治水効果も高まるが、小さければ大きな効果は得られないからだ。

本章でも触れているが、日本で建設された約３０００基もの貯水ダム、そのすべてのダムを合わせても貯水量はアメリカの

フーバーダム1基の半分程度でしかない。理由は緩流河川のアメリカに対し日本は急流河川だからである。急流河川においてダムの貯水量が少なくなるのは必然。貯水量が少なければ洪水調節容量も少なくなり、治水効果も期待したほどではない、ということになる。

近年頻発する水害の原因は、土を盛っただけの脆弱な堤防とダムに頼りすぎた治水対策だといえそうである。

堰堤に遡上を阻まれるカラフトマスの群れ

第4章

豊かな森が豊かな川をつくる

流域の山域に雨が降り、川に流れ込み、やがては海に注ぐ。河川環境は独立したものではなく、そのような物質循環のなかにある。つまり周辺の環境が川の様相を大きく左右するのだが、なかでも直接的に影響するのが森だ。 この章では河畔林と川の関係を中心に、河川周辺の自然環境について掘り下げてみたい。

放置人工林問題　その一
保水力を失った林は渇水と濁流の原因

人が手を加えず自然の推移にまかせればよい天然林に対し、植林された人工林は間伐や枝打ちといった人為的作業が不可欠とされる。ところが日本の人工林のおよそ8割は、手入れを怠った放置人工林だといわれ、さまざまな弊害をもたらしている。そのひとつが土砂災害。さらに河川の慢性的渇水も、放置人工林が原因だといわれる。岐阜大学工学部教授の篠田成郎さんは、専門の水文学の視点から放置人工林について研究。警鐘を鳴らすとともに改善策を提案し続けている。

月刊『つり人』2019年7月号掲載

河川に渇水をもたらす放置人工林

日本の森林面積の約2500万haのうち、4割を占める約1000万haが人工林だといわれる。昭和30年代、国が拡大造林政策を推し進めたことで広葉樹を主体とする天然林は各地で皆伐され、木材価値の高いスギやヒノキなど針葉樹が植林されていったからである。ところが昭和39年には木材輸入が全面自由化となり国産材の価格は下落。間伐（間引き）や枝打ちなど手入れを行なえば行なうほど、林業従事者は赤字を抱えることになった。

このため、現在の人工林は全体の約8割が間伐などの手入れが行なわれていない放置人工林になっている。植林時のまま生長した森は過密状態で暗く、やせ細った木々はいつ倒れてもおかしくない状況である。そんな放置人工林が河川環境に与える影響は決して小さくない。

放置人工林は土砂災害と慢性的渇水を引き起こす。たとえば西日本や九州に目立つ土石流災害を見た時、いずれの場合も決まって急傾斜地の人工林が崩れている。またこうした森が源流部および両岸に広がる渓流は慢性的な渇水に悩まされていることからも、土砂流出と渇水は同じ地域、同じ森で起こる事象であることが分かる。

そのメカニズムはどのようなものなのだろうか。水文学を専門とする岐阜大学工学部教授の篠田成郎さんは、降った雨がどのような経路で川に供給されるのかを研究する過程で人工林施業の重要性に長年注目してきた。

「人工林は手入れを行なうことを前提に植林されますが、枝打ちや間伐が実施されない放置人工林は必要以上に葉が茂っています。これらの葉を維持させるために木々は水を吸い上げ、空気中に蒸散させているわけです（蒸散量が増える）。つまり地面に染み込む水分が少なくなることで土壌が乾燥化し、そこにいきなり雨が降ると土砂が流出しやすくなると言えます」

天然林であれ人工林であれ、木々は生長するために土壌の水分を必要とするが、間伐が行なわれない密度の高い人工林は土壌内の水分を吸い上げると同時に蒸散させ、本来河川に流れ出るべき水分をも奪ってしまう。そして土壌は乾燥化し、土砂の流出という現象が発生することになるという。

保水力を左右する微細粒土砂

枝打ちや間伐が実施されると、それまで暗く鬱蒼としていた林内により多くの太陽光が注ぐことになる。つまり林内日射量が多くなるわけだが、それに伴って林床の草や低木が茂り、地面を覆うため、土壌の水分が蒸発しにくくなるという（**P274注1**）。

蒸発や蒸散による水分が減少するということは、土壌の水分量が増加することを意味し、これにより土壌内の微生物が活発化する。ひいては植物の生長率が増加することになる。

調査は岐阜県内の人工林で行なわれた。間伐実施林と未実施林（放置人工林）、さらに調査途中で間伐した森の3つが隣接している区域のため気候は同じ。比較するには最適な条件下で調査が実施されている。

「まずは土壌についてですが、特に0・1㎜よりも小さい粒径の微細粒土砂に注目しました」

なぜ微細粒土砂が重要なのか。篠田教授は言う。

「水は毛管作用によって細かい粒子の周りに溜まります。細かいほうが表面積は大きくなるのでいっぱい水がくっつく。ところが細かい土砂がなくなると水を保持できなくなります」

つまりは微細粒土砂の量によって保水力が左右されることになり、土壌に水分が多く含まれる森ならば微細粒土砂が多く、河川における渇水も少ないと予想できるわけだ。

「間伐した森では約90%が微細粒土砂であるのに対し、間伐していない森は約50%しかなかった。つまり間伐実施林では微細粒径土砂が残っているものの、未実施林では流出したことになります。さらに渓流の水に含まれる微細粒土砂について間伐した森で調べてみました。結果、間伐直後には約40%が川に流入していましたが、間伐後1年が経過する頃にはわずか数%にまで減少していました。間伐したことで下層植生も回復し、同時に土壌水分も保たれやすくなり、細かい土砂が流出しにくくなったといえます」

調査結果から、間伐実施林では微細な土砂が大半を占める一方、未実施林ではそれらが流出していることが分かったという。河川が濁りやすいのはこうした理由からだろう。間伐することで（下層植生が回復することで）微細粒土砂の流出を抑制できることが明確になったというわけだ。

微細粒土砂の量による違いは水分量でも明らかになる。それは手にとっても分かるほどの差異だという。

「間伐していない森の土壌は手にとって握っても固まらない。パサパサです。一方の間伐している森の土壌は握ると固まる。より水分を含んでいるということです」

水分を多く含むことは即ち、保水力を備えている証でもある。人工林において間伐がいかに重要であるかを示しているといえよう。

「最近の研究では微細粒土砂のごく小さな塊、団粒に注目しています。微生物が出す粘液によっていくつもの細かな土がひと塊になったものですが、これが水分をより多く付着させるとともに、間隙水の移動でも微細土粒子を流出させにくくしていることが分かってきました」

団粒とは微細粒土砂の小さな塊であり、ミミズの糞を想像すると分かりやすい。土壌中の生物によって生み出されるこうした物質が、森の保水力の源というわけである。

土壌中の微生物が川を救う

ここでいう微細粒土砂とはそもそもどのように形成されるのか。微細粒土砂とは、葉や枝が分解されて形成される腐植土とほぼ同義となる。よって微細粒土砂の有無あるいは量は、土壌中でしっかりと分解作用が働いているかどうかが鍵を握る。

では分解が促進されるにはなにが必要なのだろうか。それは地面に落ちた葉や枝を土に変える（分解させる）微生物の存在である。微生物が多ければ微細粒土砂も比例して多くなり、水分も捕捉しやすくなるという。篠田教授らの研究グループが調査した結果、間伐実施林は未実施林に対し約3・5倍も微生物の量が多いことが分かっている。

「水分が多ければ微生物の活動が活発になって分解します。あるいは微生物が多ければ分解が活発になり水分を保持しやすい細かい粒径の土壌が作られます。確実に言えることは微生物もしくは水分を戻してやるような森づくりをすれば、森が、河川が回復するということです」

急な増水と減水についても間伐施業が大きく関係する。篠田教授らは間伐の有無と水分量の増減について確証を得るため、土壌中水分量の時間変化を調査した。

「間伐された森は雨が降り出すとゆっくり

とした速度で水分量が上昇し、雨がやんでも元の状態に戻るまで時間を要します。ところが間伐していない森ではいきなり水分量が上昇し、戻るのも速い。つまり間伐してある森がある程度の時間水分を残しているのに対し、未間伐林は水を貯めておけない。いわゆる保水力が少ないことになるのです」

水が入るのも速ければ出ていくのも速い未間伐の放置人工林。そうした森に囲まれている河川が多い昨今、急に増水したのちすぐに渇水に逆戻りするのもうなずける。

深刻さの度合いは、川底に貯まっている泥を見れば分かると篠田教授は言う。

「粗い粒径の砂しかないならまだ大丈夫ですが、黒っぽい泥が貯まっていると腐植土が流出していることを示しています。茶色い有機質の泥はふたとおり考えられて、ひとつは腐植土が完全に流出しその下にある土壌が浸食されている状態。もうひとつは林道建設により無機質なものが出ているかのどちらかです。ひどいところはもうほとんど有機質はありません。黒い土が出ているうちはまだ救えると思いますが、黄土色の濁質になる場合はかなり危ないといえます」

増水時における黄土色の濁り、それはすでに見慣れた光景になってしまっている。森林の状態が改善不可能なほど深刻なレベルにあることを想像させるのだ。

下層植生を回復させる森林施業

では、河川における慢性的な渇水や増水時の濁水は改善の余地があるのだろうか。この場合、森林の状態を個別に見て施業計画を考える必要があると篠田教授は言う。

「まずは光が少しだけ入るように葉が重なっている部分だけを伐ることで下層植生が生まれます。最初のうちはこの下層植生が枯れて堆積する腐葉土に期待するしかありません。ここにスギやヒノキの葉などが落ちて分解を促進させると、細かい粒径の土砂が少しずつ増えて微生物が戻ります。この状態にまで回復してようやく次も伐っていいと。このように徐々に間伐量を増やしてゆく施業が必要です」

篠田教授が指摘するように、まずは下層植生の回復が第一段階になるわけだが、ただ光を入れればよいと、間違った知識が一人歩きしている感もあるという。

「なぜ光を入れるのか、なぜ下層植生が必要なのか考える必要があります。目的は腐植土を再生させるためなんです。すでに腐植土がなくなった森で強度間伐してしまうと、下層植生の再生を待つことなく土壌が流出してしまう。森林の状態を個別に見ながら、というのはそのためです」

こうして話を聞いてみると、もはや手遅れとも思える森も再生が決して不可能ではないことが分かってくる。ただし林業従事者が指摘どおりの手入れを行なうには、さまざまなハードルがある。そもそも赤字になる状況で作業を続けることは難しいのである。このため持続可能な地域振興策との連携が重要となってくるといえよう。その取り組みについては、次項で詳しく紹介する。

注1　蒸散は呼吸のみならず光合成によっても生じる。呼吸と光合成は材積にほぼ比例するため、日射量が変わらない条件では枝打ちや間伐による葉面積減少が蒸散量を減少させる。一方、林内日射量増加は光合成量を増大させるため蒸散量を増やすことになるが、むしろ林床での下層植生の繁茂に大き

く寄与しており、下層植生が土壌表面を覆うことでその付近での水蒸気量を維持し、その結果として土壌から大気への蒸発を防ぐことになる。以上のメカニズムをまとめると、枝打ちや間伐↓（a）上部植生の葉面積減少による蒸散量減少↓林床に届く林内日射量増加↓林床地表面を覆う下層植生（草や低木）増加↓地表面と下層植生の間の空気層における水蒸気が飽和↓（b）土壌から大気への蒸発量減少↓（a）と（b）の効果により土壌内の水分量維持、となる。

放置人工林は土壌内の水分を吸い上げ、河川に慢性的渇水をもたらしている。同時に土壌の乾燥化は土砂の流出を発生させ、最悪の場合は土石流災害をも発生させる

比較的手入れが行なわれている人工林の土壌。写真では分かりにくいが、断面を見ると土の色に違いがある。最上部は腐植土層があるために黒く、その下は有機物が少ない無機質土層が堆積していることで茶色い。近年の増水で河川が茶色く濁るのは、腐植土層だけでなく、すでに無機質土層までも流出している証といえる。「黒い土が流出しているうちはまだ回復を見込めるが、茶色い土の流出が始まると危険」だと、篠田成郎さんは言う

間伐が実施されない放置人工林の土壌は水を蓄える腐植土層が流出していることが特徴。このため微細粒土砂（粒径が細かい土）は見られず、粒径が粗い石がゴツゴツと転がっている

放置人工林問題　その二
岐阜県郡上市に学ぶ持続可能な林業のかたち

放置人工林がさまざまな問題を生み出すことは前項で書いたとおり。その解決策として考えられるのが、枝打ちや間伐などの手入れだ。とはいえ、当然ながらそれらの事業は経済的に成り立たなければ継続できない。郡上市での取り組みから、放置人工林の問題を解決する糸口を探る。

月刊『つり人』2019年8月号掲載

下層植生が保水力と防災のカギ

全国的に放置人工林が問題視される昨今、河川の慢性的渇水のほか、降雨時には土砂流入による濁りが発生するようになった。その対策として人工林の手入れ（枝打ちや間伐）が不可欠であることは前項でお伝えした。

健全な森林で見られる土壌は通常、上層に腐植土層、その下に無機質な土壌が堆積し、そのさらに下層は岩盤となる。腐植土層とは、地面に落ちた木々の葉や下層植生（地面に生えている草など）が分解されたのちに形成される土壌であり、多くの水分を貯留することができる。つまり腐植土層が減少すると河川は渇水、あるいは降雨時に濁水となり（腐植土層や無機土層が流出）、河川環境は悪化の一途をたどる。

前出の篠田成郎さんによれば、川底を見た際、「黒っぽい泥が貯まっていると腐植土が流出していること」を示し、黄土色の泥は「腐植土が完全に流出しその下にある土壌が浸食されている状態」または「林道建設により無機質なものが出ている」かのどちらかだという。そして「黒い土が出ているうちはまだ救えるものの、黄土色の濁質はかなり危ない」と指摘する。

手入れを怠った放置人工林は、上層にあるはずの腐植土が流出していることが多く、土壌には目の粗い土や小石（無機土層）しか残らない。さらにひどい森ではこの無機土層まで流出していることがあり、最悪の場合は地すべりを引き起こす原因ともなる。保水力の源である腐植土層を失った放置人工林、そんな森に囲まれた渓流では慢性的な渇水と降雨時の濁流を繰り返すというわけである。

どうすればよいか。篠田教授は「細かい粒子（細かい土砂）で形成される団粒が重要」と話す。団粒は空隙が多く、表面積が大きいため水をたくさん蓄えられる。こうした土壌は上部植生から落ちてきた枝や葉が分解されてできた有機物で構成されており、有機物量が多いほど水分も多いという。

「団粒を増やしてやるには何が必要かというと、有機物を分解してくれる微生物を増やす。そこに行き着くわけです」

では、微生物を増やすにはどうするのか。

「最初のうちはこの下層植生が枯れて堆積する腐葉土に期待するしかありません」

しかしながら、林業事業者の高齢化や国産木材の低価格化により間伐材の価値は低く、理想的な森林施業を実施するには数多くのハードルがある。そこで持続可能なコミュニティの形成が不可欠になると篠田教授は言う。

保水力を左右する土壌中の微細粒土砂

河川の渇水を引き起こさず、また降雨時に林床部の土壌が流出しない人工林を育てるには、下層植生とそこに生息する微生物が重要になるわけだが、それを左右するのは間伐のさじ加減である。

「間伐は隣同士の枝と枝が触れ合う手前くらいの間隔がいいと思っています。触れ合ってしまうと光も入らないし樹冠滴下雨も大きくなる。間隔があまりに広すぎると樹冠遮断がなくなってしまいます。航空写真などで真上から見て地面がかすかに分かる程度にしておくのが一番いい。まるっきり見えないのが放置人工林です」

篠田教授が言う樹冠滴下雨とは、葉に付着した雨が大きな滴として地表に落ちるものを指し、樹冠遮断とは葉に雨が付着した状態、つまりは葉がいったん貯留する雨水を指す。

間伐を行なっていない人工林において枝が混み合った状態では、葉に付着した雨による滴下雨が土壌に対しダメージを与える場合があるという。直接地表に降る雨の粒は小さいことから大きな衝撃とはならないが、滴下雨は雨粒が大きいために衝撃も想像以上に大きいのだという。

一方で強度間伐を行なって樹間が広がりすぎると、樹冠遮断がなくなり葉に付着する水（葉が貯留する水）が減ることになる。このため保水力は腐植土層のみとなり、ただでさえ腐植土層が貧弱な人工林では充分な保水力を期待することができなくなる。

これらさまざまな事象を考慮したうえでの最善のバランスが枝と枝とが触れ合わない間隔の間伐というわけである。

しかし理想と現実は乖離するものである。伐りすぎない間伐は施業の回数が増えることを意味するが、材価が安い昨今にそれを林業関係者に強いることは難しい。

「通常はだいたい5年から10年の間に1回間伐を行なうべきといわれているんですが、そんな頻度ではなかなかできないと。どうしても20年に1回程度になってしまうため、1回山に入った際にたくさん伐ることになる。致し方ない面もあるわけです」

となると林業を地域経済の一部として確立する必要が出てくる。そこでまずは地域社会とのつながりを確保するため、林業関係者のみならず周辺住民の理解を深めるための試みが必要となる。

岐阜県下ではすでに林業事業体や行政、研究者、一般市民など計四十数名の参加により研究会を実施している。「森の通信簿」と題して県内の人工林を評価する手法として、各地の人工林が現在どのような状況にあるのか確認するものである。現地調査には子どもも参加できるようにし環境学習にも役立っているという。篠田教授は言う。

「評価を進めてゆくと、木材生産に適したところは木材生産をすればいい、木材生産には適さないけれども生物多様性に優れている、あるいは土砂流出の防止が優れているならそこに特化した森づくりを考えたほうがいいといったぐあいに、森の通信簿で評価することによってさまざまな判断ができるようになりました。これをやってゆくと森林がどんな働きをしているのか、自分たちは森林に対して何を考えなければいけないのかが分かってくる。さらに、実際にこの調査に参加した人たちが楽しくて役に立つということで、皆さんやる気になってくれるわけです」

森の通信簿は住民の理解にもつながっていった。理解が深まると地域経済との連携も可能になってくる。すでに郡上市明宝では地元の間伐材を用いたバイオマスエネルギーが活用されているという。

間伐材が河川環境改善に貢献

郡上市明宝（旧明宝村）にある明宝温泉『湯星館』では、2014年から木質バイオマスボイラーが稼働している。地域で産出された間伐材を原料とし、薪やウッドチップといった森林資源をエネルギーとして源泉の加熱および給湯や施設の暖房に活用しているのだ。地域のエネルギー源として森林資源を有効活用し、森林整備の促進はもとより地域経済の活性化を目指した取り組みである。

もともと湯星館の源泉は温度が40℃前後のため追い炊きが必須だった。夏場は少しの追い炊きで問題ないが、冬場になると源泉の温度が低下するため以前は灯油をエネルギーとして暖めていたという。篠田教授は次のように説明する。

「実は当時、売り上げのほとんどが灯油代に消えていたらしく、しかもその灯油代は地元に落ちていませんでした。それを何とか打開したいということで、郡上市は木質バイオマスボイラーを導入した。世界的にも珍しい薪とチップのハイブリッド型で、薪のボイラーは火つきが悪いんだけれども、いったんつくと安定して燃えてくれる。チップのボイラーは入れる量をコントロールできるので、湯温のコントロールもしやすい。その2つをうまく活用しているんです」

エネルギー源はもちろん地元の人工林から伐り出した間伐材である。近くの人工林から伐り出すので輸送コストもかからないのだ。

「メリットは地元の人たちが木を伐り出してくれること。高齢者も軽トラで出掛けていって、いくらかでも伐って持ってくれば小遣い稼ぎになる。今までは遠くに持っていかないと買ってくれなかった間伐材を近場で処理できる。それがどのくらいの経済効果になるか計算してみたところ、今まで灯油代として外に出ていった額、年間2000万円が地域に落ちることが分かりました。小さな地域としてはものすごく大きい経済効果だといえます。こうして地域経済がうまく回り始めると適切に伐る、間伐するサイクルができあがってくるわけです」

郡上市明宝といえば長良川支流吉田川の上流部である。近年の吉田川は濁りが取れにくくなったといわれるが、こうした取り組みによって人工林の水源涵養機能、土砂流出防止機能が高まることになれば当然、河川環境にも寄与することが期待できる。そのように考えれば、間伐材を軽トラで運ぶオジサンと吉田川のアマゴやアユ、そして釣り人らが決して無関係ではないことが分かる。まだ小さな取り組みながら、この動きが吉田川流域で、あるいは全国各地の流域で実施されるようになれば……と願わずにはいられない。

●土壌中生物調査@岐阜市古津（2016年）

岐阜県で実施されている『森の通信簿』による土壌中の生物調査。県内の高校生が参加することもある（写真提供：篠田成郎）

●湯星館全景（2016年）

吉田川上流に位置する明宝温泉『湯星館』では、2014年から地元間伐材を利用した木質バイオマスボイラーが稼働中だ。地域の人たちが間伐材を持ち込んだ材を原料に、源泉の加熱および給湯や施設の暖房に活用している（写真提供：篠田成郎）

生きものの生息環境を守る素晴らしき河畔林

近年、全国各地の河川で水辺に生育する河畔林が次々と伐採されている。かつては水害防備林として、生物多様性の確保に不可欠なものとして、その重要性が語られた時代もあった。そして河畔林を消失させてしまった反省から、再生を試みた事例すら報告されている。本来ならば河畔林は保全対象であるはずなのだが、近年は再び伐採の対象となっている。過去の知見が忘れ去られてしまった今、再び河畔林の重要性に焦点を当ててみようと思う。

月刊『つり人』2024年1月号、2月号掲載

邪魔者扱いされる河畔林

1990年代から2000年代初頭になるだろうか。河畔周辺に繁茂する河畔林の重要性が広く認識された時代があった。農地の開拓や住宅地の造成によって河川の直線化が進むと同時に、河畔林の多くが消失。河川環境に対するさまざまな影響が顕在化したことで河畔林の重要性が指摘されるようになったといえる。

あえて過去形で書く理由はもちろん、現在の河畔林は各地で伐採が進んでいるからである。河畔林がもたらすさまざまな生きものに対する恩恵は忘れ去られ、邪魔な林

として認識されるようになってしまったのだ。伐採理由は主に治水対策となるのだが、ここではまず、かつて語られていた河畔林の重要性について北海道の事例を元におさらいしておきたい。

平成17年（２００５年）３月、北海道立総合研究機構・林業試験場では『河畔林のはたらきとつくり方』と題するパンフレットを作成した。さらに平成21年（２００９年）３月には第２弾として、北海道立水産孵化場との共同で『生き物の生息に配慮した河畔環境の再生』と題するパンフレットを作成している。

第１弾パンフレットでは河畔林の機能や重要性を解説し、第２弾では再生手法やその事例を紹介。河畔林が消失しつつあった当時、その重要性を認識するとともに、人為的に再生する試みが行なわれていたことがうかがえる。

ひと言で河畔林といってもその形態、呼び名はさまざまである。山地渓流では渓畔林、平野部では水辺林と呼ばれることもあるが、ここではそれら全体を含めて河畔林と呼ぶことにする。

河畔林が形成される要因となるのは河川の増水、あるいは河川から運ばれてくる土砂供給などによる。つまり出水による攪乱が河畔林を変遷、形成させてきたといえる。

北海道立総合研究機構・林業試験場のパンフレットによれば、代表樹種はヤナギ類、ハンノキ類、ヤチダモ、ハルニレ、オニグルミ、オヒョウ、カツラなど（北海道の事例／西日本や九州では竹林が河畔林として機能している場合もある）。河畔林では地形にともなう立地環境の違いに応じて多様な樹種が棲み分けており、冠水に強い樹種ほど水辺近くに生育するとある。水辺付近にヤナギが多いのはそうした理由からである。

河畔林のはたらき

河畔林はどのような機能を有しているのだろうか。パンフレット『河畔林のはたらきとつくり方』では次のように解説している。

①日射遮断

木陰をつくり水温上昇を抑制する機能で、冷温性の魚類等にとって重要。

②有機物供給

水生生物の餌資源となる落葉、落下昆虫等の供給機能で、構成樹種によりその量や質も異なる。

③倒流木供給

河道に倒れ込んだり、引っ掛かった流木が、淵や隠れ場所、越冬場など、主に魚類の生息場を形成する機能。

④水質浄化

土砂や窒素、リンなどを林内で捕捉、濾過して、水質を浄化する機能で、汚染源のある平野部でより重要。

⑤水生生物、陸上動物の生息場提供

河畔は生物多様性の高い場所といわれ、魚類はもちろん、昆虫類、哺乳類、鳥類など河畔を利用するあらゆる陸上生物の生活の場となる。

では、どの程度の河畔林が必要になるのだろうか。川辺から陸地にかけての必要な幅（河畔林帯の必要幅）は上記機能ごとに異なるが、たとえば機能⑤の陸生動物に焦点を当てると行動範囲の広い動物ほど広い幅が必要になる。場合によっては数百m（あるいは数㎞?）になってしまうことから、どこかで妥協することになるだろう。ただし機能⑤以外は地域によって比較的実現可能だといえそうだ。

機能①の日射遮断では、最低限必要な幅は最大樹高程度（約30ｍ）だと指摘される。日陰を創出することで水温上昇を防いでくれる水温維持効果があるわけだが、期待できるのは上流の渓流域等であり、山地渓流になるほど川面を覆う面積の比率が大きくなるからだ。

反対に大河川でその効果は限定的となるわけだが、上流域の各支流において水温上昇が抑えられれば、それらが集まる下流（本流）の水温も抑えられることになる。まさに冷温性の魚類、特にサケ科魚類にとってはなくてはならない存在だといえる。

「日射遮断についてはずいぶん前から研究されてきました」

こう話すのは上記パンフレットの作成にも携わった北海道立総合研究機構・林業試験場の長坂有さん。河畔林の再生事例を見てもその効果は証明されているという。1997年頃から始まった河畔林再生により、水温変動が平準化したというのである。

「積丹川《しゃこたん》ではかつて、当時の河川改修によって農地河川の用水路のようにまったく河畔林がない状態になっていました。そこに広葉樹を植栽したところ、水温変動が平準化したという事例があります。河川改修された川は平らで浅くなっていますから、河畔林がないとどんどん水温が上昇してしまいます。積丹川でもサケ科魚類の食欲が落ちる約25℃まで上昇する区間があったわけですが、それが施工11年後の調査では改善されています」

こうした事例からも河畔林による水温維

持効果が絶大であることが分かる。河畔林に覆われた渓流は真夏でも涼しく水も冷たい。それは渓流釣りをたしなむ釣り人ならば実感しているはず。近年は猛暑による気温上昇が懸念されているだけに、今後は河畔林による日射遮断、その効果がより注目されることになりそうである。

陸生昆虫の供給と水質浄化機能

次に機能②の有機物供給だが、たとえば水生昆虫のエサとなる落葉、その流下量は河畔林の有無に左右されると考えられる。また渓流魚に限っていえば年間の総採餌量のうち約5割が陸生昆虫で占められるとの報告が北海道にあり、紀伊半島における調査では8割近くが陸生昆虫に依存しているとの調査結果もある。その陸生昆虫の多くは河畔林から供給されている。それらを確保するうえでの河畔林帯の必要幅は、日射遮断効果と同様に約30mだと考えられている。

機能③の倒流木の供給もまた、渓流魚の生息に欠かせないものである。倒木、流木が河道内にあることで流速が緩やかになり、魚類が留まることのできる場所、隠れ場所が形成される。特に稚魚にとっては必要不可欠な場所となるだけに、河畔林がもたらす重要な恩恵のひとつだといえる。また倒木はいずれ分解されることになり、それらもまた河川のさまざまな生きものにとっての養分になるといえる。必要幅はおよそ50m以上と広くなる。

そして機能④の水質浄化は、陸から流入する土砂のほか窒素やリンなどの栄養塩を捕捉することで、水質の浄化にも一役買っているという。長坂有さんは次のように話す。

「川から一定の距離ごとに土壌内の水を採取してゆくと、数十mで窒素やリンが減ることが分かりました。植物や微生物にとって窒素やリンは必要な栄養素ですから、それらが河畔林内の土壌で停滞していると植物や微生物に利用されて減少するというわけです」

このような栄養塩の除去における河畔林帯の必要幅は約50mとされているが、細粒土砂の捕捉には100m弱、河岸の傾斜が急なほど広く必要になるようだ。

そして陸生動物の生息場としての機能を確保するには、すでに述べたように行動範囲が広い動物ほど河畔林帯の必要幅は広くなってゆく。なかなか難しい課題だが、広ければ広いほどよいといえる。

水害防備林としての河畔林

このように河川生態系に欠かせない存在である河畔林だが、現在はかつてそうであったように伐採される傾向にある。またいずれその重要性が認識されると再び保全や再生の議論が高まるのかもしれないが、その繰り返しをいつまで続けるのだろうか。そうした疑問を抱く人も少なくないはずである。

河畔林が伐採の対象となる理由は治水、すなわち河川の流下能力を高めようとする考え方に起因する。洪水をできるだけ早く下流に流すことを念頭に、河川断面をより拡大しようという発想が、河畔林を邪魔者扱いしているのだ。

ただし河畔林はかつて治水上も有効であるとの考え方があったことも事実。それは水害防備林としての位置づけである。

たとえば滋賀県の愛知川河畔林に関する論文『愛知川河畔林の会の取り組みについて～活動開始から10年を迎えて～』（東近江土木事務所・河川砂防課・福永和馬著）には次のような記述がある。

上田弘一郎の「竹づくし文化考」によれば、１９５３年（昭和28年）の水害において水害防備林と堤防決壊の関係を調査したところ「堤防決壊で大きな被害を受けた１２０カ所のうち、１００カ所は川端に竹林のないところであった」という。また、竹林があっても被害を受けた場所は、老竹や細竹が多く、竹林の幅が狭いところや、横断道路のあるところだったとしている。旧能登川町域においても、１９５３年の台風13号では神郷地先と福堂地先の2箇所で堤防決壊の被害を受けている。被災前の１９４７年当時の航空写真で被災箇所を確認すると、神郷、福堂のいずれも河畔林のないところで決壊したことがわかる。また、１９９０年にも今町地先で越流による被害があったが、これはグラウンドゴルフ場として高水敷の河畔林を切り開いていた箇所であった。

と、このように河畔林が水害防備林としての機能を発揮し、堤防を侵食から守ったことがうかがえる。充分な検証のないまま河畔林を伐採してしまう行為は、治水上もマイナス要因になる可能性があるというわけだ。

２０１５年（平成27年）の鬼怒川水害でも似たような現象が見てとれる。同水害ではソーラー発電業者により河畔林が部分的に伐採された若宮戸地区において溢水、河畔林がなかった三坂町地区で破堤しており、調査報告書に次のような記述がある。「今回の洪水では樹林が連続した場所では破堤は生じておらず損傷の程度が小さかった」、「河道内樹林の存在は堤防を保護する効果があった可能性がある。樹林の存在を環境の側面と同時に治水の面からもより多角的に評価する必要があると考えられる」。

　このような事例からも、やはり河畔林は治水上もプラスに機能すると考えるべきなのだ。

　もうひとつ、河川管理者が懸念しているのは、河畔林流出による流木の発生である。上流から流出してくる流木が橋梁や取水施設に集積、閉塞させることで、施設の破壊および氾濫を助長させることが指摘されているのだ。このほか堤防を越えて流失した流木により周辺家屋が被災するなどの事例が報告されている。「河畔林が流木の発生源になるのなら伐ってしまえ」ということのようだ。

　しかしながら流木は、河畔林が流出することで発生する事例のほか、地すべりなどによって山の森林が河川に流出する場合がある。西日本や九州では流木の多くが山地のスギ・ヒノキ人工林であったとの指摘もあるほどである。

北海道・厚別《あつべつ》川にみる流木捕捉機能

　洪水時に上流から流れてくる流木は河畔林が流出したものなのか、あるいは山間部の樹木が地すべり等によって流出したのか、まずは発生場所を特定しなければ話にならない。また河畔林があることで上流からの流木を捕捉する事例が報告されており、それにより下流部の流木被害を軽減させている実態も注目される。実はそうした調査研究も各所で実施されており、いくつかの論文を見つけることができる。

砂防学会誌に掲載された『2003年台風10号災害における厚別川流域河畔林の被害状況と流木発生・捕捉量の定量化』および『2003年台風10号災害における厚別川流域の流木の堆積量と組成』、そして『河畔林の生態学的機能と倒流木』と題する論文だ。これらの論文も、前出・長坂有さんが携わったものである。

このほか別の地域、別の研究者の論文としては『大規模河川攪乱における河畔林の流木捕捉機能』（崎尾均・松澤可奈子）のほか、『日本全国における森林植生と流木の発生に関する統計解析』（助川友斗・小森大輔・中尾勝洋）などさまざまな論文を見つけることができ、いずれも河畔林の発生源や流木捕捉機能について着目している。

これらの論文を踏まえたうえで、長坂有さんは流木の発生源について次のように指摘する。

「北海道の厚別川における流木の発生源は7割以上が山腹由来で、河畔林由来よりも多いことが分かりました。もちろん河畔林も流出していますが、注目すべきは河畔林による流木捕捉量です。河畔林の流出量を超える流木を捕捉していました」

2003年8月に北海道に上陸した台風10号にともなう集中豪雨は、日高・十勝地方に甚大な被害をもたらした。論文にある厚別川のほか沙流《さる》川、鵡《む》川など日高地方の各河川はそれぞれ災害に見舞われ、流木による被害も数多く報告されている。

そのうちの厚別川で調査を実施した長坂さんは、流木の発生源と河畔林による流木捕捉量に注目。具体的な数値を見てみると、厚別川全体の流木の発生源は山腹由来（山腹崩壊などによる山の樹木が流出）が76％、河畔林由来（河畔林が流出）が24％であることが分かったという。つまり災害を拡大させる流木の多くは山から流れてきたことになる。

ちなみに河畔林の流出量は7971㎥であったのに対し、河畔林が捕捉した流木は1万1117㎥。たしかに河畔林も流出しているが、それ以上の流木を河畔林が捕捉したことになる。

同水害によって発生した流木の総量は4万6260㎥で、そのうち河畔林由来が7971㎥であることから、山腹由来は3万8289㎥。結果、流失して流木と化した河畔林よりもはるかに多い量（約5倍）の流木が山間地から流れ下ったというわけである。一方で河畔林は流域全体の流木量の約4分の1を捕捉し下流の被害を軽減させている。河畔林の有益さを再認識させる事象の一例といえるだろう。

北海道・沙流川の事例から考察

大洪水ともなれば河畔林が流出することは自明である。攪乱によって流出と発芽、生長を繰り返すのが河畔林の成り立ちであり、それが河畔林本来の植生動態だからだ。そんな自然の営みを害悪と決めつけて伐採するのはいささか早計だと思うが、ともあれ河畔林が流木化することは間違いない。

2003年の水害では同じく日高地方の沙流川で調査した論文が公表されている。『沙流川での台風10号における流木の挙動』（鈴木優一・渡邊康玄）によれば、流木のうち河畔性樹種（河畔林由来）は20％、山地性樹種（山腹由来）は40%、不明が40%だったという。そして次のように記している。

河畔林は、今回のような記録的な出水では流木の発生源であると共に流木を捕捉する役目も有しているが、その一方で発生回数の多い中小洪水では流れを低水路中心寄りへと向けるとともに洪水流を減勢させ、水衝部では河岸保護の役目も果たしている。このため、流木発生源として予想される河畔林を、大洪水と中小洪水で河川管理上どの様に扱うのかが今後の課題であり、今回の事例等を参考として河畔林の在り方を検討していく必要がある。

至極もっともな考察である。何もかもが流される大洪水時にはむろん流出する河畔林もあるだろう。しかし流されずに残った河畔林は洪水流の減勢や河岸保護、流木捕捉など多くのメリットを提供してくれる。

また小中規模出水時には水害防備林としての機能がより発揮されるはず。であるなら、河畔林が消失した河川ではむしろ再生させるべきであるといえる。

たとえば西日本や九州の人工林では度々土砂災害が報告されるが、山腹斜面で発生した地すべり等により発生した流木を下流部の河畔林がその何割かでも止めてくれたなら、被害は相当軽減されるだろう。それでもなぜか流木捕捉機能を含む河畔林のメリットは軽視されがちだ。長坂さんは言う。

「本州や九州の大河川は下流の広い区間に充分な河畔林が残っているところが少ないのではないでしょうか。北海道と比較すると平野部の河畔林は少なく急流の上流域にしか残っていない印象です。北海道や東北の河川にヤナギ林が見られるように、西日本や九州などでは本来竹林が水防林として機能し、その重要性が語られてきたはずですが、(竹林を含む)河畔林が少なくなったことで認識が薄れてしまったのかもしれません」

河畔林がすでにない状況、あるいは少ない状況ではその有効性を感じることもできないというわけだ。

水害を防止する河畔林

論文にもあるように河畔林が提供する流木捕捉機能は防災上有効なものだが、それを逆手にとって危険視する向きもある。洪水時に流木が捕捉されると、その部分で水位が上昇し越水を引き起こすのではないか、という指摘である。

しかし越水して住宅地や農地が浸水したとしても、堤防決壊による被害と比較すれば人命が失われるほどの甚大なものにはなりにくい。その点は河川工学の専門家も指摘しており、越水と決壊では被害状況に雲泥の差があるのだ。

越水の際に堤防の内側(専門用語では河川側を外側、宅地や農地側を内側と呼ぶ)が侵食されて決壊にいたる事例も報告されているが、それは堤防の脆弱性が問題なだけであり対策は可能。法面にコンクリート施工する方法が一般的ながら、かつては侵食を防止するために防災林を植樹する事例もあった。

そもそも、既述したように堤防の決壊は河畔林のない地点で発生していることからも、越水を防ぐために河畔林を伐採したら堤防が決壊してしまった……では、本末転倒である。

もうひとつ、河原に堆積した流木や河畔

林が捕捉した流木はその後どうなるのか。山腹由来も含め残った流木についても河川断面を狭めるとして邪魔者扱いする指摘があるようだが、いうまでもなくこれも自然の営みの一部であり、河川およびその周辺の生物多様性にさまざまな恩恵を与えることになる。長坂さんは次のように指摘する。

「50年確率、100年確率といった基準で治水事業は計画されているわけですが、であるなら残った流木は次の同規模の洪水までにはかなり腐って分解されているはずです。それらは川や土壌の養分になったり、魚類に生息場所を与えたりと、生物にとっては欠かせない存在となります」

こうして河畔林の持つ機能を再考してゆくと河川周辺生態系に多大な恩恵をもたらすとともに、流域住民にとっても防災上きわめて有益であることが分かる。河畔林は堤防を守り、かつ上流から流れてくる流木を捕捉することで下流の被害を軽減する実に有効な防災林なのである。それを流下能力確保のためという理由で伐採するとなれば懐疑的にならざるを得ないだろう。新たに伐採計画を立案する際はさまざまな視点での熟考をお願いしたいところである。

釧路川水系鐺別川における河畔林の現状。弟子屈町の下鐺別橋から見た上流と下流では風景が大きく異なる。上流側には河畔林がまだ残っているものの、下流側はすでに伐採され痛々しい光景となっている

河川の流路内に残る流木は魚類の隠れ家として重要。流れを緩やかにしてくれる効果もあいまって、特に遊泳力の乏しい稚魚にとっては欠かせない存在。また堆積する流木はいずれ風化、分解されて河川周辺生態系に恩恵を与えることになる。決して邪魔な存在ではない

•資料1• 河畔林構成樹種の生育場所

北海道の河畔林で見られる代表樹種はヤナギ類、ハンノキ類、ヤチダモ、ハルニレ、オニグルミなどと多様。河畔林再生を行う場合、その地域の水辺にどのような樹木がどのような場所に生育しているか確認することが重要になる（北海道立総合研究機構林業試験場作成パンフレット『河畔林のはたらきとつくり方』より）

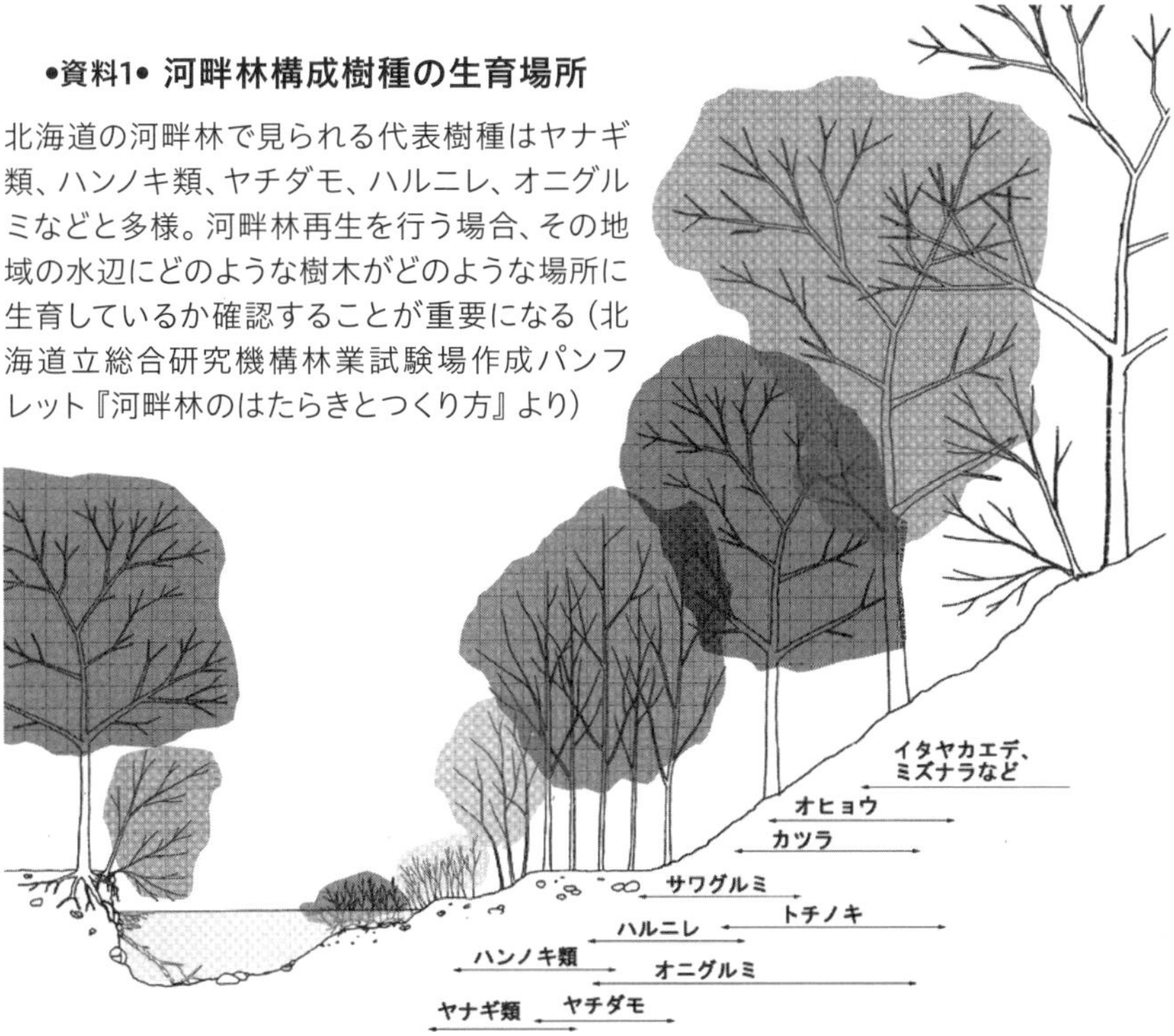

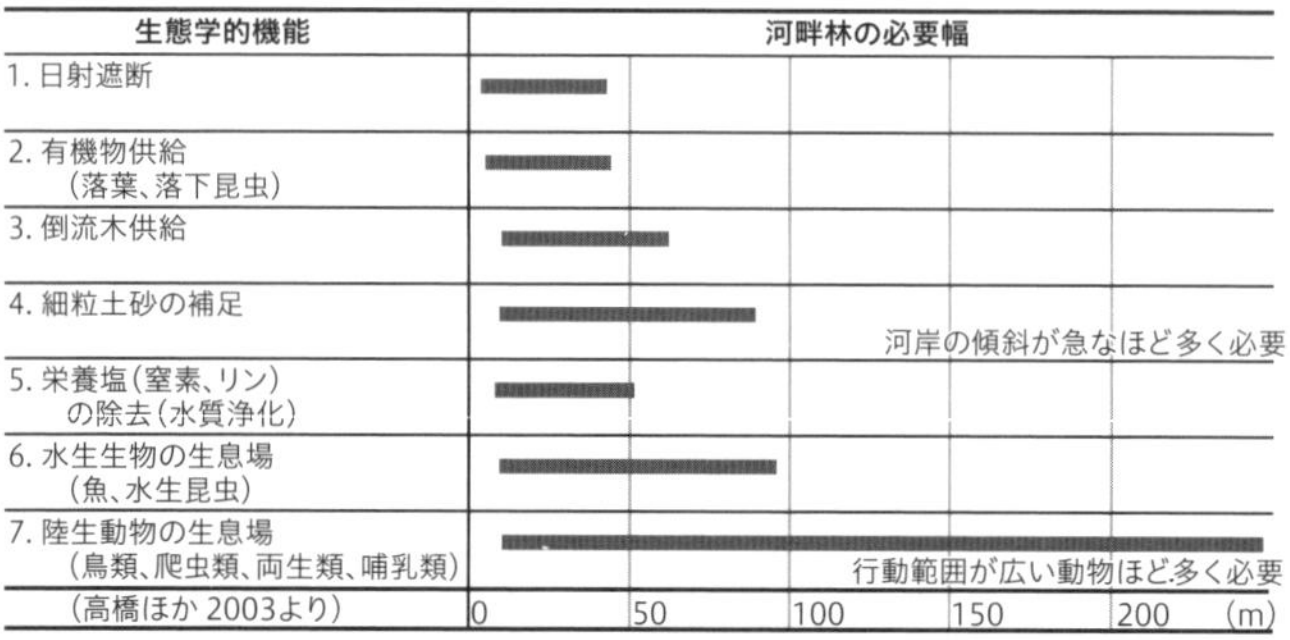

•資料2• 必要な河畔林の幅

河畔林のもつさまざまな生態学的機能について、諸機能をおよそ満たすために最低限必要な幅は最大樹高程度（20 ～30 m）といわれている（北海道立総合研究機構林業試験場作成パンフレット『河畔林のはたらきとつくり方』より）

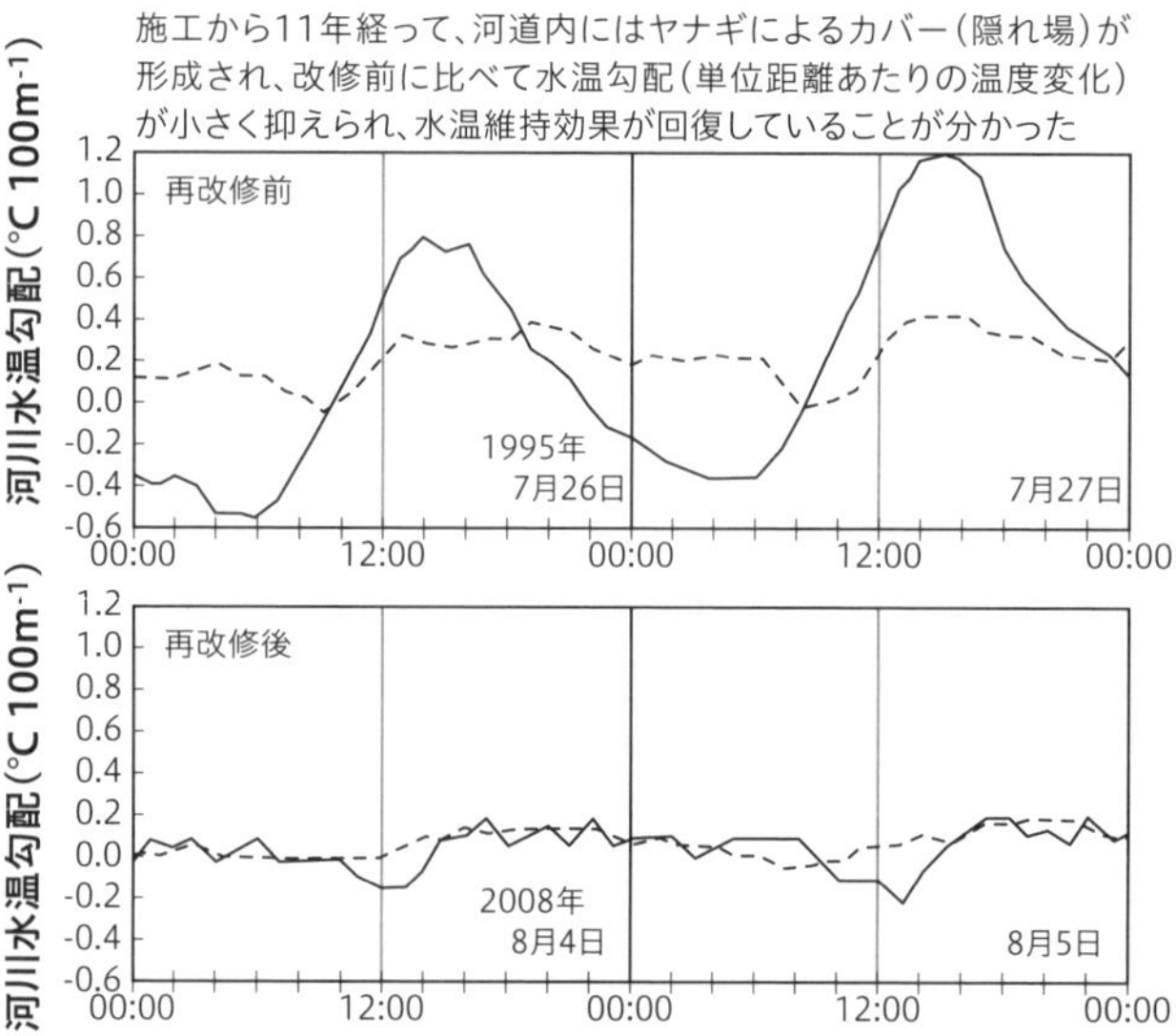

•資料3•

夏季の最高気温時における再改修区間（実線）と天然林被陰区間（破線）の水温勾配

河畔林再生が実施された積丹川では、施工後11年経って河道内にはヤナギによるカバー（隠れ場）が形成された。改修前に比べて水温勾配（単位：距離あたりの温度変化）が小さく抑えられ、水温維持効果が回復していることが分かった（北海道立総合研究機構林業試験場作成パンフレット『生き物の生息に配慮した河畔環境の再生』より）

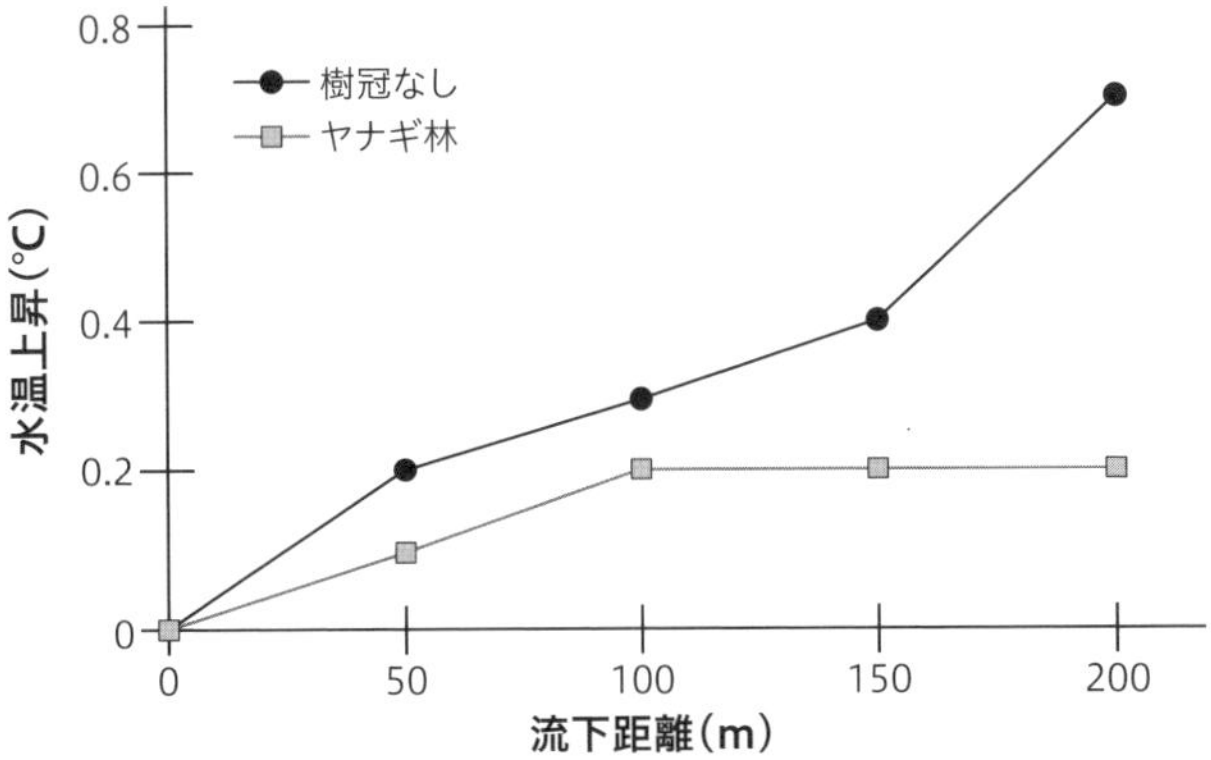

•資料4• 河畔林による水温上昇抑制（積丹川）

河畔林の消失は夏の最高水温を上昇させ、渓流生物の生息環境の劣化に直結する。河畔林再生前は水温が100mで0.3℃も上昇する区間があり、最高水温が25℃に達することもあった（北海道立総合研究機構林業試験場作成パンフレット『河畔林のはたらきとつくり方』より）

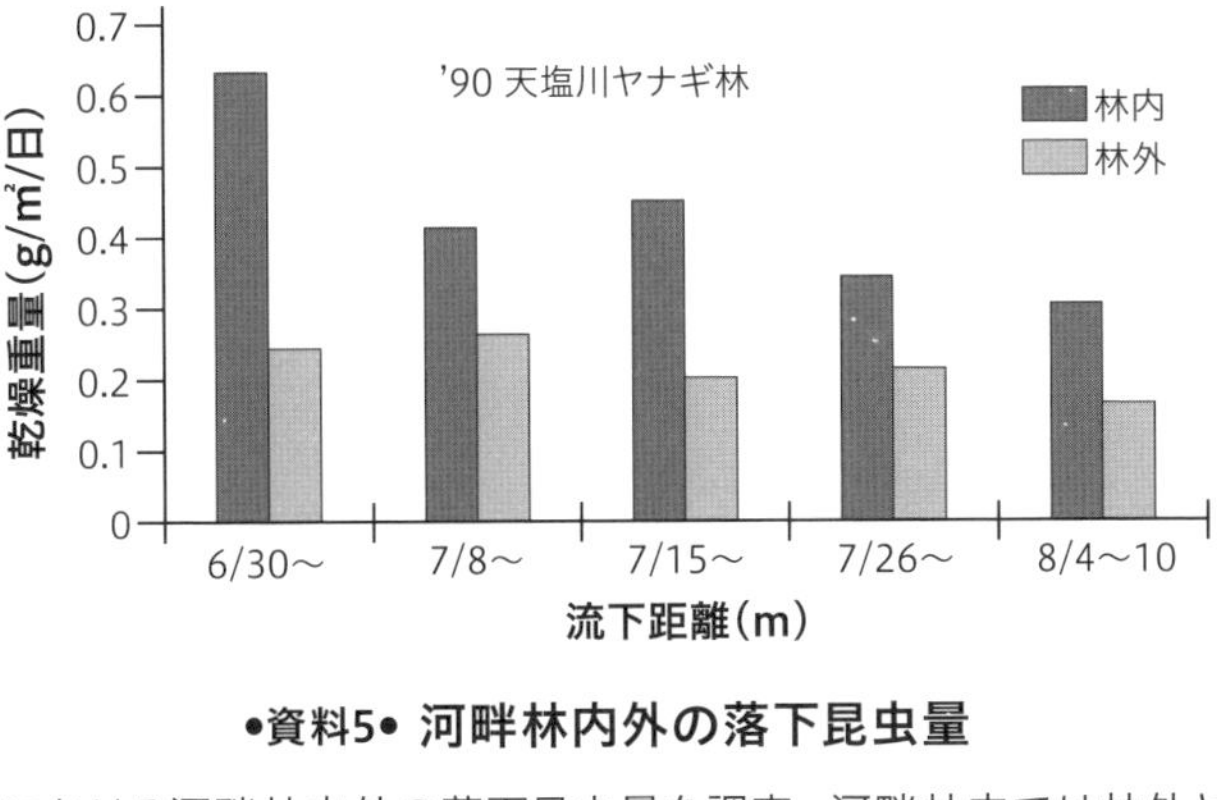

•資料5• 河畔林内外の落下昆虫量

天塩川水系における河畔林内外の落下昆虫量を調査。河畔林内では林外と比較して大幅に落下昆虫量が多いことが確認された。河畔林が多くの陸生昆虫を河川に供給していることが分かる（北海道立総合研究機構林業試験場作成パンフレット『河畔林のはたらきとつくり方』より）

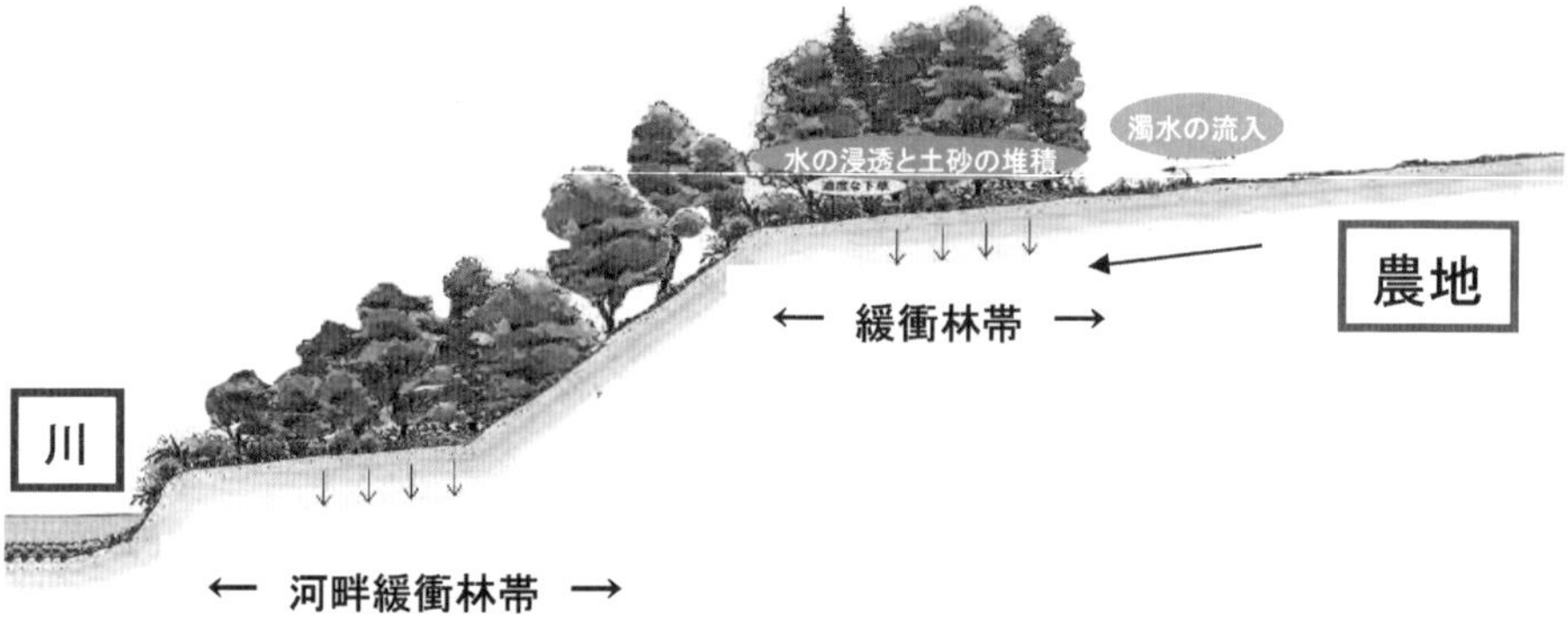

•資料6• 栄養塩緩衝林帯

河畔林は陸から流れ込む栄養塩（窒素やリンなど）を捕捉、除去する効果がある。特に河岸段丘面や丘陵地に農地が発達する北海道では、濁水の流入や崩壊防止のため、水際のみならず段丘肩を緩衝林帯として確保する必要があるという（北海道立総合研究機構林業試験場作成パンフレット『河畔林のはたらきとつくり方』より

魚は体高×2倍の「維持流量」で生きられるのか?

ヤマメやイワナ、アユ釣りで川へと通いつめる釣り人にとって、水がわずかしか流れていない川は見慣れた光景になってしまったかもしれない。ダムや堰によって取水されたその下流は、水が今にも涸れそうな哀れな流れになっている。ただし、一応は下流に流すべき維持流量が設定されており川の水はゼロではない。が、充分とはいえない。何が問題で、どうすれば改善されるのだろうか。

月刊『つり人』2021年3月号掲載

「維持流量」と「正常流量」

渓流や本流など河川での釣りを最近始めた釣り人にとって、今、目に見える流れがいつもの水量、平水だと考えてしまうのは仕方ないことである。しかし釣り歴の長い釣り人の声に耳を傾けてみると、それが異常な状態であることに気づく。

「昔はもっとたくさんの水が流れていた」

「淵は底が見えないほど深くて、渡ろうだなんて到底考えなかった」

古老たちの大半はきっと、そんな言葉を発するだろう。変化が少ないのはおそらく源流部に限られ、多くの河川では中流部から下流にかけて減水を嘆く状況が続いている。

原因はいうまでもなく発電や水道、農業、工業用水への使用を目的として、水利権を所有する利水者によりダムや堰で取水されているからである。

今と昔というかたちでかなり大雑把に比較してしまったが、実は昭和の後期が最もひどく、平成に入った頃から充分とはいえないまでも少しずつ水は流れるようになっている。

1988年（昭和63年）に当時の建設省（現国土交通省）より『発電ガイドライン』が通知され、ここで初めて下流に流下させるべき維持流量が定義された。少しだけ水が流れるようになったのはこのためである。

同ガイドラインには河川環境保全のため一定の流量を流下させる発電所の条件が記されており、該当する場合は水利権の許可更新時に下流に放流すべき流量（維持流量）が設定される。ただ、その流量は集水面積100㎢当たり、おおむね0・1～0・3㎥／秒程度と少ない。

該当する発電所の条件は以下のようになる。

1：流域変更により、発電取水口又は発電ダムの存ずる河川が属する水系以外の水系に分水し、または海に直接放流するもの。

2：減水区間の延長が10㎞以上のもので、かつ、次の要件のいずれかに該当するもの。

①発電取水口等における集水面積が200㎢以上のもの。

②減水区間の全部または一部が自然公園法の区域に指定されているもの。

③減水区間の沿川が観光地又は集落として相当程度利用されているもの。

など。

このように限定的であるとともに、③の相当程度とはいったいどの程度なのか、いまひとつ釈然としない。また次のような記述もある。

「減水区間に係わる地元市町村等との合意等により、発電水利使用者が運用により放流を行ない、又は行なおうとしている発電所等において河川管理者が当該流量以下でやむを得ないと認めたとき又は当該流量以上必要があると認めたときには、これによらないことができるものとする」

つまり、上記の数値を下回ることも、上回ることもあり得るというわけだ。

発電ガイドラインに加え、1992年（平成4年）には『正常流量検討の手引き（案）』（その後2回改定を経て）が作成され「維持流量」と「正常流量」が定義された。

上記の手引きでは、渇水時においても維持されるべき維持流量と既得水利権のために必要な水利流量、その両方を満たす流量を正常流量と定義している。その算出方法に疑問を投げかける識者も少なくない。山梨県水産技術センター所長（当時）の大浜秀規さんもそのひとりである。

正常とはいえない「正常流量」

大浜秀規さんは維持流量を定めた『正常流量検討の手引き（案）』について一定の評価をしつつも、充分でない面が見られると指摘している。

まずは維持流量がどのように設定されるのか、何を対象として算出しているのかを知っておかなければ話にならない。手引きを作成したのは国土交通省（旧建設省）であるが、その内容を水産系の専門家がどのように解釈しているのかは気になるところ。大浜さんは維持流量を算定するための対象について次のように分析する。

「維持流量は動植物の生息地・生育地の状況や景観、塩害の防止、流水の清潔保持等の河川の機能など、計10項目について項目別に必要流量を算定し、その最大値で設定することになっています。1級河川で決め手となった項目は95％が動植物で、シジミの3例以外はすべて魚類だったという調査結果があります」

維持流量は項目別に必要流量が算定されるとのことだが、では魚類のために必要な流量はどのようなかたちで検討され、算定されてきたのだろうか。手引きには瀬における検討として次のような手順が記されている。

1．瀬に産卵または生息する魚種および回遊魚の中から対象魚種を選定する。

2．対象魚種の中から上流・中流・下流別、かつ季節別に代表魚種を選定する。

3．代表魚種に関する既往の知見に基づき、必要な水利条件を設定する（産卵場がある場合その流速×水深から、産卵場が無い場合には代表魚種成魚の体高×2倍の水深から必要な水利条件を設定）。

4．必要水利条件から対象とする瀬の必要流量を算定し、これを一次設定値とする。

5．魚類の集団としての生息の確保の観点から必要流量を検討する（水面幅による検討）。

このように魚類の生息や産卵に対し検討したうえで、必要流量が算定されることになっている。こうした手法について大浜さんは、おおむね評価してはいるが、疑問が残る部分も多いと話す。

「必要流量を算定する手順に加えて『検討会を開くなどして魚類の専門家を含めた関係者の意見を十分に聞き、その河川の特性を踏まえた検討を行なうことが必要』との記述もありますから、丁寧な手順が示されているとは思います。が、いくつか問題点を指摘しなければなりません」

大浜さんが指摘する問題点は以下のようになる。

「まず、正常流量の元になる維持流量の算定は、平時において望ましい流量ではなく、渇水時に魚類が移動できる流量になっています。であれば、それは『正常流量』ではなく『渇水時に必要な最低流量』のほうが適切な表現だといえます」

まったくもってごもっともな指摘だ。最低を正常と表現しているのだから、かなり無理があるといわざるを得ない。

また魚類の項目から流量を検討する場合、前記項目3にあるように、産卵場の流速×水深、または渇水期に成魚が移動できる水深（体高×2倍の水深）が元になって維持流量が算定される。はたしてこれで充分なのだろうか。

「体高の2倍の水深があれば、たしかにどの魚種でも移動は可能かもしれません。しかしそこから算出された流量が維持流量、そして正常流量になるのは飛躍しすぎです。魚は摂餌や避難、成育などのさまざまな側面から必要とする流量が変化します。移動ができればよいというわけではありません」

たしかに、魚類の成育ではなく移動を重視する点は意味不明だ。どこへ移動すると想定しているのかは分からないが、移動した先に取水堰があり、その堰を越えることが難しいとなれば、魚類の生息はかなり厳しい状況となるだろう。

現実に、漁協の成魚放流により釣期のみ魚影があるように見える河川も多く、そうした場所では資源の再生産がほぼ不可能となっている。仮に移動ができたとしても、成育場所がないのだから至極当然の現象だといえるわけだ。

維持流量を増やすために

上記のように『発電ガイドライン』で示されている維持流量は集水面積100㎢当たり0・1〜0・3㎥／秒程度。また『正常流量検討の手引き（案）』では産卵場の流速×水深、または渇水期に成魚が移動できる水深（体高×2倍の水深）で維持流量が設定される。ただ、この値を超えている場合もあるようだ。
「平成19年時点の全国平均は100㎢当たり0・69㎥／秒とされています。現在ではさらに大きな値になっていると推定されます」（大浜さん）
つまり、下流に放流する流量は上昇傾向にあるということ。これは環境への関心が高まってきていることが要因のひとつだと考えられる。これまで水が涸れた川、水が少ない貧弱な川を見せられ続けてきた流域の人々も、そろそろ見過ごせなくなってきた、ということだろうか。
そうした社会的要請に伴い、水利権の更新も短縮されている。発電用水利使用期間は従来30年とされてきたが、現在はおおむね20年に短縮され（状況によりさらに短くなっている場合もある）、水を取り戻したいと考えている流域に一定程度配慮したかたちとなっている。それでも、20年という歳月はやはり長すぎるといわざるを得ない。

維持流量の増加要望は主に漁業協同組合が中心となって行なわれているが、水利権の更新が20年に1度とあっては、高齢化が進む漁協にとって運動を継続すること自体難しい。もちろん水利権更新時にだけ増加要望を行なっても実現は困難だといえる。

大浜秀規さんは言う。

「日頃から漁業者だけでなく地域の声として関係者へ要望を伝えることが重要です。また、維持流量を増やしてほしいとの要望を関係機関に伝えるだけでなく、相手が対応できるような要望も必要だと思います。たとえば関係機関に対し『維持流量に関する検討委員会の設置』について要望してみてはどうか。この要望なら断りにくいと思います」

環境への意識が高まる昨今、維持流量はほんの少しとはいえ増加傾向にある。とはいえ充分な流量が流れているとは到底いえない状況であり、今後も河川環境の改善を語るうえで維持流量の増加は重要な要素であり続けるだろう。川を見ればその町の品位が分かるといわれる昨今、漁協や流域住民のみならず、関係機関や行政も流れを取り戻す姿勢を示してもらいたいものである。

現在でもすべての水が取水されている堰もあるが、全国的に見れば下流へ流すべき維持流量は増える傾向にある。それでも充分とはいえない微々たる水量となっている（写真は富士川支流芝川）

維持流量は渇水時に魚類が移動できる流量とされる。この数値をベースとして算定される正常流量も同様に、渇水時に必要な最低流量にすぎない。魚類が減少するのも自明といえる

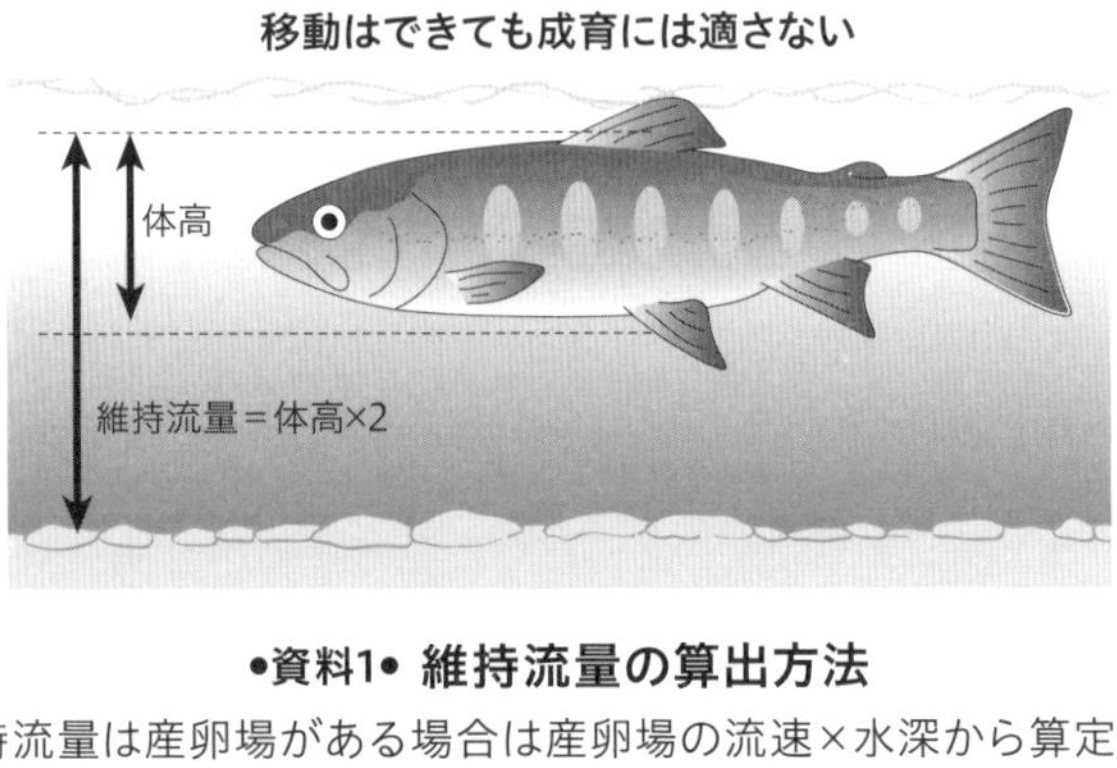

●資料1● 維持流量の算出方法

維持流量は産卵場がある場合は産卵場の流速×水深から算定し、産卵場が無い場合には代表魚種成魚の体高×2の水深から算定される。移動は可能でも成育には適さない水量だといえる

貯水ダムが止めた土砂を下流に供給「土砂還元」で生物相は豊かになる

ダムが完成すると、ダム下流部は土砂供給の遮断によって小さく軽い礫から流出し始め、大きな石のみが残る粗粒化現象が見られる。それは生物多様性が劣化した状態だとして問題視されてきた。最悪な状況は大きな石すらも流出する露岩化現象。水生昆虫や魚類などの生きものが棲めない状況に陥っている川もある。近年、劣化した河床環境の改善が見込めるとして注目される施策がある。それがダム湖内に堆積した土砂を下流に運ぶ「土砂還元」である。2021年4月に論文を発表した奈良女子大学教授・片野泉さんに話を聞いた。

月刊『つり人』2022年4月号掲載

ダム下流の深刻な粗粒化と、その改善策

日本にはおよそ3000基もの貯水ダムがあるといわれる。これらすべてのダムが、河川環境にさまざまな影響を及ぼしているわけだが、ダム下流域に注目すると水質の悪化のみならず河床環境の改変は特に深刻といえる。

当たり前のことだが、ダムは下流に供給

されるべき土砂の流下を妨げてしまう。そのためダム下流部は砂や小さな小石などの軽く小さな礫から消失し、河床には比較的大きめな石のみが残る現象が見られるようになる。これを河床の「粗粒化」と呼び、水生生物への影響はきわめて大きい。砂や砂利を必要とする水生昆虫などの生物は姿を消すことになり（特定の水生昆虫のみが生息）、それらをエサにしてきた魚類などにも影響を及ぼすことになるからだ。

最悪なのは残った石すらも流出し岩盤が露出する「露岩化」（露盤化ともいう）である。障害物が皆無となった露岩化した河床は流れが速く、水生昆虫がその場所に留まることは困難。また砂利が存在しない河床では魚類が産卵することができなくなり、水生生物の多様性が失われた状態といって過言ではないだろう。

ダム下流域における河床環境の悪化に対し、改善させる効果が期待される試みがある。それがダム湖の堆砂対策として始まった「置き土」と呼ばれる施策。

貯水ダムは上流から流下してくる土砂によっていずれは埋まり、その機能を失う運命にある。計画時から堆砂容量をあらかじめ確保して事業を進めるものの、多くのダムで事業者の予測をはるかに上回るペースで土砂の堆積が進んでいるのが現実だ。これを放置していては想定よりも早くダム機能が失われてしまうため、堆積土砂を除去する必要が出てくる。その一例が掘削した土砂の置き土であり、ダム下流域に土砂を置いて増水時に流下させるというものだ。

ダム下流域への置き土は、本来ダム湖内の堆砂対策として実施されていたものだが、二次的な効果として劣化した河床環境を改善させることが指摘されていた。そこで近年は河床環境の改善も含めて模索しつつ、同時に堆砂問題を解消する試みにシフトしているといえる。

こうした事例に対し、河床環境改善に関するさまざまな報告がなされるようになった。その一例が以下の論文となる。

２０２１年４月『ダム湖の堆砂対策としての「置き土」が劣化した河川環境と生物多様性を同時に回復させる』ことを検証した論文が発表され、同論文は英国科学誌『Scientific Reports』にもオンライン掲載された。

論文の著者は奈良女子大学教授・片野泉さん、北海道大学准教授・根岸淳二郎さん、熊本大学准教授・皆川朋子さん、京都大学教授・土居秀幸さん、徳島大学准教授・河口洋一さん、（国研）土木研究所・名古屋工業大学教授・萱場祐一さんからなる研究チーム。筆頭著者の片野泉さんに話を聞いた。

人為的に土砂を置く「土砂還元」

調査が実施されたのは阿木川《あぎがわ》ダム下流域（岐阜県恵那市・木曽川水系阿木川）。阿木川ダムの竣工は１９９０年。置き土が実施されたのは２００５年で、ダム竣工から15年が経過していたことになる。同ダムで実施された置き土の前後（土砂を河道に置く前と後）に野外調査を行ない、18の環境要因、２２０分類群・26万個体以上からなる底生生物群集の構造を詳細に比較したという。

なお、論文では事業名称として「置き土」と「土砂還元」の双方を併用しているが、生物群集の説明では「土砂還元」を多く用いている。よってこの項でも以下は土砂還元を用いることにする。

調査河川の阿木川は、もともと土砂の多い河川だと奈良女子大学教授の片野泉さんは言う。

「阿木川（上流）は風化花崗岩の多い場所なので、本来なら多量の土砂を運ぶ川ですが、おそらくそれがダムに貯まってしまうためダム下流では（土砂供給がなくなり）粗粒化が起こっていました。その区間で土砂還元が実施されたというわけです」

阿木川が調査河川として適していた理由は、ダムの下流に似たような支流が合流していることが挙げられる。風化花崗岩の川は砂が多いことも特徴のひとつといえるが、その支流も同様の傾向が見られたという。

「ダムの下流2・8㎞地点には、規模は本流より若干小さいですが同じような（風化花崗岩の多い）支流が合流しています。合流点より下流は支流によって土砂が運ばれることで、改善効果が見られました（合流点の下流は砂のある河床に戻っていた）。ダムで土砂の流下が止められている場合でも、ダムの下流に自然状態が維持された支流が入っている場合は（支流合流点より下流に限り）改善効果が見込めるということです」

合流点から下流は支流が運んでくる土砂で河床環境は改善されるが、問題は合流点からダムまでの粗粒化区間。ここで土砂還元を実施すれば粗粒化も解消される可能性が出てくる。土砂還元は人為的にダム湖に堆積した土砂をダム下流に運び供給するが、それが支流と同じ効果をもたらすとなれば河床（河川）環境の改善が見込めるというわけだ。

「ただし支流からは常時土砂が流れてきますが、土砂還元は定期的に流すかたちになります。そのためまったく同じ効果だとはいえませんが、似たような働きが期待できるのではないかと考えました」

改善効果は期待どおりだったといえそうだ。片野さんが言うように常時土砂を供給している支流とは異なるものの、人為的な土砂還元も一時的とはいえ河道に置かれた土砂によって河床環境は改善される傾向が見られたのである。

ダム直下ではヒゲナガカワトビケラが減少

変化が顕著だったのは水生昆虫の生息状況である。すでに述べたように、土砂還元前のダム下流は比較的大きめな石（巨礫）のみが残る粗粒化した河床であり、それら巨礫には付着藻類が厚く繁茂する状態だった。そこに生息していたのは、石の隙間に巣を作り流下プランクトンを捕食している造網性トビケラ。その一部の種のみが著しく優占する状況だったという。

優占種となっていたのは主にシマトビケラ類（特にウルマーシマトビケラなど）であり、特定の種のみが生息する不健全な状況だったといえる。またその陰で確認されなかった種もいる。それは釣り人にもよく知られたヒゲナガカワトビケラであり、エサ釣りでいうクロカワムシである。どんな川でも普通に見られる種が確認できないという状況、それはダム直下においてよくある現象だと片野さんは言う。

「ダムが完成してしばらくするとヒゲナガカワトビケラが減少することはよく知られています。その原因として考えられるのは（粗粒化によって）小さな礫がなくなるためだと考えられます。ヒゲナガカワトビケラは礫間の間隙に小さな河床材料（中礫や小礫）を集めて巣を作りますが、ダム下流域では小さな河床材料がなくなってしまいます。それが減少する要因のひとつかもしれません。対してウルマーシマトビケラなどは小さな河床材料がなくても巣を作れますので、ダム下にはウルマーシマトビケラとか、そういった特定の種類のみが優占することになります」

ダムが土砂を堰き止めてしまうと、その下流ではヒゲナガカワトビケラが減少する。対して優占種となるのがウルマーシマトビケラだという。阿木川ダム下流でもウルマーシマトビケラが優占し、ほかに見られたのは付着藻類があっても生息可能な種のみだった（アカマダラカゲロウなど）。いくつかの限られた種が優占する世界がしばらく続いていたというわけだ。

これが土砂還元後になると一変する。還元後に確認されたのは携巣性トビケラのヤマトビケラ、グマガトビケラ、タテヒゲナガトビケラなど。携巣性トビケラは付着藻類の著しい繁茂を抑制し、多様な生物が利用しやすいスムースな礫面を提供することで知られる。種の多様性は確実に高まったといえるだろう。

ヤマトビケラなどの携巣性トビケラが増えた要因のひとつとして考えられるのは巣材となる砂が増えたこと。実際に片野さんらの調査でも、土砂還元に用いられた粒径の砂を利用していたという。

「土砂還元後に増えた携巣性トビケラの巣材を分析したところ、土砂還元で使用されたものと同じ粒径の砂であることを確認しました。結果、いろいろな摂食機能群にまたがった多様な種が確認されるようになりました」

巨礫から土砂までさまざまな河床材料がバランスよく存在するかたちに河床が変化したことで、水生昆虫は細かい礫を巣材として使う携巣性トビケラが増えるとともに、プランクトン食・藻類食・落葉食・肉食などの多様な生態の分類群が見られるようになったという。種多様性の高い生物群集へと変化したといえる。

この変化はほかの生物にも影響を与えることになる。たとえば付着藻類を剥がして食べる種が増えることで、付着藻類が著しく繁茂する状態を抑制することにもつながる。もちろん多様な水生昆虫が生息するようになれば魚類の生息に対してもプラスの作用をもたらすことが期待できる。ただし……。

「土砂還元すれば何でもOKかといえばそうではない」

片野さんはこのように念を押す。流すべき土砂の質、量なども慎重に検討しなければならないからだ。

土砂還元に最適な礫径は？

たしかに、土砂還元が必ずしもプラスに働くとは限らない。流下させる土砂の質が砂ばかりで、かつ許容量を超える場合は河床が砂で満たされてしまうこともあり得るだろう。

「礫間の間隙が砂で埋まってしまうと、ヤマトビケラはいるけれども、川に普通にいるようなヒラタカゲロウやマダラカゲロウ、間隙に棲んでいる種などが見られなくなる可能性もあります。また砂だけだと流されやすい。この点も考慮する必要があります」

たとえば細かい砂のみを土砂還元に使用した場合、砂を巣材に使うヤマトビケラには棲みやすいが、そうでない種もいるはず。調査河川の阿木川ではヤマトビケラのほか複数の種が確認されたものの、すべての川で同じ結果が期待できるとは限らないわけだ。

また、細かい砂のみでは出水時に流されやすく、必要な場所を通り過ぎ、より下流まで運ばれてしまう可能性もあるだろう。ダム湖内の堆砂対策ならそれでよいのだろうが、河床環境の改善を考えるのであれば、より慎重に礫を選択する必要があるというわけだ。

「河床にはいろいろな礫サイズの河床材料がまんべんなくあるのが普通です。ですから本来ならそういったものを混ぜ合わせて流すべきなのですが、実際の土砂還元の手法を見ていると、決められた採取場所から土砂を運んでいます。すると細かい砂だけ、あるいは粗い礫だけが運ばれることになる。改善すべき今後の課題といえますね」

もともとダムの堆砂対策として始まった事業だけに、さまざまな礫径を混ぜることまでは考えていない、ということだろうか。結果、手っ取り早く1ヵ所の採取場所から土砂を運ぶことになり、礫径が揃ったものだけが用いられることになる。

しかしプラスαの手間、予算を掛けることができれば、礫の採取場所を複数箇所に増やし、さまざまな礫径の河床材料を土砂還元に用いることは可能なはず。予算もおそらくは、膨大な予算が投じられてきたダム事業を考慮すれば、そのうちのほんの一部を回すだけで実現できるに違いない。ただしそれには費用対効果の分析が求められることになるはずだ。

「今はまだ、すべてのダムで行なわれているわけではありません。比較的大きなダムで行なわれていることが多いですね。ただ、河床低下の軽減やダム下流の環境保全のために土砂還元を検討しているダムはいくつかあると聞いています。費用対効果についても、それなりに見込めると考えていますが、そのためには『土砂還元すればここまでできる』ということをある程度明確にする必要があります。それさえ分かれば、広まってゆく手法なのだと思います」

土砂還元はダム事業の範疇で実施されているだけに、河川管理者の判断、河川工学者の意見が優先されているのかもしれないが、仮に検討段階から生態学の専門家が関わることができたなら、より効果的な土砂還元、河床環境を大きく改善させる手法に発展する可能性もある。学問の垣根を越えた施策として広げてほしいものである。

付着藻類が繁茂する粗粒化状態の河床。特定の水生昆虫だけしか生息することができない

土砂還元後に増加したヤマトビケラ、グマガトビケラ、タテヒゲナガトビケラなどの携巣性トビケラ。常時土砂が供給される本来の川に対し、土砂還元事業は定期的（一時的）に土砂を流すことになり、また一定の礫径（砂など）に限定されるなどの課題は残るものの、種多様性の高い生物群集へと変化することが確認された（写真提供：奈良女子大学教授・片野泉）

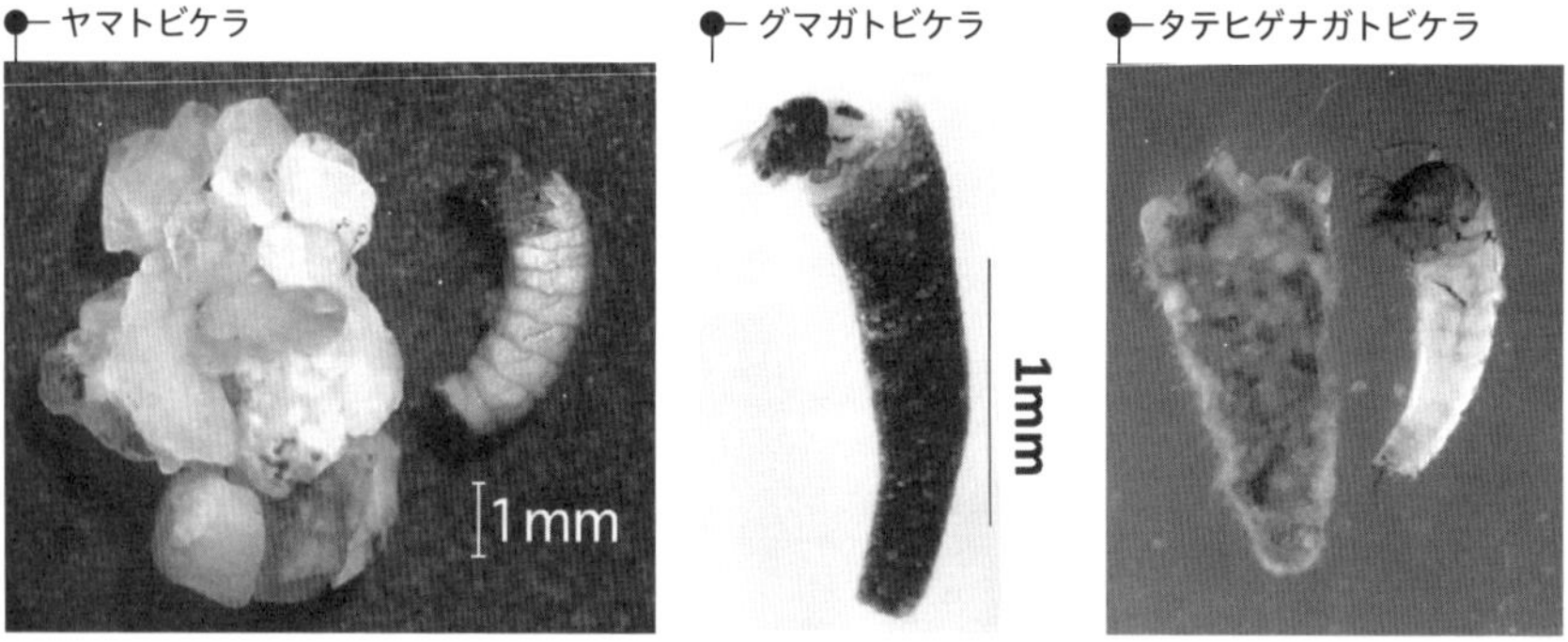

土砂還元後に増加したヤマトビケラ、グマガトビケラ、タテヒゲナガトビケラなどの携巣性トビケラ。常時土砂が供給される本来の川に対し、土砂還元事業は定期的（一時的）に土砂を流すことになり、また一定の礫径（砂など）に限定されるなどの課題は残るものの、種多様性の高い生物群集へと変化することが確認された（写真提供：奈良女子大学教授・片野泉）

日本の国土が削られる？ダムが引き起こす海岸浸食

ダムは魚類の移動を阻害するだけでなく、海へと供給されるはずの土砂をも遮断し、さまざまな影響を及ぼしている。その最終形態ともいえるのが海岸侵食である。高度経済成長期以降、日本の砂浜は消失し続けており、かつての風光明媚な日本の海辺は消波ブロックだらけの荒涼とした姿に変貌した。その原因を作り出したのは誰なのか。対策はあるのか。専門家の清野聡子さんに話を聞いた。

月刊『つり人』2022年8月号掲載

日本の国土が失われてゆく

日本の海岸線が消失しつつあることは、釣り人ならば多くの人がご存じのことと思う。特に自然海岸と呼べる海辺、砂浜の多くはその面積を減らし、いうなれば小さな島国である日本のその国土が、さらに縮小していることになる。

その対策として新たな防波堤建設や消波ブロックの投入など、コンクリート構造物による海岸侵食を防止するための事業が全国各地で実施されている。だが、それによる海辺の人工化は著しく、海岸侵食と人為的な防災事業によって日本古来の海辺の景観が急速に失われている。

自然海岸が、砂浜が海岸侵食によって消失するその原因は、海岸に流れ着く土砂量に対し、海岸から流出する土砂量のほうが多いからである。かつての海岸線は流れ着く土砂量と流出する土砂量が一定でバランスが取れていたために、砂浜が広がるその風景が維持されてきた。ところが1960年代の高度経済成長期以降、土砂を海に供給していた河川にはダムが建設されるようになり、海まで辿り着く土砂量は急激に減少してしまったのである。

加えて、高度経済成長を支えた土木工事ではコンクリートの骨材（コンクリートに混ぜ合わせる材料）として大量の土砂を使用する。それらは山から直接採取するほかに河川の河床から、そして海でも沖合の海底から採取されてきたという。ダムで流下する土砂を貯めつつ、ほかで土砂を採取する。海岸に流れ着く土砂量が激減するのは必然だったといえるだろう。

「日本では例外なく砂浜の消失と海岸の人工化が進んでいます。海岸侵食が発生していない場所は現在の日本に皆無だといえます」

こう話すのは九州大学大学院工学研究院の清野聡子准教授（環境社会部門）。海岸侵食の現状を海岸・沿岸・流域環境保全学および生態工学の知見から警鐘を鳴らし続けてきた。

海への土砂供給を遮断する河川横断構造物

砂浜の消失によって日本の海辺、その風景は大きく変貌してしまった。今や砂浜が広がっていたはずの風景ではなくなり、消波ブロックや離岸堤、防波堤などコンクリート構造物が連なる風景、それが現状である。その原因のひとつに巨大公共事業である貯水ダム建設が関係しているのは間違いないものの、河川から供給される土砂流下の遮断を発端として、さまざまな要因が複合的に作用していると清野聡子さんは言う。

「貯水ダムのほか河川上流部では砂防ダム、治山ダムによって土砂を止めてしまってい ます。川によってはダムによる影響が大きい場合もありますし、川は大丈夫なのに河口で港を建設したり、沖で掘削したり、原因はさまざまです。また過去に河川や海岸でコンクリート材料を確保するために掘削して、それがじわじわ影響している場合もあります」

つまり大きな貯水ダムによる影響が大きいことは紛れもない事実ながら、それに加え堆積土砂の掘削や港湾建設による潮流の遮断により、海岸に堆積するはずの土砂を流出させてしまっているといえる。

「河川横断構造物がまずは最初に砂を止めてしまいます。ただでさえ砂の供給が止まっている状況で、海岸でもさまざまな工事が行なわれています。たとえば海辺の砂が岸に沿って流れてある地点にまでたどり着く沿岸漂砂、これを止めてしまう突堤や防波堤、防波堤などによって流れが遮断される。砂が流れてこなくなった海岸は侵食される一方となります」

上流からの砂がダムによって遮断されているとはいえ、河川内にもダムが建設される前に流下した砂が堆積している。それはどうなったのか。

「河川内にも堆積していた砂州があったと思います。ところが特に高度経済成長の頃、それを大量に掘削してしまいました。これらの砂が川に残っていれば、いくらか海岸侵食を遅らせることができたかもしれませんが、これもコンクリートの材料に使うため掘削してしまった。まるで貯金を取り崩しているようなものですよね」

急激に進む海岸侵食は防災上も大きな問題を生じさせる。実は砂浜が波の力を抑えることにより陸地が守られていたからである。その砂浜が消失すると波の力は弱まらずに陸地に押し寄せることになる。そのまま放置すると堤防の基礎が洗掘によりえぐられて崩壊することも想定しておかなければならない。結果的に海岸沿いの道路の崩落はもとより、人家への被害も懸念されるのだ。

その対策として実施されてきたのが消波ブロックであるが、結果、日本の海岸は見るも無惨な景観になってしまった。もうひとつの方法として砂浜を回復させることも考えられるが、それを誰がやるのかが、次の課題になると清野さんは指摘する。

砂浜の消失は防災上のデメリット

ダム以外にも掘削や防波堤など、さまざまな原因が複合していると述べた。そうした複数の原因による対策の遅れも深刻だと清野さんは言う。

「原因がいくつもあるため責任が分散されてしまいます。それぞれの事業主体が『自分たちの問題だけれども、原因はほかにもあるよね』ということで、なかなか動いてくれないんです」

誰がどんな対策を実施するのか。その決定を待っていては砂浜消失による人的被害に発展するかもしれない。そこで手っ取り早い対策として行なわれているのが消波ブロックなのだが、実は砂浜の回復に動き出している地域もあるという。

「神奈川県では上流のダムに堆積した砂利を直接海まで運んでいるんです」

相模湾も例外なく海岸侵食が進んでおり、かつてはサーファーの聖地であったその海も大きく風景を変えてしまっている。年々サーフィンを楽しめる砂浜が減少し、その変貌ぶりに一部のサーファーが声を上げたのだ。また周辺自治体としても砂浜の消失は防災上のみならず観光に対してもデメリットしかない。海への関心が高い人々がいたことによって、打開策が検討されたという。それがダムの堆積土砂を直接運ぶことだったのだ。

「方法論としては、ダムに堆積した土砂をダム直下に置いて、川の流れでそれを運ばせるという手法もありました。ただし上流のダムで多少土砂を排出しても、次のダム、さらに次のダムと下流にあるわけですから、海まで到達するまで時間が掛かりすぎる。そこで神奈川県ではダムの砂利を河口に直接持ってくるという選択をしたわけです。最初は地元の人たちも裸足で歩けないとか異論はあったようですが、二者択一として妥協することができた。ブロックだらけで砂がない状態と、ブロックはあるけどその前に砂がある状態、そのうちの後者を選んだかたちです。砂利があれば、その上に薄くですけど砂が堆積する可能性があり、今後の展望につながりますから」

ダム直下への置き土を選んだのが天竜川《てんりゅう》である。

「天竜川には中流部に佐久間ダムという大きなダムがあるわけですが、その土砂をダム下流に置くという方法をとっています。でも、その下流にもダムや堰があるため、なかなか海まで届かない。今も海岸侵食は進行中です」

ダムに堆積した土砂を一気に吐き出す選択をしたのが富山県の黒部川《くろべ》である。1985年に黒部川中流部に完成した出し平ダムは1991年、排砂ゲートを開放して下流に堆積土砂を放出した。ダム完成から6年が経過した堆積土砂は腐敗や変質によりヘドロ化しており、その結果、深刻な漁業被害を生じさせることになった。その反省から、現在は降雨時に合わせて下流の宇奈月《うなづき》ダム（2001年完成）との連携排砂を実施しており（ヘドロ化する前に放出）、例外なく海岸侵食により砂浜が消失していた河口周辺は一部、その回復が見られるという。裏を返すとダムが海岸侵食、砂浜消失の原因であることを証明したかたちでもある。

誰がその海を危険な場所に変えたのか

また一部とはいえ、砂浜が回復したことによるよい変化も見られると清野さんは指摘する。その変化とは人が戻ったことである。

「砂浜が回復したことにより、釣り人が来るようになりました。それまでは人が近づかなかった場所ですが、今は人の利用があるということ。釣り人が来てくれる、人の利用があることで、砂浜を維持しようという機運が生まれつつあります」

砂浜が戻り、砂浜で釣れる魚種が増えたことで、釣り人が再び訪れるようになったという。それらの釣り人はただ釣りがしたいというだけで来ているのだろうが、それでも意味があると清野さんは強調する。

「かつては砂浜での地引き網や釣りですとか、小規模漁業がありました。その砂浜がブロックだらけになると誰かの生活が脅かされる、あるいは苦情を言う人が出てくる。そうした懸念が管理者側にありました。その意味で、釣り人がいるだけでも管理者側は緊張するんですね。一方で人の関わりがなくなると見捨てられた状態になります。人がいれば対策しよう、砂浜を維持しようとなりますが、人の利用がないなら最低限のことだけ行なえばよい。結果、ブロックを入れさえすれば砂浜はなくてもよい、となる。釣り人の存在は決して小さくないんです」

近年は釣りを禁止している海辺が全国各地に拡大しつつある。それは消波ブロックだらけにして危険度が増しているからに他ならないが、元をたどると「いったい誰がその海を危険な場所に変えたのか」となる。安全な砂浜という海辺に釣り人がいる風景、それを目指すことが海岸侵食を防止するきっかけのひとつになるのかもしれない。

「釣り人の方はそれぞれの川、海をよくご存じなので、その釣り場の特性をよく観察してほしいと思います。川の本流に大きなダムがあるとか、支流に小さい砂防ダムがたくさんある、河口で砂を取っている、沿岸に流れるはずの砂が漁港付近に堆積してしまっている……など、そうした釣り人の声を集めることができれば、医療と同じで川や海のカルテみたいなものが作れるように思うんです。そのカルテを見れば、この事例はこのタイプ……という判断ができる。総論になると河川管理者や港湾関係者が自分たちのせいだと思ってくれませんが、カルテによって責任がはっきりすれば対策も講じやすくなると思います」

たしかに釣り人は自分がお気に入りの釣り場にすこぶる詳しい。それは水産系の専門家が参考にするほどであり、もっと自信を持つべきなのかもしれない。釣り人が感じた変化、疑問を行政にぶつけてゆくことで、海や川の環境は改善する方向へ向かうといえそうである。

消波ブロックによって辛うじて砂浜を維持している海辺。完全に砂浜が消失していないだけまだいいほうかもしれない（写真は天竜川河口・五島海岸）

第4章・まとめ

東北地方の源流へ、釣りをしに行った時のこと。突然の豪雨に見舞われたことがあった。周囲の森は過去に一度も伐採されたことのない豊かなブナ林。豪雨は遡行してきた穏やかな渓を荒れ狂った姿に変えたものの、それは茶色く濁ったいわゆる濁流ではなく、どちらかといえば青白い濁りの入った増水だった。まだ夜半に雨は小降りとなり、翌朝は青空の中で目を覚ます。遡行できる水量ではないものの濁りはすでに薄くなっており、昼前には清冽な流れを取り戻していた。豊かな自然環境が維持された渓は回復が早い。そのことを実感させるには充分な出来事だったといえる。

少し下流へと目を移してみると、豪雨は茶褐色の濁流に直結する。それが源流部を知らない一般人のごく普通に見慣れた光景だといえる。ほんの数㎞下流に移動するだけでこのありさま。なぜ、これほどまでに違う風景になってしまうのだろうか。

原因として考えられるのは前章で述べたダム建設による河床低下、それにともなう河岸崩壊がひとつ。そしてもうひとつ、複合要因として考えられるのが放置人工林の存在だ。枝打ちや間伐が行なわれていない放置人工林は、土壌を乾燥化させることが分かっている。乾燥化した土壌は降った雨が染み込みにくく、表面を水が流れることで土壌を流出させてしまうのである。

人の手を加える必要が皆無といわれるブナの天然林。これとは対照的にスギやヒノキなどの人工林は枝打ちや間伐が不可欠となる。が、放置されたままの人工林が近年は大半を占めるようになった。川への影響も小さくない

放置人工林は、降雨時ならずとも川に悪影響を及ぼしている。それもまた近年見慣れた光景となった極度の渇水である。枝打ちも間伐も行なわれないということはつまり、必要以上に葉が茂っていることになる。それらの葉を維持させるため木々は大量の水を吸い上げており、それが土壌の乾燥化をもたらすとともに渇水を引き起こしているわけだ。

周囲の森林が仮に天然林であったなら、雨が降るたびに見舞われる濁流も、少雨による渇水もなかったのかもしれない。どうやら人間が余計な手を加えたことで、いったんバランスが崩れた川は、しだいに極端な姿を見せ始めるようである。人間が手を加えれば加えるほど、水害をはじめとするさまざまな弊害が引き起こされるとしたら、それはまさに皮肉以外の何ものでもない。

河川沿いの氾濫原にまで宅地開発が進んだのは、主に高度経済成長期の人口増時代だといわれる。今後人口減の時代が続くのであれば、人々の生活圏を安全な高台に移転するほうが水害の危険性から逃れることができるのではないか（すでに日本は人口減少の時代に突入しており、2053年には日本の総人口は1億人を下回り、2065年には8808万人にまで落ち込むと推計されている）。同時に人工林の手入れに注力するとと

もにダム撤去に舵を切ることができれば、河川および沿岸の漁獲高増加が期待できるはず。低迷する食糧自給率の問題もいくらかは軽減されることだろう。今はまだ夢物語なのだろうが、いずれそんな大転換を選択せざるを得ない時代が到来することになるのかもしれない。

河畔林が豊かな川は水が澄んでおり、たくさんの生きものが生息している。水害防備林としての機能もあわせ持ち、人々の生活にも欠かせない存在といえるだろう。しかしそれも、近年では伐採の対象となっている。人間はどこで道を間違えてしまったのだろうか

坪井潤一 ● つぼい・じゅんいち

1979年生まれ。2003年、北海道大学大学院水産科学研究科修士課程修了、山梨県水産技術センター着任。2009年『河川性サケ科魚類におけるキャッチアンドリリースの資源維持効果に関する研究』で東京大学より博士号（農学）取得。2011年『カワウ繁殖抑制技術の開発』で全国水産試験場長会会長賞受賞。2013年、独立行政法人水産総合研究センター・増養殖研究所研究員。2017年、国立研究開発法人水産研究・教育機構中央水産研究所主任研究員

山本 聡 ● やまもと・さとし

1961年、北海道函館市生まれ。1984年3月東京水産大学水産学部卒業。2014年3月、東京海洋大学大学院博士後期課程修了。博士（海洋科学）東京海洋大学。イワナ、カジカ、アユなどの増殖研究、サケ科魚類の育種と種苗生産、信州サーモンのブランド化、大型ニジマスの釣り場作りなどの業務に従事してきた。2020、2021年度は長野県水産試験場長を務める。取材時は長野県水産試験場環境部研究員（再任用）。イワナ等のサケ科魚類の増殖研究と技術支援を担当。

佐藤拓哉 ● さとう・たくや

1979年、大阪府生まれ。京都大学生態学研究センター准教授。博士（学術）。在来サケ科魚類の保全生態学および寄生者が紡ぐ森林-河川生態系の相互作用が主な研究テーマ。2002年、近畿大学農学部水産学科卒業。2007年、三重大学大学院生物資源学研究科博士後期課程修了。以後、三重大学大学院生物資源学研究科非常勤研究職員、奈良女子大学共生科学研究センター、京都大学フィールド科学教育センター日本学術振興会特別研究員（SPD）、京都大学白眉センター特定助教、ブリティッシュコロンビア大学森林学客員教員、神戸大学大学院理学研究科生物学専攻生物多様性講座准教授を経て、2021年10月より現職。日本生態学会『宮地賞』をはじめ、『四手井綱英記念賞』、『笹川科学研究奨励賞』、『信州フィールド科学賞』などを受賞している。

森田健太郎 ● もりた・けんたろう

1974年生まれ。奈良県出身。2002年、北海道大学大学院水産科学研究科博士課程修了。水産科学博士。サケ科魚類の生活史や個体群の保全について研究している。2008年日本生態学会宮地賞、2017年生態学琵琶湖賞、2020年生態学会大島賞などを受賞。知床世界遺産科学委員会河川工作物ワーキンググループ委員、札幌ワイルドサーモンプロジェクト（SWSP）共同代表などを歴任する。北海道大学北方生物圏フィールド科学センター雨竜研究林准教授を経て、2022年より東京大学大気海洋研究所教授。編著に『人間活動と生態系』、『海洋生態学』（ともに共立出版）など。

佐藤正人 ● さとう・まさと

1974年秋田県秋田市生まれ。北里大学水産学部卒業。秋田県水産振興センター内水面試験池勤務、主任研究員。担当業務はサクラマス、アユの増殖のための調査・研究。家族構成は、妻、長男、二男、三男（二男、三男は双子）。趣味は魚釣り（特にサクラマスのルアーフィッシング）、淡水魚の採集（ガサガサ）＆飼育、読書、妄想。年間150日以上は水辺にいたい現場主義。将来の夢は、魚種問わず川の隅々まで魚が住みやすい川づくりをし、忘れゆく魚と人間の関係性（漁法や食文化等のつながり）の完全修復を実現すること。

照井 慧 ● てるい・あきら

1987年、岩手県生まれ。2014年、東京大学大学院博士課程修了。日本在住時は、北海道の河川を中心に魚類、昆虫類、貝類などの研究に取り組む。2017年より渡米し、University of Minnesota・学術振興会海外特別研究員などを経て、2019年よりUniversity of North Carolina GreensboroにてAssistant Professorとして研究室を主宰。フィールド調査、実験、数理・統計モデリングを組み合わせ、生物多様性の成り立ちの解明に取り組む。

片野 修 ● かたの・おさむ

1956年、神奈川県藤沢市生まれ。京都大学大学院理学研究科博士課程修了。理学博士。淡水魚カワムツの社会構造と個性について研究したのち、水田周辺の魚類の生態について取り組んだ。その後、水産総合研究センター上田庁舎において、アユ、ウグイ、オイカワ、ナマズ等の生態を研究した。現在はウエブサイト『魚類学者の文学散歩』において、評論や小説を公表するほか、釣り文学を紹介している。主な著書に『個性の生態学』、『カワムツの夏』、『新動物生態学入門』、『ナマズはどこで卵を産むのか』、『河川中流域の魚類生態学』がある。佐久大学非常勤講師、「アユの放流と友釣りを考える会」会長。

中村智幸 ● なかむら・ともゆき

1963年、長野県駒ケ根市生まれ。1983年に東京水産大学に入学。大学、大学院の研究で、イワナを毎年千数百尾釣る。1990年に東京水産大学の大学院を中退し、栃木県水産試験場に就職。試験場在職中の1999年に東京水産大学から博士号を授与。博士論文のタイトルは「イワナの生態と保護増殖に関する研究」。2000年に水産庁中央水産研究所内水面利用部に転職。水産庁の研究所が法人化され、現在、国立研究開発法人水産研究・教育機構水産技術研究所日光庁舎に勤務。東京海洋大学の陸水学の非常勤講師を兼務。専門は淡水水産資源学、内水面の漁業・遊漁・漁協学。著書に『イワナをもっと増やしたい!』、『守る・増やす渓流魚』。

宮本幸太 ● みやもと・こうた

1983年生まれ。北海道札幌市出身。国立研究開発法人水産研究・教育機構水産技術研究所の研究員。少年時代は釣具店を経営する祖父の影響を受け、川遊びや釣りをして過ごす。現在は栃木県日光市で渓流魚の生態や漁場管理についての研究を行なっている。北海道大学農学院環境資源学専攻博士後期課程修了。農学博士。2007年（平成19年）独立行政法人水産総合研究センターさけますセンター本所配属。2009年（平成21年）同センター千歳事業所。2011年（平成23年）独立行政法人水産総合研究センター増養殖研究所内水面研究部。2015年（平成27年）国立研究開発法人へ法人名変更。2016年（平成28年）水産研究・教育機構に名称変更、中央水産研究所に移管、内水面研究センターに名称変更。2021年（令和2年）国立研究開発法人水産研究・教育機構水産技術研究所沿岸生態システム部に改組、現在に至る

嶋津暉之 ● しまづ・てるゆき

1943年生まれ。1972年、東京大学大学院工学系研究科博士課程単位取得満期退学。2004年3月まで東京都環境科学研究所勤務。『水源開発問題全国連絡会』の共同代表として全国各地の水源開発の技術的な解析を行なっている。著書に『どうなってるの?東京の水』、『やさしい地下水の話』、『水問題原論』（いずれも北斗出版）、『21世紀の河川思想』（共著・共同通信社）、『首都圏の水が危ない』、『八ッ場ダムは止まるか』、『八ッ場ダム・過去、現在、そして未来』（共著・岩波書店）などがある。

大熊 孝 ● おおくま・たかし

1942年台北市生まれ。1961年、千葉県立千葉第一高等学校卒業。1967年、東京大学工学部土木工学科卒。1974年、東京大学大学院工学系研究科博士課程を修了後、新潟大学工学部助手に着任、講師、助教授、教授を経る。2008年3月に退職後、新潟大学名誉教授。1987年に『新潟の水辺を考える会』を発足、代表を務め、同会は2002年に『NPO法人新潟水辺の会』へと発展。2015年7月より同会顧問。著書は本書『洪水と水害をとらえなおす』（農文協）のほか、『利根川治水の変遷と水害』（東大出版会）、『洪水と治水の河川史』（平凡社/2007年文庫本化増補）『日本土木史』（共著・技報堂）、『川を制した近代技術』（編著・平凡社）、『川がつくった川・人がつくった川』（ポプラ社）、『日本のダムを考える』（共著・岩波ブックレット）、『技術にも自治がある-治水技術の伝統と近代-』（農文協）、『首都圏の水があぶない—利根川の治水・利水・環境は、いま—』（共著・岩波ブックレット）、『社会的共通資本としての川』（編著・東大出版会）などがある。

大浜秀規 ● おおはま・ひでき

1961年生まれ、神奈川県茅ヶ崎市出身、釣り好きが高じ農林水産省所管水産大学校へ。卒業後山梨県へ就職し、県庁、富士湧水の里水族館等へ勤務するが、主に山梨県水産技術センターで魚の住みよい川づくりについて調査研究を行なう。取材当時は山梨県水産技術センター所長。調査結果を踏まえ河川管理者等との連携を図りながら、河川環境改善の提案を行なうなど、魚の住みよい器づくりについて取り組んでいる。

稗田一俊 ● ひえだ・かずとし

1948年福岡県生まれ。東京水産大学増殖学科卒業。5才から川釣りを始めたことで川魚に興味を持つ。水中撮影会社を経てフリーランスの写真家になり、おもに川魚の生態に関する撮影を続けている。1977年、北海道八雲町を流れる遊楽部川にてサケの自然産卵を撮影（アサヒグラフ・朝日新聞社）。これを機に移住を決意し現在に至る。写真撮影の他、ハイビジョン撮影も手がける。著書は『サケはダムに殺された·二風谷ダムとユーラップ川からの警鐘』（岩波書店）、『川底の石のひみつ』（旺文社）、『カジカおじさんの川語り』（福音館書店）など多数。

田口康夫 ● たぐち・やすお

1948年、長野県松本市に生まれる。歩いて行ける距離に奈良井川支流の薄川が流れ、自然と渓流釣りにのめり込んでいった。大学入学を機に上京するが、帰郷のたびに渓流へと足を運んだ。30代に入ると東京の会社を退職し、いったんはヨーロッパへと放浪の旅に出るが、その後は松本に戻り、砂防ダム問題への取り組みを始める。1994年には市内の市民グループ『水と緑の会』に入会。1998年に『渓流保護ネットワーク·砂防ダムを考える』を発足。現在も代表を務める。

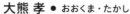

篠田成郎 ● しのだ・せいろう

1984年岐阜大学大学院工学研究科修士課程土木工学専攻修了。1986年京都大学大学院工学研究科博士後期課程土木工学専攻退学。2003年岐阜大学・総合情報メディアセンター・教授。2017年岐阜大学工学部教授。物質循環の観点から、流域内の人間活動が環境に及ぼす影響とその制御方法について、メカニズム解明と現象評価を行なう。近年は温暖化・気候変動や放置人工林増加に伴う森林流域環境の変化を現地観測とモデル解析から検討し、森林公益的機能および地域森林資源を活用した新たな地域社会システムの構築に向けた戦略検討を行なっている。

長坂 有 ● ながさか・ゆう

学生時代に十勝川支流のトッタベツ川を歩いて以来、川の原生林ともいえる自然の河畔林に興味を抱き、就職後もヤナギ林を中心に河畔林の動態、再生方法などを研究。その後、河畔の生態系全般に興味が移り、河畔林と昆虫、ヤマメとの関わり、落葉と水生生物など食物連鎖を通じた物質循環の重要性に関心を持ち、河畔林の多面的機能について発信してきた。他方、森~川~海、双方向の関係にも目を向け、サケ・マスやヨコエビなど回遊性生物が川を介してつなぐ森と海の関りについても調べてきた。長年、研究の信条としてきた流域保全という視点から、近年は森林と渓流水質の関係についても研究を行なっている。北海道立総合研究機構林業試験場・森林環境部・機能G・主任主査（森林機能）。

片野 泉 ● かたの・いずみ

2004年奈良女子大学大学院人間文化研究科博士後期課程修了。博士（理学）。（独）土木研究所自然共生研究センター、オルデンブルグ大学海洋化学生物研究所などでのポスドクを経て、奈良女子大学教授。専門は陸水生態学。河川・池沼・湿地などをフィールドとし、水生昆虫を中心とした生物間相互作用、環境・生物間相互作用など、生物多様性の維持メカニズムに関する研究に取り組む。

清野聡子 ● せいの・さとこ

九州大学大学院工学研究院環境社会部門准教授 海岸・沿岸・流域環境保全学、生態工学。2003年より海ごみ問題についての漂着分布調査と地域ベースの管理に取り組む。海岸や漁場の開発と保全の調整・合意形成、海洋保護区など社会システムの研究と実践に取り組んでいる。希少生物生息地の保全や再生、地域住民や市民の沿岸管理への参加、水関係の環境計画や法制度、地域の知恵や科学を活かした保護区、持続可能な水産業を研究。環境省、国土交通省、内閣府、水産庁等の法制度や技術検討の審議会や専門家会議、地方自治体の海洋環境関係の計画、対策などに多数参加。東京大学農学部水産学科卒業、東京大学大学院農学系研究科水産学専攻修士課程修了。博士（工学）。東京大学大学院総合文化研究科助手、助教を経て2010年より現職。土木学会企画委員会副幹事長、日本水産学会水産 環境保全委員会委員、日本カブトガニを守る会会長等。

記事掲載順

あとがき

これまで河川生態に詳しい研究者らの意見をさまざまうかがってきた。掲載は月刊『つり人』誌および『ノースアングラーズ』誌、『フライフィッシャー』誌などであり、本書はそのうちの一部を抜粋して紹介したものである。

河川の環境に関する項目として、人為的な魚類の放流による影響、ダム建設など開発の問題と防災の両立、集水域での拡大造林による渇水や土砂流出、そして河畔林の重要性など。特にイワナやヤマメといったサケ科魚類に関連する項目はひとどおりおさえたつもりだ。が、もちろん充分ではないだろう。河川で起こり得る現象とは河川ごとに千差万別であるため、ひとつの現象をすべての河川に当てはめることはできないからだ。

たとえば本書では、人為的放流に頼らず資源確保に成功している長野県の雑魚川の事例に触れているが、支流を禁漁にすることによる「しみ出し効果」はたしかに有効だ。ただし、そもそも渓流魚の生息に適した支流がない、あるいは少ないといった渓流も多いはず。そうした地域の内水面漁協からすれば「雑魚川を例に出されても……」と言われかねないはずである。

砂防ダム関連にも地域差はある。砂防および治山ダム（満砂ダム含む）によるダム下流の河床低下についても、そのメカニズムが一律であるとはいい切れない。

本書では主に北海道の事例を紹介しているが、たとえば北アルプスや南アルプスの渓流は、土砂生産量（土砂流下量）がもともと多いことから河床低下が目立たない場合もある。出水のたびに上流から土砂が頻繁に流下してくるとなれば、河床低下が発生している区間もすぐに埋まってしまうからだ。当然地質によっても土砂の流下量、侵食の度合いも異なるだろう。

土砂の流下という視点のみで見た場合でも地域ごとに条件が異なるわけだが、そこにマニュアル的発想（河川砂防技術基準等）で画一的な施策を施してきたことが、さまざまな弊害を生じさせている要因ともいえるかもしれない。それら性格が異なる渓流に対し、ほぼ同じ構造物で対処しようとするのはそもそも無理があるというわけである。

『渓流保護ネットワーク・砂防ダムを考える』代表の田口康夫さんも指摘しているが、現在の砂防事業は土砂収支の分析が不充分であるという。

１９９８年には旧建設省（現国土交通省）の河川審議会が『流砂系の総合的な土砂管理に向けて』と題する報告書をまとめたことがあった。それは、流砂系という考え方のもと、土砂収支すなわち堆積させる土砂と流すべき土砂等々、それらの収支を算定しつつ土砂管理を行なうというもので、海岸侵食の問題についても記述があった。

当時、各地域の河川管理者らがこの報告書を重要視していれば、渓流域における河床低下や沿岸の海岸侵食等も今のように深刻にはならなかったのかもしれない。

そうした土砂収支の考え方についてももう少し踏み込んで取材したかったが、それを地域ごと、河川ごとに調査するのも骨が折れる。いずれまた別の機会に、といったところだろうか。

このほか農薬問題にまったく論及できなかった。近年注目されているネオニコチノイド系殺虫剤の影響は源流部のイワナ域を除く広域に弊害を及ぼしているはず。この問題に関しても機会をみて取材を試みたいところである。

もっとも残念なのは、つり人社の月刊誌等に掲載しつつも、ページ数の関係で本書から漏れてしまった記事があることだ。また掲載できた内容についても一般の読者に分かりやすくなるよう大幅に要約しており、ご対応いただいた方々からすれば不本意な部分もあると思われる。そうした至らない点も含め、取材に応じていただいたすべての関係者の方々に深謝申し上げたい。

浦 壮一郎 （うら・そういちろう）

1966年生まれ・フォトジャーナリスト。出版社、編集プロダクションを経て1995年にフリーに。同年より長良川河口堰ほか多目的ダム建設計画など公共事業問題を中心に取材を続ける。近年は砂防ダム、治山ダム問題についても意欲的に取材。北海道から九州まで、全国の渓流を歩き続けている。フォトグラファーとしても、『渓流』などの雑誌を中心に活動を続けている。

研究者が本当に伝えたかった
サカナと水辺と森と希望

2024年4月1日発行

著　者　浦 壮一郎
発行者　山根和明
発行所　株式会社つり人社
〒101-8408　東京都千代田区神田神保町1-30-13
TEL 03-3294-0781（営業部）
TEL 03-3294-0766（編集部）

印刷・製本　港北メディアサービス株式会社

乱丁・落丁などありましたらお取り替えいたします。

ISBN978-4-86447-711-6 C2075

つり人社ホームページ　https://tsuribito.co.jp/
つり人オンライン　https://web.tsuribito.co.jp/
釣り人道具店　http://tsuribito-dougu.com/
つり人チャンネル（YouTube）　https://www.youtube.com/channel/UCOsyeHNb_Y2VOHqEiV-6dGQ